代数幾何学
Algebraic geometry

廣中平祐 ………… [講義]

森　重文 ………… [記録]
丸山正樹・森脇　淳・川口　周 ………… [編]

京都大学学術出版会

Algebraic Geometry
*
lectured by Hesuke Hironaka
transcribed by Shigefumi Mori
edited by M. Maruyama, A. Moriwaki & S. Kawaguchi
Kyoto University Press, 2004
ISBN4-87698-637-1

はしがき*

　この講義録は，1971 年秋から 72 年の初頭にかけて，廣中平祐教授が京都大学理学部で行われたものの記録で，当時学生だった森重文氏に依頼してまとめて戴いたものである．当時から，何かの形で公にして我が国の数学界のお役に立てたいと思っていたのだが，今回廣中氏の快諾をえて，このシリーズ第 3 号として発行する運びになった．これで森氏の労にも応え得たものと思い，私としてもホッとした思いである．

　標題は私がつけたのだが，副題として"初学者のために"とつけ加えたのも，講者の意図にそむくものではないと信じている．御覧のとおり，内容は代数幾何学の基礎的な点を説いたもので，"代数幾何学とは，$f_1(x_1,\ldots,x_n) = \cdots = f_m(x_1,\ldots,x_n) = 0$ (f_i は多項式) の解の全体の様子を調べる学問である"という自然な考え方が流れていることと，数多くの例が挙げられていることにみられるような，講者の奥行きの深さが相まって，他にえがたい講義録になっていると思う．手書きの読みにくさは辛抱していただけると期待する．

　このレクチャー・ノートを作りえたことについて，廣中教授，森重文氏および浄書にあたった数理研秘書姉に謝意を表する．

　（1977 年 11 月）

中野茂男

---

*この講義録は当初数理解析研究所のレクチャー・ノート・シリーズとして 1977 年に発行されており，"初学者のために"という副題がつけられ，手書きであった．この初版の「はしがき」を再録する．（日付は今回の新版刊行にあたってつけ加えた．）

刊行にあたって

「はしがき」にあるとおり，この講義録は 1971 年秋から 72 年の初頭にかけて，京都大学数理解析研究所に滞在していた廣中平祐ハーヴァード大学教授（当時）が京都大学理学部で講義したものを記録したものである．理学部の学生であった森重文教授が自身のノートを基にまとめ，故中野茂男教授の御尽力で数理解析研究所のレクチャー・ノート・シリーズとして発行された．フィールズ賞受賞者が講義したものを，後のフィールズ賞受賞者が記録をするという，記念碑的な講義録となった．

代数幾何学を学ぶ過程でこの講義録を参考にした代数幾何学者が少なからずいる事実は，これから代数幾何学を学ぼうと志す人達に，この内容を入手しやすい形で提供することに高い意義があることを示している．新版を編集するに際して内容を検討してみたが，そのレベルの高さと独特な雰囲気に感激を新たにした．随所にある多くの例はよくある自明なものではなく，それぞれ本質を突いたものになっていることは特筆すべきことであろう．超一流の研究者だからできることである．

この講義録の初版は手書きのものであった．新版を編集するに当って，森脇が指導教員を務めていた修士課程の学生である井上直樹，上野学，大橋孝至，影山優，久富望，津田良輔，中道祐希，林圭樹，八木敬訓の 9 名に手書きの原稿を $\TeX$ に移植する作業を依頼し，出来上がった原稿を元にして，丸山，森脇，川口が手分けして内容の検討と書き直しを行った．我々は講義録の雰囲気を残しながら，普通の数学書に近い形になるように加筆訂正を行ったが，原本の良さを殺してしまったのではないかと懼れる．書き直しについては森重文教授に了解していただいているが，すべての責任は我々にある．

数箇所に「コラム記事」的な注をコラムとして入れた．これらは原本にないものであり，内容の背景を理解する一助になればと考えたものであるが，蛇足であったかもしれない．原本はベクトル空間の定義から始めるなど，初学者のための配慮がされているが，可換環論の初歩，圏論などを仮定している部分も多い．初学者の便宜を考えて，編集者の責任で，可換論の基礎と圏論についての付録をつけた．

*

この講義の新版を発行することについて快く御理解いただいた廣中平祐，森重文両教授と $\TeX$ に移植するという煩わしい作業を遣り遂げてくれた学生諸君に心から感

謝する．この講義録がこれから代数幾何学を学ぼうとする方々に少しでも役立てば，編集した者として何よりの喜びである．

丸山正樹
森脇　淳
川口　周

代数幾何学

目　次

はしがき　　　i

刊行にあたって　　　ii

序　　　1

第1章　可換環論と代数的集合　　　7
　1.　射影空間 I　　　7
　2.　射影変換　　　14
　3.　多項式写像 I　　　20
　4.　代数的集合　　　22
　5.　ザリスキ位相　　　29
　6.　有理写像　　　38
　7.　多項式写像 II　　　44
　8.　整拡大　　　45
　9.　普遍的閉写像　　　56
　10.　射影空間 II　　　66

第2章　スキームとコホモロジー　　　77
　1.　層とコホモロジー　　　77

2. スキーム　97
  3. コホモロジーとチェックコホモロジー　103
  4. 連接層と準連接層　113
  5. スペクトル系列　119
  6. スペクトル系列の応用 I　124
  7. スペクトル系列の応用 II　133

附録A　可換環　139
  1. 可換環の基礎　139
  2. 局所化とテンソル積　152

附録B　圏と関手　163
  1. 圏　163
  2. 関手　165
  3. サイトと層　167

参考文献　171

索引　173

序

k は体とする．代数幾何学というのは，有限個の k の元を係数とする多項式による方程式 $f_1(x_1,\ldots,x_n) = \cdots = f_m(x_1,\ldots,x_n) = 0$ の解の全体

$$V(f_1,\ldots,f_m) = \{\mathbf{a} = (a_1,\ldots,a_n) \in k^n \mid f_1(\mathbf{a}) = \cdots = f_m(\mathbf{a}) = 0\}$$

の様子を調べる学問である．従って，どの体の上で考えるかで，いろいろな代数幾何学ができる．それを例をあげて説明しよう．

例 1. $x^d + y^d = 1$ (d は 2 以上の整数)

(1.1) $k = \mathbb{R}$ (実数) とする．

d：奇数

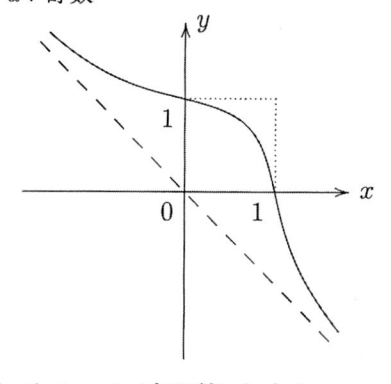

d：偶数

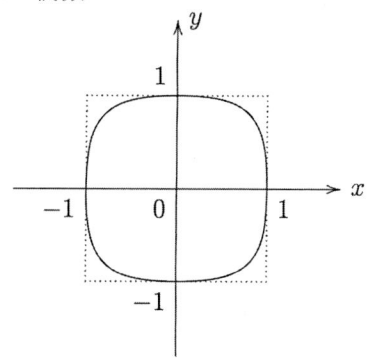

(1.2) $k = \mathbb{Q}$ (有理数) とする．

この場合，問題は"上記の曲線上有理点（座標が有理数の点）がどれだけあるか？"となる．これに関する次の予想はよく知られている．

フェルマー予想[1]: $d > 2$ のとき $(1,0), (0,1)$ 以外（d が偶数のときには $(\pm 1, 0), (0, \pm 1)$ 以外）には有理点がない．

---

[1] この予想は 1994 年にワイルズによって解決された．

ただし, $d=2$ なら有理点はいくらでもある. 実際,

$$\left(\frac{1-t^2}{1+t^2}\right)^2 + \left(\frac{2t}{1+t^2}\right)^2 = 1$$

が恒等的に成立するから t に任意の有理数を代入すればよい.

(1.3) $k = \mathbb{C}$ (複素数) とする.

$\mathbb{C} \cong \mathbb{R} \times \mathbb{R}$ (平面) ($a+bi \leftrightarrow (a,b)$) だから $\mathbb{C} \times \mathbb{C} \cong \mathbb{R}^4$ であり, $x^d+y^d=1$, $\bar{x}^d+\bar{y}^d=1$ の 2 つの条件が与えられているから, $x^d+y^d=1$ の 解の全体 は $\mathbb{R}$-2 次元 (実平面) になる. これについて位相幾何学的考察をしてみよう.

まず 解の全体 に d 個の無限遠点を付加したものを 解の全体* と表わすことにする.

$$\boxed{解の全体}^* \underset{同相}{\cong} \text{(穴が複数ある曲面の図)}$$

ここで, 穴の数は $\dfrac{(d-1)(d-2)}{2}$ 個である. 特に $d=2$ なら

$$\boxed{解の全体}^* \underset{同相}{\cong} \bigcirc \quad 球面$$

更に, 複素解析的構造まで考慮に入れれば, 解の全体* は各点の近傍で多様体 (manifold) の構造をもち特異点のない曲線 (curve) である. □

逆に特異点をもった例としては次のようなものがある[2].

例 2. $y^2 = x^2 + x^3$ を考える. これは原点のまわりでは, 解析的に $0 = y^2 - x^2 = (y+x)(y-x)$ と同じと考えられる.

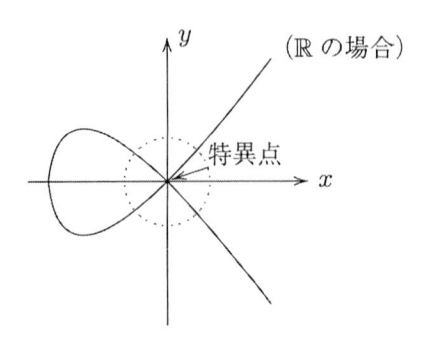

($\mathbb{R}$ の場合)

特異点

---

[2]詳しくは, D. Mumford, Algebraic geometry I, Complex projective varieties または J. Milnor, Singular points of complex hypersurfaces を参照.

x, y を複素数として $\mathbb{R}^4$ の中で考えてみよう．特異点を中心とする小さな 3 次元球面とこの曲線との交わりが特異点の性質を強く反映していることが知られている．$\mathbb{R}^4$ の座標を (x_1, x_2, y_1, y_2) とする．

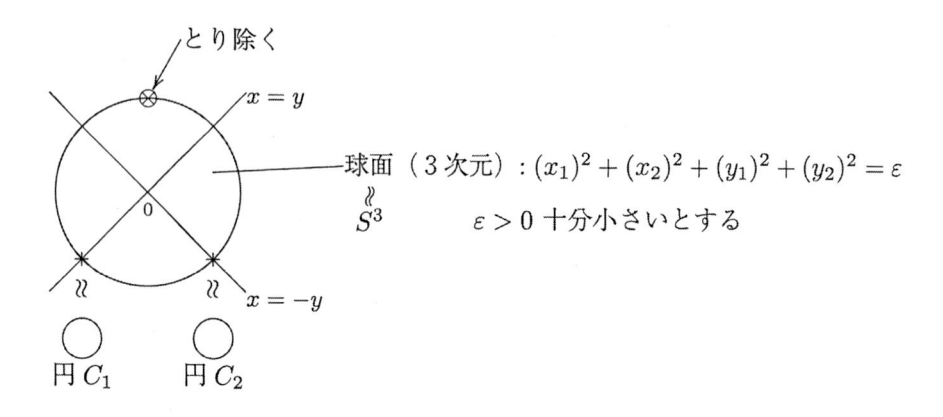

ここで，$x = y$ と $x = -y$ は共に実平面 $\mathbb{R}^2$ と考えられるから，上図の 3 次元球面との共通部分は円 C_1, C_2 と考えられる．写像

$$S^3 \setminus \{\text{点 } (1, 0, 0, 0)\} \ni (x_1, x_2, y_1, y_2) \mapsto \left(\frac{x_2}{1-x_1}, \frac{y_1}{1-x_1}, \frac{y_2}{1-x_1} \right) \in \mathbb{R}^3$$

によって $S^3 \setminus \{\text{点 } (1, 0, 0, 0)\}$ と $\mathbb{R}^3$ を同一視して，円 C_1, C_2 の関係を $\mathbb{R}^3$ の中で見ると，次のようになっている．

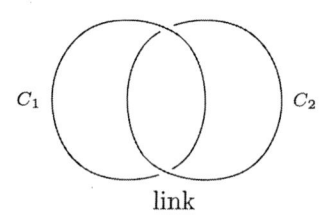

□

上記の例を退化させた特異点である尖点を考えてみよう[3]．

---

[3]例 2 と同じく，D. Mumford または J. Milnor を参照．

例 3. 方程式 $y^2 = x^3$ で定義される曲線の原点 $(0,0)$ における特異点が尖点である．x, y を実数として，この曲線を図示すると．

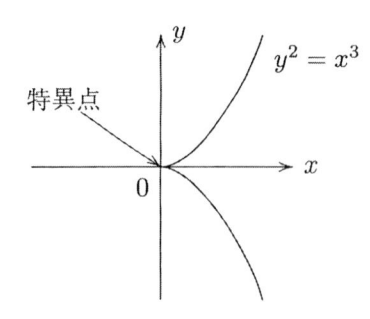

となる．

x, y を複素数として，例 2 と同様の操作をしてみよう．

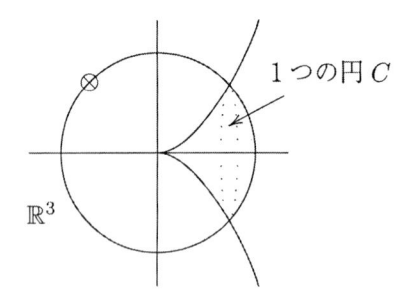

C は $\mathbb{R}^3$ に次のように埋め込まれている．

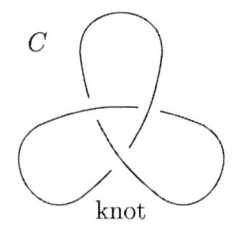

□

次に，体の標数が $p > 0$ の場合を考えよう[4]．

例 4. x, y を標数 p の有限体の代数的閉包 $\bar{\mathbb{F}}_p$ の元とする．$d \notin p\mathbb{Z}$ として x, y を $\bar{\mathbb{F}}_p$ の中で考える．

$$N_{p^n} := \mathbb{F}_{p^n} \text{ に座標を持つ } x^d + y^d = 1 \text{ の点の数}$$

---

[4] ここでの内容はヴェイユ予想（ドリーニュの定理）として一般化され，代数幾何学の発展に多大な貢献をもたらした．

と定義しよう．$\mathbb{N} \ni s$ を $\mathbb{F}_{p^s}$ が -1 の d 乗根をすべて含むようにとって，$q = p^s$ とおく．$N'_{q^m} = N_{p^{sm}} + d$ として，

$$\zeta(t) = \sum_{m>0} N'_{q^m} t^{m-1}$$

とおくと，次の定理がある．

定理 5. 複素数体上で $x^d + y^d = 1$ を考え，d 個の無限遠点を付け加えてコンパクトにしてものは $g = \frac{1}{2}(d-1)(d-2)$ 個のぬけ穴を持つが，$2g$ 次の多項式 $p(t) = \prod_{i=1}^{2g}(1-\alpha_i t)$ が存在して

$$\zeta(t) = \frac{d}{dt} \log \frac{p(t)}{(1-t)(1-qt)}$$

となる．

この定理の α_i に関しては次の定理がヴェイユによって示されている．

定理 6. α_i は代数的整数で，$|\alpha_i| = \sqrt{q}$.

序 | 5

第1章
可換環論と代数的集合

1. 射影空間 I

まずベクトル空間の定義を思い出そう.

定義 1.1. V が k-ベクトル空間 (k は複素数体 $\mathbb{C}$, 実数体 $\mathbb{R}$, 有限体等の体) であるとは, V に加法
$$V \times V \ni (v, v') \longmapsto v + v' \in V$$
と k の作用 (スカラー乗法)
$$k \times V \ni (a, v) \longmapsto av \in V$$
が定義されており, これらが次の性質を持つときにいう:

(I) 加法について加法群になる.

(II) スカラー乗法について

(1) 結合的
$$a(bv) = (ab)v \quad {}^\forall a, {}^\forall b \in k, {}^\forall v \in V$$

(2) 分配的
$$a(v + v') = av + av' \quad {}^\forall a \in k, {}^\forall v, {}^\forall v' \in V$$

(3) 分配的
$$(a + b)v = av + bv \quad {}^\forall a, {}^\forall b \in k, {}^\forall v \in V$$

(4) $1 \cdot v = v \quad {}^\forall v \in V$

次はベクトル空間の典型的かつ最も標準的な例である.

例 1.2 (有限次元). $V = k \times \cdots \times k = k^\ell$ (集合としての直積) に, 加法を

$v = (v_1, \ldots, v_\ell), v' = (v_1', \ldots, v_\ell') \in V$ について,
$$v + v' := (v_1 + v_1', \cdots, v_\ell + v_\ell') \in V$$

スカラー乗法を

$v = (v_1, \ldots, v_\ell) \in V, a \in k$ について,
$$av := (av_1, \cdots, av_\ell) \in V$$

と定義すると，これが k-ベクトル空間になることが容易にわかる．

定義 1.3. k-ベクトル空間 V の元 $w_1, \cdots, w_m$ が一次独立 (linearly independent) であるとは，$a_1, a_2, \ldots, a_m \in k$ について
$$\sum_{i=1}^{m} a_i w_i = 0$$
ならば $a_1 = a_2 = \cdots = a_m = 0$ となるときにいう．

次はよく知られた線型代数学の基本定理である．

定理 1.4. V は k-ベクトル空間とする．V の一次独立なベクトルの列の最長なものの長さ $(0, 1, 2, \ldots, n, \ldots, \infty)$ は一定である (V によってきまる)．

この定理は次の定義が合理的であることを主張している．

定義 1.5. 定理 1.4 の最長列の長さを V の次元 と定義し，$\dim_k V$ または $\dim V$ で表す．

系 1.6. $\dim V = \ell \ (< \infty)$ とし $w_1, \ldots, w_\ell \in V$ とする．このとき，次の 3 条件は互いに同値である．

(1) $w_1, \ldots, w_\ell$ は一次独立である．
(2) $w_1, \ldots, w_\ell$ が V を生成する．
(3) $w_1, \ldots, w_\ell$ によって，k^ℓ から V への写像 α を
$$\alpha : k^\ell \ni (a_1, \ldots, a_\ell) \longmapsto \sum_{i=1}^{\ell} a_i w_i \in V$$

と定義すると，α は全単射である．(このとき，α は加法とスカラー乗法を保存することに注意せよ．)

これらの性質を持った $\{w_1, \ldots, w_\ell\}$ を V の基底 (basis) という．

例 1.7. 例 1.1 の $V = k^\ell$ において,
$$e_i = (0, \ldots, 0, \overset{i}{1}, 0, \ldots, 0)$$
とおくと, $\{e_1, e_2, \ldots, e_\ell\}$ は基底になる. より一般に,
$$\mathbf{a}_i = (a_{i1}, a_{i2}, \ldots, a_{i\ell})$$
とするとき, $\{\mathbf{a}_1, \mathbf{a}_2, \ldots, \mathbf{a}_\ell\}$ が基底になる必要十分条件は, 行列 $A = (a_{ij})$ の行列式が 0 にならないことである.

証明: $\{e_1, e_2, \ldots, e_\ell\}$ が V を生成することは
$$(a_1, \ldots, a_\ell) = \sum_{i=1}^{\ell} a_i e_i$$
からわかる. この式は $\sum_{i=1}^{\ell} a_i e_i = 0$ ならば, $a_1 = a_2 = \cdots = a_\ell = 0$ であることを意味するから, $e_1, e_2, \ldots, e_\ell$ は一次独立である. $\det A \neq 0$ と仮定すると, A の逆行列 $B = (b_{ij})$ が存在する. $BA = E_\ell$ は
$$b_{i1}\mathbf{a}_1 + b_{i2}\mathbf{a}_2 + \cdots + b_{i\ell}\mathbf{a}_\ell = e_i$$
を意味するから, $\{\mathbf{a}_1, \mathbf{a}_2, \ldots, \mathbf{a}_\ell\}$ が k^ℓ を生成することになる. 逆に, $\{\mathbf{a}_1, \mathbf{a}_2, \ldots, \mathbf{a}_\ell\}$ が k^ℓ を生成するならば, 上式をみたす $\{b_{ij} \mid 1 \leq i \leq \ell, 1 \leq j \leq \ell\}$ が存在する. これは $B = (b_{ij})$ が A の逆行列になることを意味する. □

V を $n+1$ 次元 $(n \geq 0)$ k-ベクトル空間とし $V^* := V \setminus \{0\}$, $k^* := k \setminus \{0\}$ とおくと, k^* は k の乗法で自然に乗法群になり, k^* は V^* に作用する.
$$k^* \times V^* \ni (a, v) \longmapsto av \in V^*.$$

註 1.8. 群 G が集合 X に作用するとは,
$$G \times X \ni (g, x) \longmapsto gx \in X$$
なる写像があって,

(1) $g_1, g_2 \in G$ に対して $g_1(g_2 x) = (g_1 g_2) x$
(2) $\forall x \in X$ に対して $ex = x$

を満たすことをいう.

次に, k^* の作用による同値関係を次のようにいれる:
$$v, v' \in V^* \text{ のとき}, \ v \sim v' \overset{\text{def}}{\iff} \lambda \in k^* \text{ が存在して } v = \lambda v'.$$

この同値関係による同値類の集合を $(k$ 上 n 次元の$)$ 射影空間 (projective space) といい，$\mathbb{P}_k^n$ で表す．定義により，自然な写像

$$\begin{array}{ccc} \pi: V^* & \longrightarrow & \mathbb{P}_k^n \\ \cup & & \cup \\ v & \longmapsto & v \text{ の同値類} \end{array}$$

が定まる．

定義 1.9. $\mathbb{P}_k^n$ の部分集合 L について $\pi^{-1}(L) \cup \{0\}$ が V の部分ベクトル空間であるとき，L は $\mathbb{P}_k^n$ の線型部分空間 (linear subspace) であるという．

註 1.10. W を V の部分ベクトル空間とすると

$$W^* = W \setminus \{0\} \subset V^*$$

であり，

$$\pi(W^*) \text{ が } \mathbb{P}_k^n \text{ の線型部分空間}$$

となる．実際，$L = \pi(W^*)$ とおくと $\pi^{-1}(L) \cup \{0\}$ が部分ベクトル空間 W であることは明らかであろう．

この註を考慮すれば，次の結果を得る．

定理 1.11. 上記の註で定義した自然な対応

$$\{V \text{ の部分ベクトル空間}\} \xrightarrow{\alpha} \{\mathbb{P}_k^n \text{ の線型部分空間}\}$$

は 1-1 の対応である．

証明：

$$\alpha : V \supset W \longmapsto \alpha(W) = \pi(W \setminus \{0\}) \subset \mathbb{P}_k^n$$
$$\beta : \mathbb{P}_k^n \supset L \longmapsto \beta(L) = \pi^{-1}(L) \cup \{0\} \subset V$$

とおくと，W が V の部分ベクトル空間ならば，$\alpha(W)$ が $\mathbb{P}_k^n$ の線型部分空間であることが上記の註によりわかり，L が線型部分空間であれば $\alpha(L)$ が部分ベクトル空間であることは定義に他ならない．$\alpha \circ \beta = \mathrm{id}$ であることと $\beta \circ \alpha = \mathrm{id}$ であることは明らかである． $\square$

例 1.12. (1) $W = \{0\}$ は V の部分ベクトル空間であるが，このとき，$\alpha(W) = \emptyset \subset \mathbb{P}_k^n$ は 線型部分空間である．

(2) W が $\dim W = 1$ であることと $\alpha(W)$ が一点であることは同値である．

この例の (2) と定理 1.11 から次の系を得る．

系 1.13. α(または β) によって, $\mathbb{P}_k^n$ の点集合と V の原点を通る直線 (1 次元部分ベクトル空間) の集合が 1-1 の対応になる.

基底を決めると系 1.6 により同型 $V \cong k^{n+1}$ が定まる. その上で,
$$x_i : V \ni (a_0, \ldots, a_i, \ldots, a_n) \longmapsto a_i \in k$$
なる V 上の座標関数 $x_i \quad (i = 0, 1, \ldots, n)$ を考える.

定義 1.14. $(x_0, x_1, \ldots, x_n)$ を $\mathbb{P}_k^n$ の斉次座標 (homogeneous coordinate system) と定義する.

註 1.15. 斉次座標は $\mathbb{P}_k^n$ の点で一意的に定まらないことに注意しよう.
(1) 各点 $\xi \in \mathbb{P}_k^n$ に対して, 斉次座標の比が一意的に決まる. すなわち $\pi^{-1}(\xi) = \text{line} \setminus \{0\} \ni {}^\forall v$ について, $(x_0(v), \ldots, x_n(v)) \in k^{n+1}$ は, 少なくとも 1 つの $x_i(v) \neq 0$ であり, 連比 $(x_0(v) : \cdots : x_n(v))$ は v のとり方によらない.
(2) $\xi, \xi' \in \mathbb{P}_k^n$ について, 対応する連比が一致すれば $\xi = \xi'$ である.

この註をまとめると, 次の定理になる.

定理 1.16.
$$\{\mathbb{P}_k^n \text{ の点集合}\} \stackrel{1\text{対}1}{\longleftrightarrow} \{n+1 \text{ 個の } k \text{ の元の連比の集合}\}$$
ただし, $0 : 0 : \cdots : 0 : 0$ なる自明なものを除く.

註 1.17. 上の対応は V の基底を決めたときにはじめて定義されるものである.

$\mathbb{P}_k^n$ の斉次座標 $(x_0, \ldots, x_n)$ の d 次斉次多項式 f $(d > 0)$, すなわち
$$f(x_0, \ldots, x_n) = \sum_{\substack{i_0 + \cdots + i_n = d \\ i_j \geq 0}} a_{i_0 \ldots i_n} x_0^{i_0} \cdots x_n^{i_n}$$
の形をしているものについて, "$\mathbb{P}_k^n$ の中の点 ξ で $f = 0$" というのは意味がある. 実際, $\pi^{-1}(\xi) \ni v, v'$ をとると, ${}^\exists \lambda \in k^*, v' = \lambda v$ となる. $f(v') = \lambda^d f(v)$ だから $f(v') = 0 \Leftrightarrow f(v) = 0$ である. よって $f(\xi) = 0 \stackrel{\text{def}}{\Longleftrightarrow} f(v) = 0$ と定義してよい (これは v のとり方によらない).

さて, $(x_0, x_1, \ldots, x_n)$ を上記の斉次座標とするとき, $U_i = \{\xi \in \mathbb{P}_k^n \mid x_i(\xi) \neq 0\}$ とおくと,

定理 1.18. (1) "自然" な方法で $U_i \cong k^n, \quad i = 0, 1, \ldots, n$.
(2) $\mathbb{P}_k^n = \bigcup_{i=0}^n U_i$.

註 1.19. この定理は n 次元の射影空間 $\mathbb{P}_k^n$ は $n+1$ 個のベクトル空間を貼りわせたものであることを意味している．

証明： (2) はどの $\xi \in \mathbb{P}_k^n$ をとっても，少なくとも 1 つの i について $x_i(\xi) \neq 0$ だから明らかである．(1) を示そう．$\xi \in U_i$ と連比 $(x_0(\xi) : x_1(\xi) : \cdots : x_n(\xi))$ で $x_i(\xi) \neq 0$ のものが 1 対 1 対応にある．写像

$$U_i \ni \xi \longmapsto \left(\frac{x_0(\xi)}{x_i(\xi)}, \frac{x_1(\xi)}{x_i(\xi)}, \ldots, \frac{x_n(\xi)}{x_i(\xi)} \right) \in k^n \quad \left(\frac{x_i(\xi)}{x_i(\xi)} \text{は除く} \right)$$

が 1 対 1 であることは，連比の定義より明らかである． □

例 1.20. k が $\mathbb{R}$ または $\mathbb{C}$ のとき $\mathbb{P}_k^1$ が何であるかみよう．

(1) $k = \mathbb{R}$ のとき：$\mathbb{P}_\mathbb{R}^1$ は円になる．斉次座標を (x_0, x_1) とすると，$\mathbb{P}_\mathbb{R}^1 = U_0 \cup U_1$ であり

$$U_0 \cong \mathbb{R}: \quad (x_0 : x_1) \longleftrightarrow \frac{x_1}{x_0} = t \in \mathbb{R}$$
$$U_1 \cong \mathbb{R}: \quad (x_0 : x_1) \longleftrightarrow \frac{x_0}{x_1} = \frac{1}{t} \in \mathbb{R}$$

(2) $k = \mathbb{C}$ のとき：$\mathbb{P}_\mathbb{C}^1$ は実 2 次元曲面である．$\mathbb{P}_\mathbb{C}^1 = U_0 \cup U_1$ と書いたとき，$U_i \cong \mathbb{C} = \mathbb{R}^2$ となるが，それらが貼り合わさって $\mathbb{P}_\mathbb{C}^1 \cong S^2$ (2 次元球面) になることは，下図を参考にすれば見やすい．

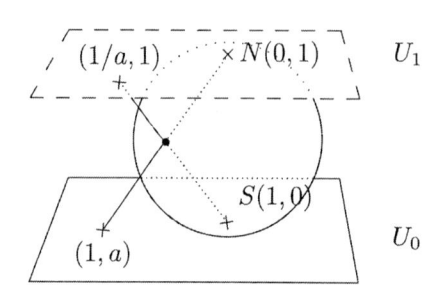

$k = \mathbb{R}, \mathbb{C}$ として，自然な写像 $\pi: k^{n+1} \setminus \{0\} \to \mathbb{P}_k^n$ を考えよう．k^{n+1} の中で単位球面 S をとる．

$k = \mathbb{R}$ のときには $S = S^n$　n 次元
$$= \{(a_0, \ldots, a_n) \in \mathbb{R}^{n+1} \mid \sum_{i=0}^n a_i^2 = 1\}$$

$k = \mathbb{C}$ のときには $S = S^{2n+1}$　$(2n+1)$ 次元
$$= \{(a_0, \ldots, a_n) \in \mathbb{C}^{n+1} \mid \sum_{i=0}^n a_i \bar{a}_i = 1\}$$

ただし，$z_i = x_i + y_i \sqrt{-1}$ $(x_i, y_i \in \mathbb{R}, i = 0, \ldots, n)$
とおくと $\sum_{i=0}^n z_i \bar{z}_i = \sum_{i=0}^n x_i^2 + \sum_{i=0}^n y_i^2$

定義から明らかなように，π は全射 $\pi_0: S \to \mathbb{P}_k^n$ を導く．

$k = \mathbb{R}$ のとき：　各点 $\xi \in \mathbb{P}$ に対し $\pi_0^{-1}(\xi)$ は 2 点 $\{v, -v\}$ $(v \in S)$ からなる．

$k = \mathbb{C}$ のとき：　$\pi_0^{-1}(\xi) = \{z \in \mathbb{C} \mid |z| = 1\} = $ 円．

例 1.21. 特別な場合に少し詳しくみてみよう．

(1) $\mathbb{P}_\mathbb{R}^2 \approx$

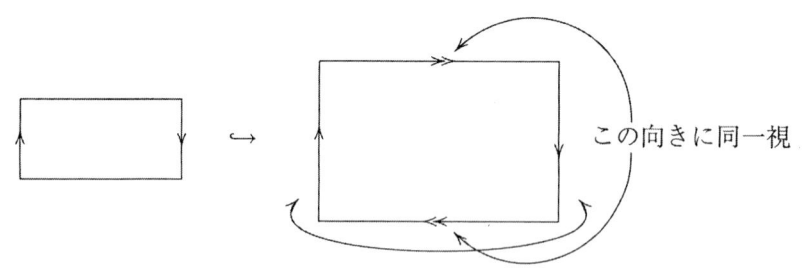

従って $\mathbb{P}^2_{\mathbb{R}}$ は向き付け不可能 (non-orientable) な曲面である.

(2) $\mathbb{P}^1_{\mathbb{C}}$ が S^2 と同型であることはすでに見たが，上記の視点で見直すと
$$\pi_0 : S^3 \longrightarrow \mathbb{P}^1_{\mathbb{C}} = S^2$$
$$\text{各ファイバー} \simeq S^1$$

となる[1].

2. 射影変換

V を $(n+1)$-次元の k-ベクトル空間とし
$$\pi : V^* \longrightarrow \mathbb{P}^n_k$$
を，自然な写像とする．V の基底 $\{e_0, \ldots, e_n\}$ をとると
$$\begin{array}{ccc} V & \simeq & k^{n+1} \\ \cup & & \cup \\ \sum_{i=0}^n a_i e_i & \longleftrightarrow & (a_0, \ldots, a_n) \end{array}$$
である．V' を別の k-ベクトル空間とし，$f : V \to V'$ を線形写像 とする．すなわち，f は

1) $f(v + v') = f(v) + f(v')$ $\quad\quad\quad\quad (\forall v, v' \in V)$

2) $f(\alpha v) = \alpha f(v)$ $\quad\quad\quad\quad\quad\quad\quad (\forall \alpha \in k, \forall v \in V)$

をみたす写像である．このとき，$f : V \to V'$ は $(f(e_0), \ldots, f(e_n))$ によって一意的に決まる．実際，f の線型性により
$$f\left(\sum_{i=0}^n a_i e_i\right) = \sum_{i=0}^n a_i f(e_i)$$
となり，V の任意の元 v について $f(v)$ が $(f(e_0), \ldots, f(e_n))$ で定まっている.

特に $V' = V$ のとき，f は線型自己準同型 (線型変換という) になり，
$$f(e_i) = \sum_{j=0}^n A_{ij} e_j$$

---

[1] ホップ写像 (Hopf map) という.

とおくとき，f は $n+1$ 次正方行列 (A_{ij}) で決まることになる．従って，V の線型変換の集合 $\mathrm{End}_k(V)$ から，k 係数の $n+1$ 次正方行列の集合 $M_{n+1}(k)$ への対応

$$f \longmapsto (A_{ij}) \in M_{n+1}(k)$$

が定まる．線型変換の合成を積として $\mathrm{End}_k(V)$ は環になるが，線型変換 g に行列 (B_{jk}) が対応すれば，

$$g \circ f \longmapsto (A_{ij})(B_{jk}) \in M_{n+1}(k)$$

となり，(非可換) 環の反準同型 (anti-ring homomorphism) を得る．$n+1$ 次正方行列が与えられれば，上述の道筋を逆にたどって線型変換が定まる．これが逆の対応になることは明らかであるから，非可換環の反同型

$$\mathrm{End}_k(V) \simeq M_{n+1}(k)$$

を得る．この同型は"基底を決める"と定まるものであり，標準的な同型とはいえない (non-canonical という)．

$\mathrm{End}_k(V)$ の元で V の自己同型であるものの全体は群になるが，これを一般線型群といい，$GL(V)$ で表す．線型代数学の結果により

$$g \in \mathrm{End}_k(V) \text{ が } g \in GL(V) \iff {}^{\exists}b \in \mathrm{End}_k(V),\ gb = bg = \mathrm{id}$$
$$\iff \text{対応する } A \in M_{n+1}(k) \text{ について}, \det A \neq 0$$

となる．故に，

$$GL(V) \simeq \{A \in M_{n+1}(k) \mid \det A \neq 0\}$$

である．

$g \in GL(V)$ とすると

(a) $g(av) = ag(v)$，すなわち "直線" は "直線" に写される．

(b) $v \neq 0$ ならば $g(v) \neq 0$ である．

従って，任意の $\xi \in \mathbb{P}_k^n$ に対して，一意的に $\eta \in \mathbb{P}_k^n$ が存在して，$g(\pi^{-1}(\xi)) = \pi^{-1}(\eta)$ となる．すなわち，$GL(V)$ の元 g は下図式を可換にする写像 $\bar{g}: \mathbb{P}_k^n \to \mathbb{P}_k^n$ を定める．

$$\begin{array}{ccc} V^* & \xrightarrow{g} & V^* \\ \pi \downarrow & \circlearrowleft & \downarrow \pi \\ \mathbb{P}_k^n & \xrightarrow{\bar{g}} & \mathbb{P}_k^n \end{array}$$

$(\bar{g})^{-1} = \overline{g^{-1}}$ であるから $\bar{g}$ は逆元をもつ．従って，$\bar{g}$ は $\mathbb{P}_k^n$ の自己同型群 $\mathrm{Aut}(\mathbb{P}_k^n)$ の元であり，群準同型

$$\rho: GL(V) \longrightarrow \mathrm{Aut}(\mathbb{P}_k^n)$$

を得る．

定義 2.1. $b \in \text{Aut}(\mathbb{P}_k^n)$ で $\rho(g)$, $g \in GL(V)$ となるものを $\mathbb{P}_k^n$ の線型自己同型という. $\mathbb{P}_k^n$ の線型自己同型の全体 (ρ の像) を射影線形群 (projective linear group) といい $PGL(V)$ で表わす. すなわち,

$$\rho: GL(V) \longrightarrow PGL(V)$$

は全射群準同型である.

定理 2.2. $\rho^{-1}(1) \cong k^*$. ここで, $k^* = k \setminus \{0\}$ は乗法群とみなす.

証明: V^{n+1} の基底 $\{e_0, \ldots, e_n\}$ をとり, $b \in GL(V)$ については $b(\xi_i) = \xi_i$, $i = 0, \ldots, n$ とする. ただし, 各 e_i に対し $\pi(e_i) = \xi_i \in \mathbb{P}_k^n$ とおく. これから, b に対応する行列 A は対角型

$$\begin{pmatrix} \lambda_0 & & & \\ & \lambda_1 & & \\ & & \ddots & \\ & & & \lambda_n \end{pmatrix}$$

であることがわかる. 所で $e_{n+1} = e_0 + \cdots + e_n$, $\xi_{n+1} = \pi(e_{n+1})$ とおくと, 同じ理由で $\bar{b}(\xi_{n+1}) = \xi_{n+1} \in \mathbb{P}_k^n$ となる, すなわち $b(e_{n+1}) = \lambda_{n+1} e_{n+1}$ とおくと

$$b(e_{n+1}) = b\left(\sum_{i=0}^n e_i\right) = \sum_{i=0}^n b(e_i) = \sum_{i=0}^n \lambda_i e_i$$

であり, また

$$b(e_{n+1}) = \lambda_{n+1} \sum_{I=0}^n e_i$$

となる. $\{e_0, \ldots, e_n\}$ は一次独立であったから, $\lambda_i = \lambda_j$, $\forall i, j$ がわかる. 故に,

$$A = \begin{pmatrix} \lambda & & & \\ & \lambda & & \\ & & \ddots & \\ & & & \lambda \end{pmatrix} \leftrightarrow \lambda \in k^*$$

となって, 所要の同型が与えられる. □

定義 2.3. $\mathbb{P}_k^n$ の点 $\xi_0, \ldots, \xi_d$ をとるとき $\xi_0, \ldots, \xi_d$ が一次独立であるとは, 各 i について $v_i \in \pi^{-1}(\xi_i)$ を任意にとるとき $v_0, \ldots, v_d$ が V の元として一次独立であるときにいう.

$v_i, v_i' \in \pi^{-1}(\xi_i)$ ならば, k の元 $a_i \neq 0$ が存在して $v_i' = a_i v_i$ となる. 他方, $v_0, \ldots, v_d$ が一次独立であることと $a_0 v_0, \ldots, a_d v_d$ が一次独立であることは同値であ

る．従って，上の定義において，特定の $v_0, \ldots, v_d$ について一次独立であることを確かめれば十分である．

定義 2.4. $\mathbb{P}_k^n$ の点 $\xi_0, \ldots, \xi_d$ が一般の位置 (general position) にあるとは，その内から任意に m 個 $(m \leq n+1)$ をとると，その m 個がいつも一次独立であるときにいう．

註 2.5. (1) $\mathbb{P}_k^n$ の中には必ず $(n+1)$ 個の一次独立な点系がある．例えば，V の基底を $e_0, \cdots, e_n$ とおくと $\pi(e_0), \ldots, \pi(e_n)$ は一次独立である．
(2) $\mathbb{P}_k^n$ の中に任意に $n+2$ 個以上の点系をとると，それらは一次独立ではない．

上の (2) と次の定理により，一般の位置の意味を理解してほしい．

定理 2.6. k は任意の体とする．
(1) $\mathbb{P}_k^n$ の中に $(n+2)$ 個の点を一般の位置にとれる．
(2) $\mathbb{P}_k^n$ の中の一般の位置にある $(n+2)$ 個の点の系を任意に 2 つとる：
$$\{\xi_0, \xi_1, \ldots, \xi_{n+1}\}, \{\eta_0, \eta_1, \ldots, \eta_{n+1}\}.$$
このとき $\bar{g} \in PGL(V)$ で次の性質を持つものが一意的に存在する
$$\bar{g}(\xi_i) = \eta_i \ (i = 0, 1, \ldots, n+1).$$

証明： (1) 基底を定めて V を k^{n+1} と同一視する．V の元
$$e_i = (0, \ldots, 0, \underset{i}{1}, 0, \ldots, 0), \quad (i = 0, \ldots, n)$$
$$e_{n+1} = (1, 1, \ldots, 1)$$
をとると，$e_0, \ldots, e_n, e_{n+1}$ のどの $(n+1)$ 個も一次独立である．故に，
$$\pi(e_0), \ldots, \pi(e_n), \pi(e_{n+1})$$
は一般の位置にある．

(2) 各 i について $e_i \in \pi^{-1}(\xi_i)$ $i = 0, 1, \ldots, n$ をとると $e_0, \ldots, e_n$ は一次独立である．そこで $e_{n+1} \in \pi^{-1}(\xi_{n+1})$ をとると，$\dim V = n+1$ であるから
$$e_{n+1} = \sum_{i=0}^{n} \lambda_i e_i, \quad (\lambda_i \in k)$$
と表される．このとき，どの λ_i も 0 でない．実際，もし $\lambda_{i_0} = 0$ とすると e_{n+1} が $e_0, \ldots, \check{e}_{i_0}, \ldots, e_n$ の線型結合で表されることになる．これは $\{\xi_0, \xi_1, \ldots, \xi_{n+1}\}$ が一般の位置にあることに反する．$\forall i$ について $\lambda_i \neq 0$ だから e_i を $\lambda_i e_i$ と取り替えると

(i) $i = 0, \ldots, n+1$ について $e_i \in \pi^{-1}(\xi_i)$

(ii) $\{e_0, \ldots, e_n\}$ は V の基底である

(iii) $e_{n+1} = e_0 + \cdots + e_n$

となる．この基底で同型 $V \cong k^{n+1}$ を定めれば，

$$e_i = (0, \ldots, 0, \underset{i}{1}, 0, \ldots, 0), \quad (i = 0, \ldots, n)$$

$$e_{n+1} = (1, 1, \ldots, 1)$$

となる．

(一意性)：今 $\bar{g}, \bar{h} \in PGL(V)$ について

$$\bar{g}(\xi_i) = \bar{h}(\xi_i) = \eta_i, \quad (^\forall i)$$

であったとすると，$\bar{f} = \bar{g}^{-1} \cdot \bar{h}$ とおけば

$$\bar{f}(\xi_i) = \xi_i, \quad (^\forall i)$$

となる．$\bar{f}$ に対応する $f \in GL(V)$ をとれば，定理 2.2 の証明の論法で

$$f(e_i) = \lambda e_i, \quad 0 \neq \lambda \in k, i = 0, \ldots, n$$

となることがわかる．故に $\bar{f} = \mathrm{id}$，すなわち $\bar{g} = \bar{h}$ である．

(存在)：上の $e_0, \ldots, e_n, e_{n+1}$ と同様にして，$d_0, \ldots, d_n, d_{n+1}$ を

$$\begin{cases} d_i \in \pi^{-1}(\eta_i), & (i = 0, \ldots, n) \\ d_{n+1} = d_0 + \cdots + d_n \end{cases}$$

となるようにとる．このとき $\{d_0, \ldots, d_n\}$ も V の基底になる．従って，$GL(V)$ の元 g で

$$g(e_i) = d_i, \quad i = 0, 1, \ldots, n$$

となるものが存在する．この g について

$$g(e_{n+1}) = g\left(\sum_{i=0}^n e_i\right) = \sum_{i=0}^n g(e_i) = \sum_{i=0}^n d_i = d_{n+1}$$

であるから，対応する $\bar{g} \in PGL(V)$ をとれば

$$\bar{g}(\xi_i) = \eta_i \quad i = 0, \ldots, n+1$$

となる． □

註 2.7. $k = \mathbb{R}, \mathbb{C}$ の様に $\#(k) = \infty$ のときには，任意の $\mathbb{Z} \ni \ell \geq 0$ について，一般の位置にある点の系 $\xi_0, \ldots, \xi_\ell$ が $\mathbb{P}_k^n$ が存在する．

定義 2.8. $\eta_1, \ldots, \eta_s \in \mathbb{P}_k^n$ のとき, $\eta_1, \ldots, \eta_s$ が張る線型部分空間 $L \subset \mathbb{P}_k^n$ とは, $\pi^{-1}(\eta_1), \ldots, \pi^{-1}(\eta_s)$ が張る部分ベクトル空間 $W \subset V$ が定める $L = \pi(W)$ のこと と定義する.

定義から明らかな事実を注意しておく.

註 2.9. (1) いつでも $\dim W = \dim L + 1 \leq s$ である.
(2) $\dim L = s - 1 \iff \eta_1, \ldots, \eta_s$ が $\mathbb{P}_k^n$ の点として 一次独立.

上記の事実を踏まえれば, 註 2.7 における $\xi_0, \ldots, \xi_\ell$ の取り方はそれほど難しくなくわかる. ξ_0 はどの点でもよいことは明らかである. 仮に $\xi_0, \ldots, \xi_{\ell-1}$ がとれたとしよう. σ を $\{\xi_0, \ldots, \xi_{\ell-1}\}$ の中の n 個以下の部分集合とし, L_σ を σ が張る線型部分空間とする. ξ_ℓ は

$$U = \mathbb{P}_k^n \setminus \bigcup_\sigma L_\sigma, \quad \sigma \text{ は } \{\xi_0, \ldots, \xi_{\ell-1}\} \text{ の } n \text{ 個以下の部分集合すべてを走る}$$

からとればよいことは明らかである. 故に, $\#(k) = \infty$ ならば $U \neq \emptyset$ を示せばよい. $W_\sigma = \pi^{-1}(L_\sigma) \cup \{0\}$ とすると, $W_\sigma \neq V$ だから, $x_0, \ldots, x_n$ を V の座標関数として

$$W_\sigma \subset \left\{ v \in V \;\middle|\; \sum_{i=0}^n a_i^\sigma x_i(v) = 0 \right\} \equiv Y_\sigma$$

となる $a_i^\sigma \in k$ がある (ただし, 各 σ について $a_i^\sigma \neq 0$ となる i が存在する). $\mathbb{P}_k^n \neq \cup L_\sigma$ と $V \neq \cup W_\sigma$ は同値であるから,

$$V \neq \cup_\sigma Y_\sigma = \left\{ v \in V \;\middle|\; \prod_\sigma \left(\sum_{i=0}^n a_i^\sigma x_i(v) \right) = 0 \right\}$$

を示せばよい. しかるに, 各 σ について $\sum_{i=0}^n a_i^\sigma x_i$ は多項式としては 0 でないから, $\prod_\sigma \left(\sum_{i=0}^n a_i^\sigma x_i \right)$ も多項式として 0 でない. 従って, 多項式の関数の一致の定理 (定理 3.4) により $U \neq \emptyset$ となる. □

例 2.10. $\mathbb{P}_k^1$ を考えよう. 一般の位置にある 3 個 ($= n + 2$ 個) の点として,

$$e_0 = (1:0), \quad e_1 = (0:1), \quad e_2 = (1:1)$$

をとる.

$$\mathbb{P}_k^1 = k \cup \{\underset{\underset{\infty}{\|}}{1 \text{ 点}}\}$$

と見なして,

$$e_0 \mapsto 0, \quad e_1 \mapsto \infty, \quad e_2 \mapsto 1$$

と対応づける．4点 $\xi_0, \xi_1, \xi_2, \xi_3$ をとる．ξ_0, ξ_1, ξ_2 は一般の位置にあるとしたとき $\mathbb{P}_k^1 = k \cup \{\infty\}$ を

$$\left\{\begin{array}{l} \xi_0 \leftrightarrow 0 \\ \xi_1 \leftrightarrow \infty \\ \xi_2 \leftrightarrow 1 \end{array}\right\}$$

と対応させる $PGL(k^2)$ の元によって，ξ_3 が $x \in k$ に写ったとすると，この x を $\{\xi_0, \xi_1, \xi_2\}$ に対する ξ_3 の複比 (cross ratio) という．勝手に $\mathbb{P}_k^1 = k \cup \{\infty\}$ から a, b, c, d をとって

$$\xi_0 = a, \quad \xi_1 = b, \quad \xi_2 = c, \quad \xi_3 = d$$

とするとき

$$x = \frac{d-a}{d-b} : \frac{c-a}{c-b}$$

で表される．

3. 多項式写像 I

$V = k^n$ を k-ベクトル空間とし，$y_1, \ldots, y_n$ をその座標関数とする．この $y_1, \ldots, y_n$ を独立変数の系として多項式環 $k[y_1, \ldots, y_n] = k[y]$ をつくる．すなわち，$f \in k[y]$ は

$$f = \sum_{\text{有限和}} a_{i_1 \cdots i_n} y_1^{i_1} \cdots y_n^{i_n} \quad (a_{i_1 \cdots i_n} \in k)$$

と書ける．

定義 3.1. V 上の多項式関数 $\bar{f}$ とは，写像

$$\bar{f} : V \longrightarrow k$$

であって，$k[y]$ の元 f が存在して

$$\bar{f}(\eta) = f(\eta), \quad {}^\forall \eta \in V$$

となるものをいう．

有限体の上では多項式関数は多項式を決めないことが次の例でわかる．

例 3.2. p は素数として，$k = \mathbb{F}_p = \mathbb{Z}/p\mathbb{Z}$ とするこのとき，次のことがわかる．$f, g \in k[y]$ が同一の関数 $\bar{f} = \bar{g}$ を与える $\iff f - g \in I = (y_1^p - y_1, \cdots, y_n^p - y_n)k[y]$. ここで，多項式 $g_1, \ldots, g_r \in k[y]$ について

$$(g_1, \ldots, g_r)k[y] = \{g_1 h_1 + \cdots + h_r g_r \mid h_1, \ldots, h_r \in k[y]\}$$

と定義する．

証明： ($\Leftarrow$) は k の任意の元 x が $x^p - x = 0$ をみたすから明らかである (フェルマーの小定理).

($\Rightarrow$) を示すのに $g = 0$ としてよい. n についての帰納法で示す. $n = 1$ のとき, f を $y_1^p - y_1$ で割り算してその余りが I の元であることを言えばよいから, f は $(p-1)$ 次以下として $f = 0$ を示せばよい. k の元の個数は p 個であるから, 仮定は $f(y) = 0$ が p 個の相異なる根をもつことを意味する. しかるに, f は $(p-1)$ 次以下であり, $f \neq 0$ ならば高々 $p - 1$ 個の相異なる根しか持ち得ない. 従って, $f = 0$ となる. $n - 1$ まで証明されたとする. f を $k[y_1, \cdots, y_{n-1}]$ 上の y_n の多項式とみたときの次数, すなわち
$$\max\{i \mid {}^\exists i_1, \ldots, i_{n-1} \ a_{i_1 \cdots i_{n-1} i} \neq 0\}$$
を $\deg_{y_n} f$ と表すと, $n = 1$ の場合と同様に $\deg_{y_n} f \leq p - 1$ としてよい.
$$f = \sum_{i=0}^{p-1} f_i(y_1, \ldots, y_{n-1}) y_n^i, \quad (f_i \in k[y_1, \ldots, y_{n-1}])$$
任意の $\eta' = (\eta_1, \ldots, \eta_{n-1}) \in k^{n-1}$ に対して, $f(\eta', y_n)$ は仮定により, k 上の関数として 0 である. 従って, $n = 1$ の場合を適用して
$$f(\eta', y_n) = \sum f_i(\eta_1, \ldots, \eta_{n-1}) y_n^i$$
は y_n の多項式として 0 となる. すなわち, $f_i(\eta_1, \ldots, \eta_{n-1}) = 0$ がすべての i とすべての $\eta' = (\eta_1, \ldots, \eta_{n-1})$ について成り立つ. f_i に帰納法の仮定を適用して $f_i \in I$ がわかる. 故に, $f \in I$ となる. □

上の例にある I は以下で最も重要な概念になるイデアルになっている. イデアルの定義を思い出しておこう.

定義 3.3. R を可換環とする. R の部分集合 I がイデアルであるとは

(1) 加法に関して部分群

(2) $R \cdot I \subset I$

が成り立つときにいう.

例 3.2 が示すように, 有限体の場合に多項式関数と多項式には大きな違いがある. しかし, 無限個の元を持つ体上では両者は同じものになる.

定理 3.4 (多項式関数の一致の定理). $\#(k) = \infty$ とする. $k[y]$ の元 f に対して
$$V \text{ 上で } \bar{f} = 0 \Rightarrow \text{多項式として } f = 0$$
である. すなわち $k[y]$ の元 f, g について
$$V \text{ 上で } \bar{f} = \bar{g} \Rightarrow \text{多項式として } f = g$$

となる.

証明: n についての帰納法で証明しよう. $n=1$ のとき, $\bar{f} \equiv 0$ は, 多項式 $f(y) = 0$ が無限個の根をもつことと同値である. ところが, $f \neq 0$ ならば $f = 0$ の根の数は $\deg f$ 以下である. 故に, $\bar{f} = 0$ ならば多項式として $f = 0$ となる. $n > 1$ として, $0 \neq f \in k[y]$ とすると

$$f = f_0 + f_1 y_n + \cdots + f_\ell y_n^\ell, \quad {}^\forall f_i \in k[y_1, \ldots, y_{n-1}], \; f_\ell \neq 0$$

と書ける. 帰納法の仮定により, $f_\ell(\eta') \neq 0$ となる $\eta' = (\eta_1, \ldots, \eta_{n-1}) \in k^{n-1}$ が存在する. この η' について

$$f(\eta', y_n) = f_0(\eta') + \cdots + f_l(\eta') y_n^\ell \neq 0$$

であるから, $n = 1$ のときの結果を使って, $\eta_n \in k$ で $f(\eta', \eta_n) \neq 0$ となるものが存在する. $\eta = (\eta', \eta_n) \in k^n$ とおけば $f(\eta) \neq 0$ であるから, これは $\bar{f} \not\equiv 0$ を意味する. □

4. 代数的集合

代数幾何学は多項式の共通零点を研究対象とする学問であるから, 多様体を構成するときの基礎である $\mathbb{R}^n$ の開集合に対応するものが, 以下に定義する代数的集合である.

定義 4.1. $V = k^n$ の部分集合 A が**代数的集合** (algebraic set) であるとは, 多項式 $\{f_\alpha\}_{\alpha \in \Sigma}$ ($f_\alpha \in k[y] = k[y_1, \cdots, y_n]$) の系があって (有限個, または無限個)

$$A = \{\eta \in V \mid f_\alpha(\eta) = 0, {}^\forall \alpha \in \Sigma\}$$

であるときにいう.

代数的集合は定義する多項式の集合で決まるというよりも, それらが生成するイデアルで定まると考える方が自然である.

註 4.2. 一般に, $\{f_\alpha\}_{\alpha \in \Sigma}$ によって生成されるイデアルを, 記号

$$(f_\alpha, {}^\forall \alpha) k[y] = (f_\alpha, {}^\forall \alpha) = I$$

で表す. すなわち,

$$I = \left\{ f \in k[y] \;\middle|\; f = \sum_{\text{有限和}} p_\alpha f_\alpha, \; p_\alpha \in k[y] \right\}.$$

A が代数的集合で $\{f_\alpha\}$ で定義されているとき，A はイデアル $I = (f_\alpha, {}^\forall \alpha) k[y]$ で定義されていることは容易にわかる．故に，代数的集合を考えるとき，$\{f_\alpha\}$ を $(f_\alpha, {}^\forall \alpha)$ で置き換えて，定義する多項式の集合をイデアルにとってもよい．

I がイデアルのとき，

$$\mathcal{V}(I) := I \text{ で定義される代数的集合}$$

と定義する．

イデアル I が定義する代数的集合 $\mathcal{V}(I)$ の基本的性質をまとめておこう．

定理 4.3. I, J は多項式環 $k[y]$ のイデアルとする．

(1) $I \subset J$ ならば $\mathcal{V}(I) \supset \mathcal{V}(J)$ (方程式が多いと解が少なくなる) である．

(2) $I \cdot J$ を $\{fg \mid f \in I, g \in J\}$ が生成するイデアルとすると，$\mathcal{V}(I \cdot J) = \mathcal{V}(I) \cup \mathcal{V}(J)$ である．

(3) $I + J = \{f + g \mid f \in I, g \in J\}$ はイデアルであり，$\mathcal{V}(I + J) = \mathcal{V}(I) \cap \mathcal{V}(J)$ となる．

証明： (1) は明らかである．$I \cdot J \subset R \cdot I \subset I$ であり，同様に $I \cdot J \subset J$ であるから，(1) により $\mathcal{V}(I \cdot J) \supset \mathcal{V}(I), \mathcal{V}(J)$ となる．従って，$\mathcal{V}(I \cdot J) \supset \mathcal{V}(I) \cup \mathcal{V}(J)$ を得る．逆の包含関係を見るために $x \notin \mathcal{V}(I) \cup \mathcal{V}(J)$ とする．これは $f \in I$ と $g \in J$ で $f(x) \neq 0, g(x) \neq 0$ となるものが存在することを意味する．$fg \in I \cdot J$ かつ $(fg)(x) \neq 0$ であるから，$x \notin \mathcal{V}(I \cdot J)$ がわかる．$I + J$ がイデアルであることは，イデアルの定義から明らかである．$I + J \supset I, J$ であるから，(1) により $\mathcal{V}(I + J) \subset \mathcal{V}(I), \mathcal{V}(J)$ であり，従って $\mathcal{V}(I + J) \subset \mathcal{V}(I) \cap \mathcal{V}(J)$ となる．$\mathcal{V}(I) \cap \mathcal{V}(J) \ni x$ とすると I の任意の元 f について $f(x) = 0$ であり，任意の $g \in J$ について $g(x) = 0$ である．$I + J$ の任意の元 h は $h = f + g, f \in I, g \in J$ と書けるから，$h(x) = f(x) + g(x) = 0$ となり $x \in \mathcal{V}(I + J)$ を得る．故に，$\mathcal{V}(I + J) = \mathcal{V}(I) \cap \mathcal{V}(J)$ である．□

系 4.4. I, J は多項式環 $k[y]$ のイデアルとする．正の整数 m についてイデアル I^m を帰納的に $I \cdot I^{m-1}$ と定義する．集合としての共通部分 $I \cap J$ はイデアルになる．これらのイデアルについて次が成立する．

(1) $\mathcal{V}(I^m) = \mathcal{V}(I)$.

(2) $\mathcal{V}(I \cap J) = \mathcal{V}(I) \cup \mathcal{V}(J)$.

証明： (1) は定理 4.3 を繰り返し使えばよい．(2) を示すために $I \cdot J \subset I \cap J$ に注意しよう．これにより，$\mathcal{V}(I \cdot J) \supset \mathcal{V}(I \cap J)$ を得る．他方，$I \cap J \subset I$ かつ $I \cap J \subset J$

であるから，$\mathcal{V}(I\cap J) \supset \mathcal{V}(I) \cup \mathcal{V}(J)$ となる．これらと定理 4.3 の (2) により，我々の主張は明らかである． □

次の事実は上の定理の (3) と同様にすれば容易に証明できる．

註 4.5. 多項式環 $k[y]$ のイデアルの集合 $\{I_\lambda \mid \lambda \in \Lambda\}$ について，

$$\sum_{\lambda \in \Lambda} I_\lambda = \left\{ \sum_{\text{有限和}} f_\lambda \,\middle|\, f_\lambda \in I_\lambda \right\}$$

と定義すれば，$\sum_{\lambda \in \Lambda} I_\lambda$ は $k[y]$ のイデアルになる．このイデアルについて

$$\mathcal{V}\left(\sum_{\lambda \in \Lambda} I_\lambda\right) = \bigcap_{\lambda \in \Lambda} V(I_\lambda)$$

となる．

例 4.6. $n=2$，$k=\mathbb{C}$ とする．$I = (y_1^2 - y_2^3)$, $J = (y_1)$ を考えよう．

$$\begin{aligned}
\mathcal{V}(I+J) &= \mathcal{V}(I) \cap \mathcal{V}(J) = \{\text{原点}\}, \\
I + J &= (y_1^2 - y_2^3, J)k[y] \\
&= (y_1, y_2^3)k[y].
\end{aligned}$$

$I+J$ が $V(I)$ と $V(J)$ の交点数を定める．また $J' = (y_2)$ とおくと $I+J' = (y_1^2, y_2)k[y]$ である．

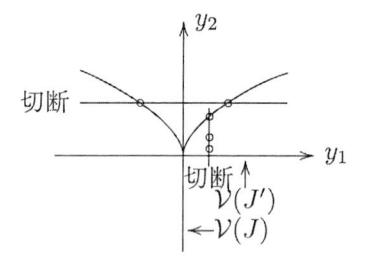

$y_1 \neq 0$ の所で切ると，$\mathcal{V}(I)$ と 3 点で交わるが，その中二つは y_2 が虚数の部分に来る．

定理 4.7 (ヒルベルト (Hilbert) の基底定理)**.** $R = k[y_1, \ldots, y_n]$ とすると，R のすべてのイデアルは有限生成である．すなわち，$I \subset R$ がイデアルならば，I の有限個の元 $f_1, \ldots, f_m$ が存在して $I = (f_1, \ldots, f_m)$ となる．

証明の前に定理の意味を説明しよう．

註 4.8. (1) 任意の代数的集合 $A \subset k^n$ は有限個の多項式 $f_1(y), \ldots, f_m(y) \in k[y]$ を用いて $A = \{\eta \in k^n \mid f_1(\eta) = \cdots = f_m(\eta) = 0\}$ と表せる．

(2) R を可換環として，R のすべてのイデアルが有限生成であるとき R をネター環 (noetherian ring) という．

(3) 可換環 R がネターという条件は次のようにもいいかえられる．すなわち，次の 3 条件は同値である (証明をしてみよ)．

 (a) R がネター環．

 (b) R のイデアルの任意の列

$$I_1 \subset I_2 \subset I_3 \subset \cdots \subset I_n \subset I_{n+1} \subset \cdots$$

について N が存在して $I_N = I_{N+1} = I_{N+2} = \cdots$ となる．

 (c) R のイデアルの任意の集合 $\mathcal{F}$ には包含関係についての極大元がある．

定理 4.7 の証明： n についての帰納法で証明する．$n=0$ のとき $R=k$ となり，イデアルは (0) または (1) であるから明らか．$n \geq 1$ ならば $k[y_1,\ldots,y_n] = (k[y_1,\ldots,y_{n-1}])[y_n]$ だから，帰納法の仮定により，次の補題を証明すればよい．

補題 4.9. R がネター環ならば，R 上の一変数多項式環 $R[X]$ もネター環である．

証明： $R[X]$ の任意のイデアル I が有限生成であることを示そう．$0 \neq f \in R[X]$ は一意的に

$$f = f_0 + f_1 X + \cdots + f_\ell X^\ell$$

と表せる．ここで，$f_i \in R$ であり $f_\ell \neq 0$ である．このとき，

$$\begin{cases} f^* := f_\ell \in R \\ 0^* := 0 \in R \end{cases}$$

と定義する．

$$\mathfrak{a}_0 = \{f^* \in R \mid f \in I\}$$

とおく．$f, g \in I$ で $d = \deg f \geq \deg g = e$ ならば，$f + gX^{d-e} \in I$ であり $(f + gX^{d-e})^* = f^* + g^*$ となる．また，任意の $a \in R$ について，$(af)^* = af^*$ となる．故に，$\mathfrak{a}_0$ は R のイデアルになる．仮定により I の元 $g_1,\ldots,g_s$ が存在して，$g_1^*,\cdots,g_s^*$ が $\mathfrak{a}_0$ を生成する．

$$\alpha = \max\{\deg g_i \mid 1 \leq i \leq s\}$$

として，各 j $(0 \leq j < \alpha)$ に対して

$$\mathcal{L}_j = \{0\} \cup \{f^* \in R \mid f \in I, \deg f = j\}$$

とおく．明らかに $\mathcal{L}_j$ は R のイデアルである．仮定により，$g_{j1},\ldots,g_{jr(j)} \in I$ が存在して $g_{j1}^*,\ldots,g_{jr(j)}^*$ が $\mathcal{L}_j$ を生成する．さて，

$$\{g_i \mid 1 \leq i \leq s\} \cup \bigcup_{j=0}^{\alpha-1}\{g_{jk} \mid 1 \leq k \leq r(j)\}$$

が生成するイデアル J が I になることを示せばよい．$J \subset I$ であることは明らかであるから，I の任意の元 f が J に含まれることを，$d = \deg f$ についての帰納法で示そう．$d = 0$ ならば $\mathcal{L}_0 \ni f^* = f$ だから，我々の主張は明らかである．$d > 0$ として，$d-1$ までは正しいとする．$d < \alpha$ ならば，$f^* \in \mathcal{L}_d$ であることにより，R の元 $a_1,\ldots,a_{r(d)}$ が存在して

$$f^* = \sum_{i=1}^{r(d)} a_i g_{di}^*$$

となる．このとき，

$$\deg\left(f - \sum_{i=1}^{r(d)} a_i g_{di}\right) \leq d-1$$

$$\sum_{i=1}^{r(d)} a_i g_{di} \in J$$

であるから，帰納法の仮定を使って $f \in J$ がわかる．$d \geq \alpha$ の場合を見よう．この場合も R の元 $b_1,\ldots,b_s$ で

$$f^* = \sum_{i=1}^{s} b_i g_i^*$$

となるものが存在する．$\deg g_i = \beta_i$ とおくと

$$\deg\left(f - \sum_{i=1}^{s} b_i X^{d-\beta_i} g_i\right) \leq d-1$$

$$\sum_{i=1}^{s} b_i X^{d-\beta_i} g_i \in J$$

となり，帰納法の仮定を使って $f \in J$ を得る． □

系 4.10. $\mathbb{Z}$ を整数環とすると $\mathbb{Z}[y_1,\ldots,y_n]$ はネター環である．

証明： 上の補題を使えば，次の補題を示せばよい．

補題 4.11. 整数環 $\mathbb{Z}$ は単項イデアル環である．すなわち，$\mathbb{Z}$ の任意のイデアルは 1 つの元で生成される．

証明： $\mathbb{Z}$ のイデアル I をとる．$I = \{0\}$ ならば 0 が I を生成する．$I \neq \{0\}$ として $a = \min\{|b| \mid b \in I \setminus \{0\}\}$ とおく．$b \in I$ ならば $-b \in I$ だから，$a \in I$ である．I の任意の元 c をとり a で割ると

$$c = qa + r, \quad r = 0 \text{ または } 0 < r < a$$

となる．$r = c - qa \in I$ だから，$r \neq 0$ ならば a の最小性に反する．従って，$c = qa$ となり a が I を生成する． □

イデアル I に $\mathcal{V}(I)$ を対応させることを考えると "I, J に対して $\mathcal{V}(I) = \mathcal{V}(J)$ は，I, J に対して何を意味するか？" という問題がおこるが，これについて次の定理がある (ヒルベルトの零点定理).

定理 4.12. k は代数的閉体とする．多項式環 $k[y]$ のイデアル I, J について $\mathcal{V}(I) = \mathcal{V}(J)$ となるための必要十分条件は，整数 $m > 0$ が存在して $I^m \subset J$, $I \supset J^m$ となることである．

証明は定理 8.8 で行う．この定理は k が代数的閉体であるという仮定がないと成立しない．

例 4.13. $k = \mathbb{R}$, $\mathbb{R}^2 \supset A = \{0\}$ とする．

$$A = \mathcal{V}((y_1^2 + y_2^2)) = \mathcal{V}((y_1, y_2))$$

であるが，$\forall n > 0, (y_1, y_2)^n \not\subset (y_1^2 + y_2^2)$ である．

定理 4.14 (多項式関数の一致の定理). $\#(k) = \infty$ とする．$f \in k[y]$ とする．$A \subsetneq k^n$ を真の代数的集合とすると，$\bar{f}|_{(k^n \setminus A)} \equiv 0$ と f が多項式として 0 であることは同値である．

証明： $A = \mathcal{V}(I) \neq k^n$ から $0 \neq h \in I$ で $\bar{h}|_A \equiv 0$ となるものの存在がわかる．故に，多項式 hf を考えると $\overline{hf}|_{k^n} \equiv 0$ となる．既出の一致の定理により $hf = 0$ であるが，他方 $h \neq 0$ であった．従って，$f = 0$ となる． □

コラム 4.15 (ヒルベルトの基底定理). 体 k 上の n 次一般線型群 $GL(n, k)$ を取り，$A \in GL(n, k)$ の変数 $\mathbf{x} = (x_1, \ldots, x_n)$ への作用を

$$\begin{pmatrix} x_1 \\ \vdots \\ x_n \end{pmatrix} \longmapsto A \begin{pmatrix} x_1 \\ \vdots \\ x_n \end{pmatrix}$$

で定義する．有限群 G からの群準同型 $\rho: G \to GL(n,k)$ を考える．$g \in G$ の $f(\mathbf{x}) \in k[x_1,\ldots,x_n]$ への作用を

$$gf(\mathbf{x}) = f(\rho(g)^{-1}\mathbf{x})$$

と定めたとき，任意の $g \in G$ について $gf(\mathbf{x}) = f(\mathbf{x})$ なる元を G-不変という．G-不変元の全体

$$k[x_1,\ldots,x_n]^G = \{f(\mathbf{x}) \mid gf(\mathbf{x}) = f(\mathbf{x}), {}^\forall g \in G\}$$

は k-代数になる．

(1) $f(\mathbf{x})$ が G-不変ならば，$f(\mathbf{x})$ の各斉次部分は G-不変である．

以下 G の位数 $|G|$ が k の標数の倍数でないと仮定する．レイノルズ作用素 R_G を

$$R_G(f)(\mathbf{x}) = \frac{1}{|G|} \sum_{g \in G} gf(\mathbf{x})$$

と定義する．レイノルズ作用素の性質

(2) $R_G(f) \in k[x_1,\ldots,x_n]^G$,
(3) $f \in k[x_1,\ldots,x_n]^G$ ならば，$R_G(gf) = R_G(g)f$，特に $R_G(f) = f$

は重要なものである．次の定理の証明にはヒルベルトの基底定理が有効である．

定理 4.16. $k[x_1,\ldots,x_n]^G$ は有限生成 k-代数である，すなわち有限個の G-不変多項式 $f_1,\ldots,f_m$ が存在して

$$k[x_1,\ldots,x_n]^G = k[f_1,\ldots,f_m].$$

証明： 次数正の G-不変斉次式が生成する $k[x_1,\ldots,x_n]$ のイデアル I を考えよう．ヒルベルトの基底定理により，I は有限個の次数正の G-不変斉次式 $f_1,\ldots,f_m$ で生成される．

$$R = k[f_1,\ldots,f_m] \subset k[x_1,\ldots,x_n]^G$$

は明らかである．両者が一致しないとして，前者に入らない G-不変斉次式で最も次数の低い f を取る．$f \in I$ だから，斉次式 $h_1,\ldots,h_m$ が存在して

$$f = h_1 f_1 + \cdots + h_m f_m$$

と書ける．レイノルズ作用素を両辺に作用させて

$$f = R_G(f) = R_G(h_1 f_1) + \cdots + R_G(h_m f_m) = R_G(h_1)f_1 + \cdots + R_G(h_m)f_m$$

を得る．$R_G(h_i)$ すべてが R の元ならば f が R の元になるから，ある i について $R \not\ni R_G(h_i) \in k[x_1,\ldots,x_n]^G$ となる．他方，$\deg R_G(h_i) < \deg f$ である．これは $\deg f$ の最小性に反する． □

不変式が有限生成であるかという問題は，群とその作用ごとに証明が試みられていたが，上のヒルベルトによる定理は，例えば標数 0 の体上ではいつも正しいことを示している．当時，不変式論の専門家として活躍していたゴーダンをして「これは数学でなく，神学である」と言わしめたという逸話が残っている．この言は，すべてを簡単に証明されてしまったという落胆と，この証明では不変式の有限性は分かるものの，具体的な生成元は求めようがないという事実への皮肉も込められているのではないだろうか．

5. ザリスキ位相

$V = k^n$，その座標関数を $y_1, \ldots, y_n$ とし，多項式環 $k[y] = k[y_1, \ldots, y_n]$ を V の座標環という．V にザリスキ位相を定義する．

定義 5.1. V の部分集合 U について

$$U \text{ が開集合} \iff V \setminus U \text{ が代数的集合}$$

と定義する．すなわち，イデアル $I \subset k[y]$ が存在して

$$V \setminus U = \{\xi \in V \mid g(\xi) = 0, \, {}^\forall g \in I\} = \mathcal{V}(I)$$

となることである．

この定義で V に位相が導入されることをみよう．
(1) $V \setminus V = \emptyset = \mathcal{V}((1))$, $V \setminus \emptyset = V = \mathcal{V}((0))$ であるから．全体 V と空集合 $\emptyset$ は開集合である．
(2) 任意の開集合の族 $\{U_\alpha\}$ をとるとき，$\mathcal{V}(I_\alpha) = V \setminus U_\alpha$ とすれば，註 4.5 により

$$\bigcup_\alpha U_\alpha = V \setminus \bigcap_\alpha \mathcal{V}(I_\alpha) = V \setminus \mathcal{V}\left(\sum_\alpha I_\alpha\right)$$

であるから，開集合の和集合は開集合である．
(3) 有限の開集合 $\{U_1, \ldots, U_s\}$ に対して，$U_j = V \setminus \mathcal{V}(I_j)$ となるイデアル I_j をとる．系 4.4 により，$\bigcup_{j=1}^s \mathcal{V}(I_j) = \mathcal{V}(\bigcap_{j=1}^s I_j)$ であるから

$$\bigcap_{j=1}^s U_j = V \setminus \bigcup_{j=1}^s \mathcal{V}(I_j) = V \setminus \mathcal{V}\left(\bigcap_{j=1}^s I_j\right)$$

となる．従って，有限個の開集合の共通部分は開集合である．

(3) は無限の共通部分については成立しない．

例 5.2. $V = k = \mathbb{R}$ とする. $\mathbb{Z}$ 上で 0 になる多項式は 0 しかないから, $\mathbb{Z} = \{0, \pm 1, \pm 2, \ldots\}$ は V の中で閉集合ではない. 他方, $U_i = V \setminus \{i\}$, $(i \in \mathbb{Z})$ は V の開集合であり, $\bigcap_{i \in \mathbb{Z}} U_i = V \setminus \mathbb{Z}$ である. 従って, U_i の共通部分は開集合ではない.

ザリスキ位相の特徴的な性質を註としてまとめておこう.

註 5.3. k の中でのザリスキ位相は "1 点を閉集合にする最弱位相" と規定できる. k^n のザリスキ位相は "この k の最弱位相 に対してすべての多項式が連続になるような最弱位相" にほかならない.

k が無限体のとき k^n のザリスキ位相は k のザリスキ位相の積位相より強い位相であることに注意しよう. 実際, k^2 の対角線 $\{(a,a) \mid a \in k\}$ は $k[y_1, y_2]$ のイデアル $(y_1 - y_2)$ で定義される閉集合であるが, 積位相では閉集合にならない.

註 5.4. ザリスキ位相ですべての 開集合 U が 準コンパクト (quasi-compact) である. すなわち $U = \bigcup_\alpha U_\alpha$ (U_α: 開集合) ならば, 有限個の $\alpha_1, \ldots, \alpha_s$ が存在して $U = \bigcup_{i=1}^s U_{\alpha_i}$ となる. この条件はザリスキ位相がネターであること, すなわち "開集合の増大列 $U_1 \subset U_2 \subset \cdots \subset U_n \subset \cdots$ に対して, 有限の N が存在して $U_N = U_{N+1} = \cdots = \cdots$ である (昇鎖律という)" と同値である.

証明: $U_\alpha = V \setminus \mathcal{V}(I_\alpha)$ とおくと $U = V \setminus \bigcap_\alpha \mathcal{V}(I_\alpha) = V \setminus \mathcal{V}(\sum_\alpha I_\alpha)$ であった. ところが $k[y]$ はネターだから $\sum_\alpha I_\alpha$ は有限生成である. すなわち $a_1, \ldots, a_m \in \sum_\alpha I_\alpha$ が存在して, $\sum_\alpha I_\alpha = (a_1, \ldots, a_m)$. ところが, 各 a_i は有限個の I_α で生成されたイデアルに属する. 有限個のイデアル $I_{\alpha_1}, \ldots, I_{\alpha_s}$ がこれらの元の生成に関わるとすると $\sum_\alpha I_\alpha = \sum_{i=1}^s I_{\alpha_i}$ となる. 従って,

$$U = V \setminus \mathcal{V}\left(\sum_{i=1}^s I_{\alpha_i}\right) = \bigcap_{i=1}^s U_{\alpha_i}$$

を得る. すべての開集合が準コンパクトと仮定して, 開集合の増大列 $U_1 \subset U_2 \subset \cdots \subset U_n \subset \cdots$ が与えられたとする. $U = \bigcup_{i=1}^\infty U_i$ とおくと, 仮定により, 有限列 $i_1 < \cdots < i_s$ が存在して, $U = \bigcup_{j=1}^s U_{i_j} = U_{i_s}$. $N \geq i_s$ をとると $U = U_{i_s} \subset U_N \subset U_{N+1} \subset \cdots \subset U$ であるから, $U_N = U_{N+1} = \cdots$ を得る. 逆に, ザリスキ位相がネターであるとして, 開集合 U の開被覆 $U = \bigcup_{\alpha \in \Lambda} U_\alpha$ を考える. この開被覆について, どの有限個の $\alpha_1, \ldots, \alpha_s \in \Lambda$ をとっても $U \neq \bigcup_{i=1}^s U_{\alpha_i}$ であるとする. このとき, 次のように $\alpha_1, \alpha_2, \ldots, \alpha_n, \ldots$ を Λ の中から選ぶ. $\alpha_1 \in \Lambda$ は任意にとり, $\alpha_1, \ldots, \alpha_{n-1}$ まで選ばれたとすると $U \neq \bigcup_{i=1}^{n-1} U_{\alpha_i}$ だから $\alpha_n \in \Lambda$ が存在して, $U_{\alpha_n} \not\subset \bigcup_{i=1}^{n-1} U_{\alpha_i}$ となる.

これから $U_n = \bigcup_{i=1}^{n} U_{\alpha_i}$ とおくと $U_1 \subsetneq U_2 \subsetneq \cdots \subsetneq U_n \subsetneq \cdots$ という無限列ができて昇鎖律に反する． □

A は 1 を持つ可換環であるとする．

定義 5.5. イデアル $P \subset A$ が素イデアル (prime ideal) であるとは，$f, g \in A$ について $f \cdot g \in P$ ならば $f \in P$ または $g \in P$ であるときにいう．この条件は A/P が整域，すなわち $a, b \in A/P$ について $a \cdot b = 0$ ならば $a = 0$ または $b = 0$ であることと同値である．

素イデアルの条件を少し弱めた準素イデアルを定義しよう．

定義 5.6. イデアル $Q \subset A$ が準素イデアル (primary ideal) であるとは，$f, g \in A$ について $f \cdot g \in Q$ でかつ $f \notin Q$ ならば $\ell > 0$ が存在して $g^\ell \in Q$ となるときにいう．

A のイデアル I の元 f_1, f_2 について $f_i^{\ell_i} \in I$ とすると，$(f_1 + f_2)^{\ell_1 + \ell_2 - 1} \in I$. 従って
$$\sqrt{I} = \{ f \in A \mid {}^\exists \ell > 0,\ f^\ell \in I \}$$
は A のイデアルになる．

定義 5.7. A のイデアル I に対して，イデアル $\sqrt{I}$ を I の根基 (radical) という．

準素イデアルと素イデアルの関係は，根基を使って次のように述べられる．

註 5.8. Q が準素イデアルならば，$P = \sqrt{Q}$ は素イデアルである．この P を Q の付随素イデアル (associated prime) という．また，このとき Q は P-準素イデアルであるという．

証明： $f \cdot g \in P$ ならば $\ell > 0$ が存在して $f^\ell \cdot g^\ell \in Q$ となる．Q は準素イデアルであるから，$f^\ell \in Q$ または ${}^\exists \ell' > 0,\ g^{\ell \ell'} \in Q$. 従って，$f \in P$ または $g \in P$ である． □

上の註の逆はいえない．

例 5.9. $A = k[x, y]$ は体 k 上の x, y を変数とする多項式環とする．$I = (xy, x^2)$ とおくと，$\sqrt{I}$ は素イデアルであるが，I は準素イデアルでない．

証明： $A/(x) \cong k[y]$ により，(x) は素イデアルである．故に，$\sqrt{(x)} = (x)$ を得る．これと $I \subset (x)$ から $\sqrt{I} \subset \sqrt{(x)} = (x)$ がわかり，$x^2 \in I$ により $(x) \subset \sqrt{I}$. 故に，$\sqrt{I} = (x)$ であり，$\sqrt{I}$ は素イデアルになる．他方，$xy \in I, x \notin I$ であるが，任意の $n > 0$ について $y^n \notin I$ であるから I は準素イデアルでない． □

定義から次は明らかである．

註 5.10. P は準素イデアル Q の付随素イデアルとする．$fg \in Q$, $f \notin Q$ ならば $g \in P$ となる．

定理 5.11 (ラスカー・ネターの定理). ネター環 R の任意のイデアル I をとる．

(1) 準素イデアル $Q_1, \ldots, Q_r$ が存在して $I = Q_1 \cap \cdots \cap Q_r$ と表せる．どの Q_i も必要である (無駄のない分解という)，すなわち，各 i について $I \subsetneq \bigcap_{j \neq i} Q_j$，いいかえれば，各 i について $Q_i \not\supseteq \bigcap_{j \neq i} Q_j$ ならば，$i \neq j$ について $\sqrt{Q_i} \neq \sqrt{Q_j}$ である．

(2) I の無駄のない分解について P_i を Q_i の付随素イデアルとするとき $\{P_1, \cdots P_r\}$ は $Q_1, \ldots, Q_r$ のとり方によらず I によって一意的に決まる．

(3) $P_i \not\supseteq P_j$ ($\forall j \neq i$) になる P_i (これを I の極小素イデアルと定義する) に対応する Q_i は I によって一意にきまる．

例 5.12. (3) は極小でない素イデアル (埋没素イデアル，埋没成分という) については成立しない．例 5.9 の I について

$$I = (x) \cap (x^2, xy, y^2) = (x) \cap (x^2, xy, y^3)$$

と表せる．(x) は極小素イデアルである．(x^2, xy, y^2) も (x^2, xy, y^3) も準素イデアル (次の補題を認めればわかる) で付随素イデアルは (x, y) であるが，これは極小でない．$(x^2, xy, y^2) \neq (x^2, xy, y^3)$ ($y^2 \in (x^2, xy, y^2)$ だが $\notin (x^2, xy, y^3)$) となり，(3) は極小でない素イデアルについては成立しないことの例になる．

補題 5.13. 1 を持つ可換環 R のイデアル I について $\sqrt{I}$ が R の極大イデアルならば I は準素イデアルである．

証明： R のかわりに R/I を考えることにより $I = 0$ としてよい．$\sqrt{I} = P$ とおく．$ab = 0$ かつ $\forall n > 0$, $a^n \neq 0$ とすると，$a \notin P$. P は極大イデアルであるから，$1 = ar + p$ となる $r \in R$ と $p \in P$ が存在する．$ab = 0$ だから $b = abr + bp = bp$. 一方，$p \in P = \sqrt{\{0\}}$ から $p^\ell = 0$ となる $\ell > 0$ が存在することになる．故に $b = bp = bp^2 = \cdots = bp^\ell = 0$ を得る． □

定理 5.11 の証明： (1) の証明のために，次の用語を用いる：

イデアル J が既約であるとは "$J = J_1 \cap J_2 \Rightarrow J = J_1$ または J_2" となるときにいう．

補題 5.14. ネター環 R の任意のイデアル I は既約なイデアルの有限個の共通部分である．

証明： イデアルの集合

$$\mathfrak{I} = \{R \text{ のイデアルで有限個の既約なイデアルの共通部分で表せないもの}\}$$

を考えよう．$\mathfrak{I} \neq \emptyset$ ならば R がネターであることから $\mathfrak{I}$ の中に極大なもの I がある．I は既約でないから $I = I_1 \cap I_2$, $I_1, I_2 \supsetneq I$ と書ける．I の極大性から $I_1, I_2 \notin \mathfrak{I}$. 従って，それぞれは既約なイデアルの共通部分

$$I_1 = I_{\alpha_1}^{(1)} \cap \cdots \cap I_{\alpha_s}^{(1)}$$
$$I_2 = I_{\beta_1}^{(2)} \cap \cdots \cap I_{\beta_t}^{(2)}$$

と表せる．故に，

$$I = I_{\alpha_1}^{(1)} \cap \cdots \cap I_{\alpha_s}^{(1)} \cap I_{\beta 1}^{(2)} \cap \cdots \cap I_{\beta_t}^{(2)}.$$

これは $I \in \mathfrak{I}$ に反する． □

上の補題により，定理 5.11, (1) の前半は次の補題からでる．

補題 5.15. ネター環 R の既約なイデアル Q は準素イデアルである．

証明： Q を既約なイデアルとしよう．$fg \in Q$, $f \notin Q$ かつ $\forall \ell > 0$ について $g^\ell \notin Q$ とする．イデアル商

$$Q : g^\ell = \{h \in R \mid hg^\ell \in Q\}$$

を考えよう．これは Q を含むイデアルである．上昇列

$$Q : g \subset Q : g^2 \subset \cdots \subset Q : g^\ell \subset \cdots$$

は R のネター性によりどこかで止る．従って，$Q : g^\ell = Q : g^{\ell+1} = \cdots$ とする．明らかに，$Q \subset (Q : g^\ell) \cap (Q + g^\ell R)$. 逆に，$x \in (Q : g^\ell) \cap (Q + g^\ell R)$ としよう．$x \in (Q + g^\ell R)$ により $x = q + ag^\ell$, $q \in Q$ と書け，$x \in Q : g^\ell$ だから $xg^\ell \in Q$. これにより $ag^{2\ell} = xg^\ell - qg^\ell \in Q$, すなわち $a \in Q : g^{2\ell}$ を得るが，$Q : g^{2\ell} = Q : g^\ell$ を使って $ag^\ell \in Q$ がわかる．以上により $x = q + ag^\ell \in Q$. 結局 $Q = (Q : g^\ell) \cap (Q + g^\ell R)$ となる．しかも，$Q : g^\ell \ni f \notin Q$ かつ $(Q + g^\ell R) \ni g^\ell \notin Q$ であったから，Q の既約性に反する． □

定理 5.11, (1) の後半は次の補題から明らかである．

補題 5.16. P を可換環 R の素イデアルとし，Q_1, Q_2 を P-準素イデアルとする，このとき $Q_1 \cap Q_2$ も P-準素イデアルとなる．

証明: $ab \in Q_1 \cap Q_2$ かつ $a \notin Q_1 \cap Q_2$ とすると,$a \notin Q_1$ または $a \notin Q_2$. 例えば $a \notin Q_1$ とすると,Q_1 が準素イデアルであることと $ab \in Q_1$ により
$$b \in \sqrt{Q_1} = P = \sqrt{Q_1} \cap \sqrt{Q_2} = \sqrt{Q_1 \cap Q_2}.$$
従って,$\ell > 0$ が存在して $b^\ell \in Q_1 \cap Q_2$ となり,$Q_1 \cap Q_2$ が準素イデアルであることがわかった. しかも $\sqrt{Q_1 \cap Q_2} = \sqrt{Q_1} \cap \sqrt{Q_2} = P$ であるから,$Q_1 \cap Q_2$ は P-準素イデアルとなる. □

註 5.17. 補題 5.15 の逆は,もちろん成立しない. k は体として $R = k[x, y]$ とおくと,補題 5.13 により $Q_1 = (x^2, y^2), Q_2 = (x^2, xy, y^3)$ は共に (x, y)-準素イデアルである. $Q_1 \ni y^2 \notin Q_2$ で $Q_1 \not\ni xy \in Q_2$ だから $Q_1 \cap Q_2 \neq Q_1, Q_2$. 従って,$Q_1 \cap Q_2$ は可約イデアルである. 再び補題 5.16 を使って $Q_1 \cap Q_2$ は (x, y)-準素イデアルがわかる.

(2) の証明の鍵を示そう.

補題 5.18. 定理 5.11 の仮定の下で素イデアル P が,I の 1 つの無駄のない分解の中に現れる準素イデアルの付随素イデアルであるための必要十分条件は,$\exists f \in R$, $P = I : f$ となることである.

証明: 素イデアル P について $P = I : f$ となったとする.P_i-準素イデアル Q_i による無駄のない分解 $I = Q_1 \cap \cdots \cap Q_r$ をとる.
$$P = I : f = \bigcap_{i=1}^r Q_i : f$$
となるから,すべての i について $Q_i : f = R$ ということはない. $Q_i : f \neq R$ ならば $f \notin Q_i$,従って Q_i が準素イデアルということは $Q_i \subset Q_i : f \subset P_i$ を意味し,$\sqrt{Q_i : f} = P_i$. 故に,$\{i_1, \ldots, i_s\} = \{i \mid f \notin P_i\}$ とおけば,$P = \bigcap_{k=1}^s P_{i_k}$. よって
$$\prod_{k=1}^s P_{i_k} \subset \bigcap_{k=1}^s P_{i_k} = P$$
である. 従って,容易にわかるように k が存在して $P_{i_k} \subset P$. $P_{i_k} \supset P$ は自明であるから,$P = P_{i_k}$. 逆に,$P_i = I : f$ となる f をみつけよう. 無駄のない準素イデアル分解をとったことから,$f_i \in \bigcap_{\alpha \neq i} Q_\alpha \setminus Q_i$ が存在する. P_i は Q_i の付随素イデアルであり,有限生成であるから $P_i^L f_i \subset Q_i$ となる $L > 0$ が存在する. 従って,$\ell \geq 0$ で $P_i^\ell f_i \not\subset Q_i$ かつ $P_i^{\ell+1} f_i \subset Q_i$ となるものが存在する. $hf_i \notin Q_i$ となる $h \in P_i^\ell$ をとって,$f = hf_i$ とおこう. $f \notin Q_i$, $fP_i \subset Q_i$ と Q_i が I の準素イデアル分解に現れることを合わせて,$P_i = I : f$ を知る. □

補題 5.18 の必要十分条件は準素イデアル分解によらないから，定理 5.11, (2) が証明できた．(3) を証明しよう．P_i を I の極小素イデアルとする．(2) により，この P_i は分解のしかたに無関係にきまることに注意しよう．

補題 5.19. 定理の条件の下で $Q_i = \{q \in R \mid {}^\exists f \notin P_i, fq \in I\}$ である．

証明： $P_i \supset \bigcap_{\alpha \neq i} Q_\alpha$ とすると，
$$P_i \supset \bigcap_{\alpha \neq i} Q_\alpha \supset \prod_{\alpha \neq i} Q_\alpha$$
であるから $P_i \supset {}^\exists Q_j$ となる $j \neq i$ が存在する．この場合 $P_i \supset P_j$ となるから，P_i の極小性に反する．故に，$\bigcap_{\alpha \neq i} Q_\alpha \not\subset P_i$ である．$f_i \in \bigcap_{\alpha \neq i} Q_\alpha \setminus P_i$ をとろう．この f_i に対して $f_i Q_i \subset Q_1 \cap \cdots \cap Q_r = I$. 従って，$Q_i \subseteq$ 補題の右辺．逆の $\supseteq$ は Q_i が P_i-準素イデアルであることから明らかである． □

この補題から Q_i の一意性が得られ，(3) の証明，従って定理 5.11 の証明が終わる． □

再び $V = k^n$ として $y_1, \ldots, y_n$ を座標関数，$k[y]$ を座標環とする．V の部分集合 X をとる．
$$\mathcal{I}(X) = \{f \in k[y] \mid f|_X \equiv 0\}$$
とおくと $\mathcal{I}(X)$ はイデアルになる．

定理 5.20. X, Y, X_1, X_2 は V の部分集合とする．
(1) X, Y をザリスキ閉集合とする．$X \subset Y \Leftrightarrow \mathcal{I}(X) \supset \mathcal{I}(Y)$.
(2) X_1, X_2 をザリスキ閉集合とすると，$\mathcal{I}(X_1 \cup X_2) = \mathcal{I}(X_1) \cap \mathcal{I}(X_2)$.
(3) X_1, X_2 をザリスキ閉集合とすると，$\mathcal{I}(X_1 \cap X_2) \supset \sqrt{\mathcal{I}(X_1) + \mathcal{I}(X_2)}$.
(4) X をザリスキ閉集合とすると，$\mathcal{V}(\mathcal{I}(X)) = X$.
(5) I をイデアルとすると $\mathcal{I}(\mathcal{V}(I)) \supset \sqrt{I}$.

証明： (1) の ($\Rightarrow$), (2), (3), (5) は明らか．(4) を示すために $X = \mathcal{V}(I)$ とおく．$\mathcal{V}(\mathcal{I}(X)) \supset X$ は明らかである．$\mathcal{I}(X) = \mathcal{I}(\mathcal{V}(I)) \supset I$ も明らかで，これから $\mathcal{V}(\mathcal{I}(X)) \subset \mathcal{V}(I) = X$. 故に，$\mathcal{V}(\mathcal{I}(X)) = X$. (4) から (1) の ($\Leftarrow$) も明らかになる． □

註 5.21. (3), (5) の $=$ は一般に成立しないが、k が代数的閉体ならば，ヒルベルトの零点定理 (第 8 節) により (5) が成立．また，(5) で等号が成立すれば，(3) でも等号が成立することがわかる．

(3), (5) の等号が成立しない例を挙げておく.

例 5.22. (3) $\{k=\mathbb{R}, n=2\}$ の場合：$X_1 = \mathcal{V}(y), X_2 = \mathcal{V}(y^2-x^2-1)$ とすると $X_1 \cap X_2 = \emptyset$. 従って, $\mathcal{I}(X_1 \cap X_2) = k[x,y]$ となる. しかも $\mathcal{I}(X_1) + \mathcal{I}(X_2) = (y, x^2+1)$ であるから, $\mathcal{I}(X_1 \cap X_2) \neq \sqrt{\mathcal{I}(X_1) + \mathcal{I}(X_2)}$.

(5) $\{k = \mathbb{R}, n = 1\}$ の場合：$I = (x^2+1)$ とすると, $\mathcal{V}(I) = \emptyset$ であるから, $k[X] = \mathcal{I}(\mathcal{V}(I)) \neq \sqrt{I} = I = (x^2+1)$.

定義 5.23. k^n のザリスキ位相で閉集合 X が既約 (irreducible) であるとは, 閉集合 X_1, X_2 で $X = X_1 \cup X_2$ と書けたとすると $X = X_1$ または $X = X_2$ となるときにいう.

次はよく使う事実である.

註 5.24. $k^n \hookleftarrow X$ を既約閉集合とする. 閉集合 Y について $X \setminus Y \neq \emptyset$ ならば $\overline{X \setminus Y} = X$ となる. すなわち, 既約閉集合 X の任意の開集合 U は X の中で稠密である.

証明：X は閉集合の和として $X = (\overline{X \setminus Y}) \cup (X \cap Y)$ と書ける. ところが $X \setminus Y \neq \emptyset$ により $X \cap Y \neq X$. 従って, X の既約性から $\overline{X \setminus Y} = X$ を知る. □

定理 5.25. $k^n \supset X$ がザリスキ閉集合とすると, X が既約であることと $\mathcal{I}(X)$ が素イデアルであることは同値である.

証明：$\mathcal{I}(X)$ が素イデアルでないとすると, $f, g \notin \mathcal{I}(X)$ であるが $fg \in \mathcal{I}(X)$ となる f, g が存在する. $X_1 = X \cap \{x \in k^n \mid f(x) = 0\}, X_2 = X \cap \{x \in k^n \mid g(x) = 0\}$ とおくと, $f, g \notin \mathcal{I}(X)$ であるから $X_1 \subsetneq X, X_2 \subsetneq X$. また
$$X_1 \cup X_2 = \mathcal{V}((\mathcal{I}(X) + f \cdot k[y]) \cdot (\mathcal{I}(X) + g \cdot k[y]))$$
であり, $fg \in \mathcal{I}(X)$ により
$$\mathcal{I}(X) \supset (\mathcal{I}(X) + f \cdot k[y]) \cdot (\mathcal{I}(X) + g \cdot k[y]) \supset \mathcal{I}(X)^2$$
である. 故に, $X_1 \cup X_2 = \mathcal{V}(\mathcal{I}(X)^2) = X$ を得る. 従って, X は可約である. 逆に, $\mathcal{I}(X)$ が素イデアルとする. 閉集合 X_1, X_2 について $X = X_1 \cup X_2$ とすると, $\mathcal{I}(X) = \mathcal{I}(X_1) \cap \mathcal{I}(X_2) \supset \mathcal{I}(X_1) \cdot \mathcal{I}(X_2)$. $\mathcal{I}(X)$ が素イデアルだから, $\mathcal{I}(X_1) \subset \mathcal{I}(X)$ または $\mathcal{I}(X_2) \subset \mathcal{I}(X)$ となる. 定理 5.20 の (1) により $X_1 \supset X (\supset X_1)$ または $X_2 \supset X (\supset X_2)$. 故に, $X = X_1$ または $X = X_2$ となる. □

k が代数的閉体でないならば, $\mathfrak{p}$ が素イデアルでも $\mathcal{V}(\mathfrak{p})$ は既約とはいえないことに注意しよう.

例 5.26. $k = \mathbb{R}$, $n = 2$ として, $\mathfrak{p} = ((y-x^2)^2 + (y-1)^2)k[x,y]$ を考えよう. $\mathfrak{p}$ は素イデアルだが, $k = \mathbb{R}$ だから

$$\mathcal{V}(\mathfrak{p}) = \mathcal{V}(y-x^2) \cap \mathcal{V}(y-1) = \{(-1,1),(1,1)\}.$$

となって, $\mathcal{V}(\mathfrak{p})$ は可約である.

上の定理を使って定理 5.11 を幾何学的に言い換えると次のようになる.

定理 5.27. k^n のザリスキ閉集合 X は既約閉集合の有限和集合になる. すなわち, 既約閉集合 $X_1, \cdots, X_r$ で $i \neq j$ ならば $X_i \not\supset X_j$ であるものが存在して, $X = X_1 \cup \cdots \cup X_r$ となる. しかも, このように分解するしかたは順序を除いて一意的である. これらの X_i を X の既約成分という.

証明: 定理 5.11 により, $\mathcal{I}(X)$ の無駄のない準素イデアル分解

$$\mathcal{I}(X) = \mathfrak{q}_1 \cap \cdots \cap \mathfrak{q}_r$$

が存在する. ここで, $\mathfrak{q}_i$ は $\mathfrak{p}_i$-準素イデアルとする. しかるに, $\sqrt{\mathcal{I}(X)} = \mathcal{I}(X)$ であるから,

$$\mathcal{I}(X) = \sqrt{\mathfrak{q}_1} \cap \cdots \cap \sqrt{\mathfrak{q}_r} = \mathfrak{p}_1 \cap \cdots \cap \mathfrak{p}_r. \tag{$*$}$$

しかも, 無駄のない表現であるから, すべての $\mathfrak{p}_i$ は $\mathcal{I}(X)$ の極小素イデアルになる. 次の事実を示せば, 定理 5.25 により我々の主張の前半は明らかであり, 後半は定理 5.11, 定理 5.20 および $(*)$ より明らかである:

"$X_i = \mathcal{V}(\mathfrak{p}_i)$ とおくと $\mathcal{I}(X_i) = \mathfrak{p}_i$"

証明: 定理 5.20, (4), 系 4.4 により,

$$X = \mathcal{V}(\mathcal{I}(X)) = \mathcal{V}(\mathfrak{p}_1 \cap \cdots \cap \mathfrak{p}_r) = X_1 \cup \cdots \cup X_r.$$

故に,

$$\mathcal{I}(X) = \mathcal{I}(X_1) \cap \cdots \cap \mathcal{I}(X_r)$$

となる. $\mathcal{I}(X_i) \supset \mathfrak{p}_i$ は明らかだから

$$\mathfrak{p}_i \supset \mathcal{I}(X) \supset \mathcal{I}(X_i) \cdot (\bigcap_{j \neq i} \mathcal{I}(X_j)) \supset \mathcal{I}(X_i) \cdot (\prod_{j \neq i} \mathfrak{p}_i)$$

$\mathfrak{p}_i$ は極小素イデアルだから $\mathfrak{p}_i \not\supset \prod_{j \neq i} \mathfrak{p}_j$ であり, 従って $\mathfrak{p}_i \supset \mathcal{I}(X_i) (\supset \mathfrak{p}_i)$. 故に, $\mathcal{I}(X_i) = \mathfrak{p}_i$ を得る. □

註 5.28. k が代数的閉体のときには第 8 節で更に詳しいことがわかる.

6. 有理写像

k^n 上の座標関数を $y_1, \ldots, y_n$, 座標環を $k[y]$ とする. $y_1, \ldots, y_n$ についての有理式の全体

$$\left\{ \frac{G(y)}{H(y)} \;\middle|\; G(y), H(y) \in k[y], H(y) \neq 0 \right\}$$

を $k(y)$ で表す.

定義 6.1. k^n 上の有理関数 (rational function) とは, k^n のザリスキ開集合 U と写像 $f : U \to k$ の組 (U, f) で次の性質を持つものである:

有理式 $F(y) = \dfrac{G(y)}{H(y)} \in k(y)$ が存在して, $H(\eta) \neq 0$ であるすべての $\eta \in U$ について $f(\eta) = F(\eta)$ と書ける.

多項式関数の一致の定理 (定理 4.14) から次の定理を得る.

定理 6.2 (有理関数の一致の定理). $\#(k) = \infty$ とし, k^n 上の有理関数 $(U_1, f_1), (U_2, f_2)$ について, 開集合 $U_1 \cap U_2 \supset U_0 \neq \emptyset$ が存在して, $f_1|_{U_0} = f_2|_{U_0}$ とする. このとき, f_1 と f_2 は同じ $F \in k(y)$ で与えられる.

証明:

$$f_1 = \frac{G_1}{H_1}, \quad f_2 = \frac{G_2}{H_2}$$

と与えられたとする. $f_1|_{U_0} \equiv f_2|_{U_0}$ であるから, $H_2 G_1 - H_1 G_2|_{U_0} \equiv 0$. 定理 4.14 により, 多項式として $H_2 G_1 - H_1 G_2 = 0$ である. 故に, $k(y)$ の元として

$$\frac{G_1}{H_1} = \frac{G_2}{H_2}$$

となる. □

定義 6.3. k^n から k^m への有理写像 (rational map) とは k^n の開集合 U と写像 $f : U \to k^m$ の組 (U, f) で, 次の性質をみたすもののことである:

(性質) 各 $\xi \in U$ に対して, U におけるその開近傍 U_0 と
$$F_i = \frac{G_i}{H_i} \in k(y_1, \ldots, y_n), \quad G_i, H_i \in k[y_1, \ldots, y_n], \quad i = 1, \ldots, m$$
が存在して, $f|_{U_0} = (F_1, \ldots, F_m)|_{U_0}$ であり, かつ F_i の分母 H_i が U_0 上のどの点でも 0 にならない.

註 6.4. $\#(k) = \infty$ のとき, k^n の中の 2 つの開集合 U_1, U_2 が共に空集合でないとすると, $U_1 \cap U_2 \neq \emptyset$ (言い換えれば, 2 つの代数的集合 $A_1, A_2 \subsetneq k^n$ について $A_1 \cup A_2 \neq k^n$).

証明： $A_i = \mathcal{V}(I_i)$ $(i = 1, 2)$ とすると，$A_i \neq k^n$ から $I_i \neq 0$ である．従って，$0 \neq f_i \in I_i$ が存在する．$0 \neq f_1 f_2 \in I_1 I_2$ だから $k^n \neq \mathcal{V}(f_1 f_2) \supset A_1 \cup A_2$. □

註 6.5. 有理写像 $k^n \hookleftarrow U \xrightarrow{f} k^m$ に対して (定理 6.2 と註 6.4 により) f の定義中の F_i は ξ の取り方によらず一意的に定まる．しかし，F_i の分数表示が $\xi \in U$ の取り方によらずできることは自明でない．

k^n から k^m への有理写像 $(U, f), (U', f')$ について $U, U' \neq \emptyset$ とする．関係 $(U, f) \sim (U', f')$ を $(U \cap U', f) = (U \cap U', f')$ と定義する．註 6.4 と定理 6.2 により，関係 $\sim$ は同値関係になる．そこで次の命題が成り立つ．

定理 6.6. 各同値類 $\mathrm{Cls}(U, f)$ に対して，次の性質をもつ $(\tilde{U}, \tilde{f}) \in \mathrm{Cls}(U, f)$ が存在する：

(1) $G_i, H_i \in k[y]$ が存在して，$\forall \xi \in \tilde{U}, H_i(\xi) \neq 0$ であり，
$$F_i = \frac{G_i}{H_i}$$
について，$\forall \xi \in \tilde{U}$, $\tilde{f}(\xi) = (F_1(\xi), \cdots, F_m(\xi))$.

(2) $\forall (U', f') \in \mathrm{Cls}(U, f)$ について $U' \subset \tilde{U}$.

この証明のために，以下で代数的な準備を行う．

定理 6.7. k は体とする．多項式環 $k[y_1, \cdots, y_n]$ は素元分解環 (unique factorization domain，略して UFD) である．

UFD の定義のために言葉を導入する．R は 1 を持つ可換環とする．

定義 6.8. $R \ni f$ が単元 (unit) であるとは，$g \in R$ で $fg = 1$ となるものが存在するときにいう．R の単元全体を $R^\times$ と書く．

例 6.9. $\{\mathbb{Z}$ の単元$\} = \{\pm 1\}$ であり，$\{k[y]$ の単元$\} = k^\times = k \setminus \{0\}$ である．

定義 6.10. $R \setminus \{0\} \ni f$ が既約であるとは，

$f \notin R^\times$ であり，$f = gh$ となる $g, h \in R$ が存在すれば g または h は単元

が成り立つときにいう．

註 6.11. R をネーター整域とする．$f \in R$ を $f \neq 0$ で $f \notin R^\times$ とする．このとき，$f \in R$ は既約元の積になる，すなわち，既約な元 $f_1, \ldots, f_s$ が存在して $f = f_1 \cdots f_s$ と表わせる．

例 6.12. 整域という仮定をおとすと上の註は成立しない.
$R = \mathbb{Z}/2\mathbb{Z} \oplus \mathbb{Z}/2\mathbb{Z}$(直和) において

(1) $(1,1)$ は単元である.

(2) $(1,0), (0,1)$ は単元でなく, 既約でもない. なぜならば

$$(1,0) = (1,0)^2, \quad (0,1) = (0,1)^2,$$

(3) $(0,0)$ は R の 0 であり, 既約でない.

ところが $(1,0)$ は $(1,1)$ のべきでないから既約な元の積に表わせない.

註 6.11 の証明: $\mathcal{F} = \{fR \mid f \neq 0, f \notin R^\times \text{ で } f \neq 0 \text{ で } f \text{ は既約な元の積に表わせない}\}$ として $\mathcal{F} = \emptyset$ をいえばよい. $\mathcal{F} \neq \emptyset$ ならば, R はネターだから $\mathcal{F}$ の中に極大なイデアル $f_0 R$ が存在する. f_0 は既約でないから, 単元でない $g, h \in R$ が存在して $f_0 = gh$. もし $g \in f_0 R$ ならば, $g = f_0 g'$ となり, 従って $f_0 = f_0 g' h$. R は整域だから $1 = g' h$ となり, h は単元になる. これは不合理. 故に, $g \notin f_0 R$, すなわち $f_0 R \subsetneq gR$ となる. 同様に $f_0 R \subsetneq hR$. $f_0 R$ の極大性より $gR, hR \notin \mathcal{F}$ である. $\mathcal{F}$ の定義により, $g = g_1 \cdots g_r, h = h_1 \cdots h_s$ となる既約元 $g_i, h_j \in R$ が存在する. 従って, $f_1 = g_1 \cdots g_r h_1 \cdots h_s$. これは $f_0 R \in \mathcal{F}$ に反する. 結局 $\mathcal{F} = \emptyset$ となる. □

定義 6.13. 可換環 R が素元分解環 (UFD) であるとは, R は整域であって, $0 \neq \forall f \in R$ について, 既約元 $f_1, \ldots, f_s$ と単元 u が存在して

$$f = u \cdot f_1 \cdots f_s$$

と, 順序を除いて一意的に表せるときにいう. ここで, 一意的とは, 既約元 $g_1, \ldots g_t$ と単元 v について

$$u \cdot f_1 \cdots f_s = f = v \cdot g_1 \cdots g_t$$

ならば, $s = t$ であり, $\{1, \cdots, s\}$ の置換 σ と単元 $u_1, \ldots, u_s$ が存在して $f_i = u_i g_{\sigma(i)}, i = 1, 2, \ldots, s$ となることである.

註 6.14. R が素元分解環ならば, R の既約元 f と任意の $g, h \in R$ について $f | gh$(すなわち $gh \in fR$, f が gh を割るという) とすると $f | g$ または $f | h$ である. 従って, 素元分解環の元 f が既約元ということと fR が素イデアルということは同値である (一般に, 可換環 R の元 f について fR が素イデアルのとき, f は素元であるという). R がネター整域ならば逆も成立する, すなわち既約元が素元であるならばネター整域 R は素元分解環である.

証明: 前半は明らかである．R はネーター整域とする．註 6.11 により，分解のしかたが 2 通りはないことを示せばよい．単元でない既約元 $f_1,\ldots,f_s, g_1,\ldots,g_t$ と単元 u について
$$f_1\cdots f_s = u\cdot g_1\cdots g_t$$
ならば，$s = t$ であり，$\{1,\cdots,s\}$ の置換 σ と単元 $u_1,\ldots,u_s$ が存在して $f_i = u_i g_{\sigma(i)}$, $i = 1, 2,\ldots, s$ となることを s についての帰納法で示す．$s = 1$ のときは明らか．$s-1$ までは証明されたとすると，$g_t | f_1\cdots f_s$．仮定により，ある i について $g_t | f_i$ となる．f_i は既約元で g_t は単元でないから，単元 u_i が存在して $f_i = u_i g_t$ となる．R は整域であるから
$$f_1\cdots \overset{i}{\check{f_i}}\cdots f_s = (u_i^{-1}u)\cdot g_1\cdots g_{t-1}.$$
これに帰納法の仮定を適用して証明が終わる． □

$k[y_1,\ldots,y_n] = (k[y_1,\ldots,y_{n-1}])[y_n]$ に注意すれば，定理 6.7 は次の定理の系になる．

定理 6.15. A が素元分解環ならば，A 上の一変数多項式環 $A[z]$ も素元分解環である．

系 6.16. $\mathbb{Z}[y_1,\ldots,y_n]$ は素元分解環である．

定理 6.15 の証明のために言葉を導入する．．

定義 6.17. $f = a_0 + a_1 z + \cdots + a_\ell z^\ell \in A[z]$ が原始多項式であるとは，係数 $a_0, a_1,\ldots, a_\ell$ が共通の単元でない因子を持たない（すなわち $b \in A$ がすべての a_i を割るならば，b は単元である）ことである．

上の定義の条件は $a_0, a_1,\ldots, a_\ell$ が A を生成するという意味ではないことに注意しよう．

例 6.18. 定理 6.7 により $A = k[x, y]$ は素元分解環である．$A[z]$ の元 $f = x + yz$ は明らかに原始多項式だが，$(x, y) \neq A$ である．

補題 6.19 (ガウス (Gauss) の補題). A は素元分解環とする．$A[z] \ni f, g$ が共に原始多項式とすれば，その積 fg も原始多項式である．

証明: 任意の単元でない既約元 $u \in A$ について $fg \notin u\cdot A[z]$ をいえばよい．$A[z]/uA[z] \cong (A/uA)[z]$ であり，u は素元であるから A/uA は整域である．故に，$(A/uA)[z]$ は整域となる．イデアル $uA[z]$ を法としてみると，$(A/uA)[z]$ において

$\bar{f} \neq 0, \bar{g} \neq 0$. $(A/uA)[z]$ は整域だったから，$\overline{fg} = \bar{f} \cdot \bar{g} \neq 0$．これは $fg \notin uA[z]$ を意味する． □

系 6.20. u は素元分解環 A の既約元，f, g は $A[z]$ の元とする．$u|fg$ ならば $u|f$ または $u|g$ となる．

註 6.21. k が体ならば，$k[z]$ は素元分解環である．

証明： 註 6.14 を使って証明しよう．多項式 $f, g, h \in k[z]$ について，f は既約元で $f|gh$ であるが $f|g$ でないとする．イデアル (f, g) の中で次数が最小のものを $d \, (\neq 0)$ とする．f を d で割り $f = dq + r$ $(q, r \in h[z], \deg r < \deg d)$ とすると，$r \in (f, g)$．d のとり方により $r = 0$ でなければならない．すなわち $f \in (d)$．同様に $g \in (d)$．f は既約元で $f = dq$ だから，d または q が単元でなければならない．q が単元ならば $(f) = (d) \ni g$ となり "$f|g$ でない" に反する．従って d は単元であり，$(f, g) \ni 1$ となる．これは $a, b \in R$ が存在して $af + bg = 1$ となることを意味するから，$f|gh$ と合わせて $h = afh + bgh \in (f)$ を得る． □

系 6.22. A は素元分解環，K は A の商体とし，z は変数とする．f が $A[z]$ で既約元ならば，f は $K[z]$ の元としても既約元である．

証明： f は原始多項式である．$K[z]$ の元として $f = g'h'$ と分解したとする．適当な $c, d \in K$ を取れば，原始多項式 $g, h \in A[z]$ によって $g = c \cdot g', h = d \cdot h'$ とできる．従って，$a, b \in A$ が存在して $f = (b/a)gh$ と表せる．系 6.20 により gh は原始多項式だから，$af = b \cdot (gh)$ から

$$a = af \text{ の係数の最大公約元}$$
$$b = b \cdot (gh) \text{ の係数の最大公約元}.$$

これらと等式 $af = b \cdot (gh)$ により，a/b は R の単元であることがわかる．f は既約元であったから $\deg g = 0$ または $\deg h = 0$．故に，$\deg g' = 0$ または $\deg h' = 0$，言い換えれば g' または h' が $K[z]$ の単元である． □

定理 6.15 の証明： 註 6.14 により，f を既約元として $f|gh$ ならば $f|g$ または $f|h$ を示せばよい．系 6.22 により f は $K[z]$ で既約元だから，註 6.21 から，$f|g$ または $f|h$ は $K[z]$ で成り立つ．例えば，$f|g$ が $K[z]$ で成り立つとすると，共通約元を持たない $a, b \in A$，原始多項式 $d \in A[z]$ を使って $g = (b/a) \cdot d \cdot f$ と表せる．$f \in A$ なら系 6.20 により明らかだから，$f \notin A$，従って f 原始多項式としてよい．

補題 6.19 により $d \cdot f$ は原始多項式である．系 6.22 と同じ論法で b/a は A の単元であることを知る．故に，$f|g$ である． $\square$

定理 6.6 の証明： $U \subset k^n$ は空でない開集合として，有理写像

$$k^n \hookleftarrow U \xrightarrow{f} k^m$$

を取る．註 6.5 により $F_1, \cdots, F_m \in k(y)$ が一意的に定まる．$k[y] = k[y_1, \cdots, y_m]$ が素元分解環だから

$$F_i = \frac{G_i}{H_i}, \quad G_i, H_i \in k[y]$$

と表せる．ここで G_i と H_i は定数でない共通因子をもたないとしてよい．

$$\tilde{U} = k^n - \bigcup_{i=1}^{m} \mathcal{V}(H_i)$$

とする．$(F_1, \ldots, F_m)$ が有理写像

$$k^n \hookleftarrow \tilde{U} \xrightarrow{\tilde{f}} k^m$$

を定め，$(\tilde{U}, \tilde{f}) \sim (U, f)$ となる．$\tilde{U}$ が最大の定義域であることは

$$\frac{G_i}{H_i} = \frac{G_i'}{H_i'}$$

ならば $H_i | H_i'$ であることから明らか． $\square$

コラム 6.23 (双有理幾何). V を複素数体 $\mathbb{C}$ 上定義された代数多様体としよう．$\mathbb{C}(V)$ を V の関数体（V の適当な座標環の商体）とする．代数多様体の双有理幾何はこの関数体を理解する理論であると大雑把にはいえる．最初に考えられる $\mathbb{C}(V)$ の重要な不変量は $\mathbb{C}(V)$ の $\mathbb{C}$ 上の超越次元 d であろう．これは，V の座標環のクルル次元と一致する．一番簡単な $d = 1$ 場合の場合はどうであろう．この場合は，代数曲線，リーマン面，超越次元 1 の関数体が三位一体の美しい関係をもっている．そして，それぞれは種数というもので分類され，同じ種数をもっているものはモジュライ空間というもので束ねられる．ところが，d が 2 以上になると状況は一変する．関数体を同じとする代数多様体が複雑に出現するため，とり扱いが困難になる．ここで，はじめて双有理幾何学が現れる．$d = 2$ の場合，すなわち，曲面の場合はイタリア学派によって分類はほぼ完成するが，やや厳密性を欠いたものであった．それを現在の視点から再確認をしたのが小平邦彦である．ここで，重要な役割りをするのが極小曲面の理論である．これは，関数体が同じ曲面の中から最も自然な曲面を選び出す理論である．この曲面の場合の極小曲面の理論を 3 次元以上の場合に拡張したのが森理論である．森，川又，ショクロフ，リード等の努力により 3 次元の場合の理論は完成

した．森はこの業績によりフィールズ賞を受賞した．森理論では，廣中により示された特異点解消の理論（廣中はこれでフィールズ賞を受賞した）とはある意味で逆の操作を考えている．さらに，4次元以上については不明な点も多いが，現在，理論の完成をめざしている．

7. 多項式写像 II

k^n の座標関数を $y_1, \ldots, y_n$ とし，I を座標環 $k[y]$ のイデアルとする．I が定める代数的集合 $\mathcal{V}(I)$ が考えられる．

註 7.1. $A = k[y]/I$ を k-代数と見なすと，

$$\{\mathcal{V}(I) \text{ の点}\} \xleftrightarrow{1\text{-}1} \{A \text{ の } k\text{-極大イデアル}\}.$$

ここで，A のイデアル M が k-極大イデアルであるとは，自然な準同型

$$\theta_M : k \hookrightarrow k[y] \xrightarrow{\text{natural}} A \xrightarrow{\text{natural}} A/M$$

が同型のときにいう．k は体だから M は極大イデアルである．

- $\rightarrow$ の対応： $\xi = (\xi_1, \ldots, \xi_n) \mapsto M_\xi = (y_1 - \xi_1, \ldots, y_n - \xi_n)$
- $\leftarrow$ の対応： $\theta_M : k \to A/M$ とし $\xi_i = \theta_M^{-1}(y_i \bmod M)$ について, $\xi = (\xi_1, \ldots, \xi_n)$

定義 7.2. $y_1, \ldots, y_n$ を k^n の座標関数，$x_1, \ldots, x_m$ を k^m の座標関数とする．

$$\begin{array}{c} Y = \mathcal{V}(I) \hookrightarrow k^n \\ \downarrow f \text{ map} \\ X = \mathcal{V}(J) \hookrightarrow k^m \end{array}$$

のとき，写像 f が多項式写像であるとは，m 個の多項式 $f_1(y), \ldots, f_m(y) \in k[y]$ が存在して，任意の $\eta \in Y$ について $f(\eta) = (f_1(\eta), \ldots, f_m(\eta))$ となるときにいう．

註 7.3. 今 k-代数の準同型 $\theta : k[x]/J \to k[y]/I$ が与えられたとする．そのとき，多項式写像 $f : Y \to X$ は次のようにして決まる．$\theta(x_i \bmod J) = f_i(y) \bmod I$ となる $f_1, \ldots, f_m \in k[y]$ を取る．これを使って $F = (f_1, \ldots, f_m) : k^n \to k^m$ が定まる．これが $f : Y \to X$ を導く．実際，任意の $\eta \in Y$ について $F(\eta) = \xi \in k^m$ とすると $\xi \in \mathcal{V}(J) = X$.

なぜならば

$\begin{cases} k\text{-代数の準同型} \\ \qquad\qquad\qquad \Theta: k[x] \longrightarrow k[y] \\ \qquad\qquad\qquad\qquad\quad \cup\qquad\qquad \cup \\ \qquad\qquad\qquad\qquad\quad x_i \longrightarrow f_i(y) \\ \text{が } \theta \text{ を導くから, } \Theta(J) \subset I \text{ となる. 従って, 任意の } h \in J \text{ について} \\ \qquad\qquad \Theta(h) = h(f_1(y), \ldots, f_m(y)) \in I. \\ \text{故に, } \eta \in Y \text{ について, } F(\eta) = \xi \text{ とおくと} \\ \qquad\qquad h(\xi) = h(F(\eta)) = (\Theta(h))(\eta) = 0 \\ \text{となり, } \xi \in X. \end{cases}$

このようにしてできる f は, f_i の取り方によらず θ によって一意的に決まる.

註 7.4. $\theta: k[x]/J \to k[y]/I$ が対応

$$\begin{array}{ccc} f: X & \longleftarrow & Y \\ \cup & & \cup \\ \xi & \longleftarrow & \eta \\ \updownarrow & & \updownarrow \\ M_\xi & M_\eta & k\text{-極大イデアル} \end{array}$$

を与えている. このとき $f(\eta) = \xi \iff \theta^{-1}(M_\eta) = M_\xi$.

証明: $\theta^{-1}(M_\eta) = M_{f(\eta)}$ すなわち $M_\eta \supset \theta(M_{f(\eta)})$ をいえば充分だが, $M_{f(\eta)}$ の任意の元 h に対して, $(\Theta(h))(\eta) = h(f(\eta)) = 0$ となるから明らか. □

8. 整拡大

この節では, 整拡大の理論を取り扱う. 応用として, ヒルベルトの零点定理を証明する. まずは, 環準同型が整であるという概念の定義を与えよう.

定義 8.1. $\theta: A \to B$ を環準同型とする. B の元 z が A 上 (θ に対して) 整 (integral) であるとは, ある正の整数 ℓ と $a_1, \ldots, a_\ell \in A$ が存在して,

$$z^\ell + \theta(a_1) z^{\ell-1} + \cdots + \theta(a_\ell) = 0$$

を満たすときにいう. B のすべての元が A 上整であるとき, B は A 上整であるという. さらに, A が B の部分環で包含写像について整である場合, B は A の整拡大 (integral extension) という.

まず, 整である準同型の特徴付けから始めよう.

定理 8.2. $\theta : A \to B$ を環準同型とする. $\xi \in B$ が (θ に対して) A 上整であるための必要十分条件は，環 $A[\xi](:= \theta(A)[\xi])$ について次を満たす $A[\xi]$-加群 M が存在することである.

(1) M は忠実な $A[\xi]$-加群である. すなわち, 任意の $\Delta \in A[\xi]$ について,
$$\Delta M = 0 \Rightarrow \Delta = 0$$
となる.

(2) M は A-加群として有限生成である.

証明: まず, ξ が A 上整であると仮定する. $M = A[\xi]$ とおく. このとき, M には 1 が含まれるので M は忠実な $A[\xi]$-加群となる. さらに, 適当な, $a_1, \ldots, a_\ell \in \theta(A)$ について,
$$\xi^\ell + a_1 \xi^{\ell-1} + \cdots + a_\ell = 0$$
を満たすので, M は $1, \xi, \ldots, \xi^{\ell-1}$ で A 上生成される.

逆に (1) と (2) を満たす $A[\xi]$-加群 M が存在したと仮定しよう. このとき,
$$M = \theta(A)\mathfrak{m}_1 + \cdots + \theta(A)\mathfrak{m}_r$$
とおける. 従って,
$$\xi \mathfrak{m}_i = \sum_{j=1}^r a_{ij} \mathfrak{m}_j \quad (i = 1, \ldots, r)$$
となる $a_{ij} \in \theta(A)$ が存在する. ここで, $C = (\xi \delta_{ij} - a_{ij})$ となる行列 C を考え, $\Delta = \det C$ とする. $\tilde{C}$ で C の余因子行列を表し, I_r で $r \times r$ の単位行列を表すと, $\tilde{C}C = C\tilde{C} = \Delta I_r$ である.

$$C \begin{pmatrix} m_1 \\ \vdots \\ m_r \end{pmatrix} = \begin{pmatrix} 0 \\ \vdots \\ 0 \end{pmatrix}$$

であることに注意すると,

$$\Delta \begin{pmatrix} m_1 \\ \vdots \\ m_r \end{pmatrix} = \tilde{C}C \begin{pmatrix} m_1 \\ \vdots \\ m_r \end{pmatrix} = \begin{pmatrix} 0 \\ \vdots \\ 0 \end{pmatrix},$$

つまり, $\Delta m_i = 0 \, (^\forall i)$ となる. よって M が忠実であることから $\Delta = 0$ である. 一方,

$$\Delta = \begin{vmatrix} \xi - a_{11} & -a_{12} & \cdots & \\ -a_{21} & \xi - a_{22} & \cdots & \\ \vdots & \vdots & \ddots & \\ & & & \xi - a_{rr} \end{vmatrix} = \xi^r + a_1 \xi^{r-1} + \cdots + a_r = 0$$

であるので, ξ は A 上整である. □

系 8.3. (1) $\xi, \eta \in B$ が A 上整であるなら, $\xi + \eta$, $\xi\eta$ も A 上整である.

(2) $\xi, \eta \in B$ で, ξ が A 上整であり, かつ, η が $A[\xi]$ 上整であるなら, η は A 上整である.

証明: (1) 条件下で, $A[\xi, \eta]$ は A-加群として有限生成である. なぜならば, $\xi^\ell + \cdots = 0$, $\eta^n + \cdots = 0$ とすると,

$$A[\xi, \eta] = \sum_{\substack{0 \le \alpha < \ell \\ 0 \le \beta < n}} A\xi^\alpha \eta^\beta$$

となるからである.

(2) $M = A[\xi, \eta]$ とおけばよい. □

整拡大の幾何学的意味について考えよう.

命題 8.4. k を体とし, $A = k[x_1, \ldots, x_n]/I$, $B = k[y_1, \ldots, y_m]/J$ とおく. さらに, $\theta : A \to B$ を k-代数の準同型とし, 対応する多項式写像を $f : Y = \mathcal{V}(J) \to X = \mathcal{V}(I)$ とする. ただし, $\mathcal{V}(I)$ は k^n の $\mathcal{V}(J)$ は k^m の代数的集合である. このとき, θ が整かつ単射で, $k = \bar{k}$ であるなら f は全射である.

まず証明を始める前に, いくつかの例を考えよう.

例 8.5. 上の命題で, 整という条件を緩めると結論は成立しない. 例えば, $A = k[x_1]$, $B = k[y_1, y_2]/(y_1 y_2 - 1)$ とおき, $\theta : A \to B$ を $\theta(x_1) = y_1$ で定める. このとき, 以下の補題より $A \simeq k[x_1, 1/x_1]$ となるので f は全射でない.

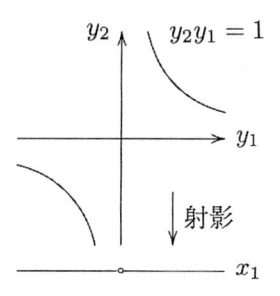

補題 8.6. R を整域とし, X を変数とする. $R \ni u, v$ が $uR : vR = uR$ ($\Leftrightarrow$ $vR : uR = vR$) を満たすとき, $R[X]$ の中で $(uX - v)R[X]$ は素イデアルであり, $R \longrightarrow R[X]/(uX - v)R[X]$ は単射である.

証明：　後半は明らかであるので，前半を示す．$f \cdot g \in (uX-v)R[X]$ とすると，$^\exists h \in R[X]$, $f \cdot g = (uX-v)h$ となる．$Y = uX$ とおくと，$f' = u^{\deg f}f$, $g' = u^{\deg g}g$, $h' = u^{\deg h}h$ は $R[Y]$ に属し，$f' \cdot g' = u(Y-v)h'$ となる．$(Y-v)$ は $R[Y]$ の素イデアルだから，例えば，$f' \in (Y-v)R[Y]$ となる．ゆえに，$f \cdot u^n \in (uX-v)R[X]$ ならば $f \in (uX-v)R[X]$ であることをを示せばよい．明らかに，$n=1$ の場合を示せば十分である．そこで，これを $\deg f$ についての数学的帰納法で示す．$f = Xg+a$ ($g \in R[X], a \in R$) とおくと，$\deg g < \deg f$ である．定数項を比べて $au \in vR$ である．$vR : uR = vR$ から $a \in vR$ となるので，$a = va'$ ($a' \in R$) とおける．ここで，$f + a'(uX-v) = X(g+a'u)$ であるので，$X \cdot u(g+a'u) \in (uX-v)R[X]$，つまり，$X \cdot u(g+a'u) = (uX-v)h$ ($h \in R[X]$) となる．定数項を比べて $h \in XR[X]$，すなわち，$h = Xh'$ ($h' \in R[X]$) となる．ゆえに，$u(g+a'u) = (uX-v)h'$ となる．ここで，$\deg(g+a'u) < \deg f$ であるので，帰納法の仮定により $g+a'u \in (uX-v)R[X]$ となる．よって，$f = X(g+a'u) - a'(uX-v) \in (uX-v)R[X]$ である．　□

例 8.7. $k \neq \bar{k}$ であると，θ が単射で整であっても結論は成立しない．例えば，$A = \mathbb{R}[x_1]$, $B = \mathbb{R}[y_1, y_2]/(y_1 - y_2^2)$ とおき，$\theta : A \to B$ を $\theta(x_1) = y_1$ で定める．このとき，θ は単射で整であるが，$f_\mathbb{R}$ は全射ではない．

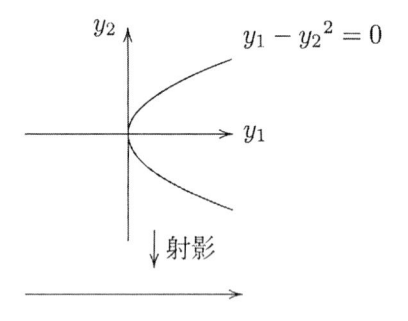

命題 8.4 の証明のために次の代数の定理を準備する．

定理 8.8 (Lying-over theorem)．$A \to B$ を単射で整とする．$A \supset M$ が素イデアルのとき，ある素イデアル $N \subset B$ が存在して $M = N \cap A$ となる．

証明：　$\mathfrak{N} = \{B \text{ のイデアル } N \mid N \cap A \subset M\}$ を考える．$\mathfrak{N}$ は帰納的集合 (ツォルンの補題が適用できる) であるので，極大元 $N \in \mathfrak{N}$ がある．この N について 1) $N \cap A = M$ と 2) N は素イデアル を示す．

1) $N \cap A \subsetneq M$ とすると $^\exists a \in M \setminus (N \cap A)$ となる．ここで，$N' = N + aB \supsetneq N$ とおくと，$N' \cap A \not\subset M$ となる．ゆえに $^\exists x \in (N' \cap A) \setminus M$ である．$x = n + ab$ ($b \in$

$B, n \in N$) とおく. b は A 上整であるので,
$$b^\ell + c_1 b^{\ell-1} + \cdots + c_\ell = 0 \qquad c_i \in A$$
となる. $a^\ell \times (b^\ell + c_1 b^{\ell-1} + \cdots + c_\ell) = 0$ に $ab = x - n$ を代入して,
$$x^\ell + aP + nQ = 0 \qquad (P \in A, Q \in B)$$
の形の式を得る. よって,
$$nQ = -x^\ell - aP \in A \cap N \subset M$$
である. 一方, $a \in M$ より $x^\ell \in M$ となり, $x \in M$ となるので矛盾する.

2) $f \cdot g \in N$ とする. $N + fB = N'$, $N + gB = N''$ とおくと
$$(N' \cap A) \cdot (N'' \cap A) \subset (N' \cdot N'') \cap A \subset N \cap A = M$$
となる. ここで, M は素イデアルだから
$$N' \cap A \subset M \quad \text{または} \quad N'' \cap A \subset M$$
である. 一方, $N \subset N', N''$ であるので, N の極大性より $N = N'$ または N'' となる. よって, $f \in N$ または $g \in N$ である. □

命題 8.4 の証明: $\xi = (\xi_1, \ldots, \xi_n) \in X$ と $\eta = (\eta_1, \ldots, \eta_m) \in Y$ に対して,
$$M_\xi = (x_1 - \xi_1)A + \cdots + (x_n - \xi_n)A, \quad N_\eta = (y_1 - \eta_1)B + \cdots + (y_m - \eta_m)B$$
とおくと, $\xi \longleftrightarrow M_\xi, \eta \longleftrightarrow N_\eta$ という対応で, X と A の k-極大イデアル全体, および, Y と B の k-極大イデアル全体の 1 対 1 対応が与えられる. 詳しくは, 註 7.1 を参照. 一方, $\eta \in f^{-1}(\xi)$ かということは, $M_\xi B \subset N_\eta$ かと問うことと同じである. ゆえに次のことを示せばよい.

"$M_\xi B$ を含む k-極大イデアル N_η が存在する."

Lying-over theorem (定理 8.8) によってある B の素イデアル N が存在して, $N \cap A = M_\xi$ となる. 一方,
$$B/N \underset{\text{整}}{\hookleftarrow} A/M_\xi \cong k$$
である. ゆえに次の補題を示せば, $k = \bar{k}$ より N は k-極大イデアルになる. □

補題 8.9. k を体, S を整域とし, S は k の整拡大と仮定する. このとき, S は体であって, k 上代数的である.

証明： $S \ni b \neq 0$ とすると
$$b^\ell + a_1 b^{\ell-1} + \cdots + a_\ell = 0 \quad (a_i \in k)$$
である．S は整域だから $a_\ell \neq 0$ としてよい．このとき，
$$1 = b \cdot \left\{ -\frac{1}{a_\ell}(b^{\ell-1} + a_1 b^{\ell-2} + \cdots + a_{\ell-1}) \right\}$$
であるので，$b^{-1} \in S$ となる． □

さて，次に，ネーターの正規化定理について考えよう．

定理 8.10 (ネーターの正規化定理 (Noether's normalization theorem)). k と K を体で，$k \subset K$, $\#(k) = \infty$ とする．J を $K[y_1, \ldots, y_m]$ のイデアルで $1 \notin J$ を満たしているとする．このとき，$y_1, \ldots, y_m$ の k-線型結合である $z_1, \ldots, z_r$ $(r \geq 0)$ が存在して，$\theta(t_i) = z_i \bmod J$ で定まる準同型
$$\theta : K[t_1, \cdots, t_r] \to A = K[y_1, \ldots, y_m]/J$$
は単射で整である．ここで，$K[t_1, \cdots, t_r]$ は $t_1, \ldots, t_r$ を独立変数とする多項式環である．

証明： m についての帰納法で示す．まず，$m = 0$ なら明らかである．$J \neq (0)$ としてよいので，$0 \neq F(y) \in J$ となる $F \in K[y_1, \ldots, y_m]$ がとれる．$\#(k) = \infty$ だから y の適当な k-線型結合で変換しておくと，
$$F = C y_m^\ell + (y_m \text{ の次数が } \ell \text{ より小さくなる項}), \quad (K \ni C \neq 0)$$
とできる．ここで，$J_1 = J \cap K[y_1, \ldots, y_{m-1}]$ とおくと，自然な環準同型
$$\gamma : A_1 = K[y_1, \ldots, y_{m-1}]/J_1 \to A = K[y_1, \ldots, y_m]/J$$
は単射かつ整である．帰納法の仮定から $y_1, \ldots, y_{m-1}$ の k-線型結合 $z_1, \ldots, z_r$ $(r \geq 0)$ が存在して，$\delta(t_i) = z_i$ によって定まる
$$\delta : K[t_1, \ldots, t_r] \to A_1$$
は単射かつ整である．よって $z_1, \ldots, z_r$ と $\gamma \circ \delta$ が条件を満たす． □

系 8.11. $K = k = \bar{k}$ とする．$Y = \mathcal{V}(J) \hookrightarrow k^m$ を代数的集合とする．ただし，$J \not\ni 1$ とする．このとき，ある $r \geq 0$ と全射な多項式写像 $f : Y \to k^r$ が存在する．ただし，k^0 は1点をあらわす．(実際には f は整な θ に対応している．)

系 8.12. $K = k = \bar{k}$ とする．このとき，$J \not\ni 1$ であることと $Y \neq \emptyset$ は同値である．

ネーターの正規化定理の応用例： k を代数閉体とする．I と J をそれぞれ $k[x_1,\ldots,x_n]$ と $k[y_1,\ldots,y_m]$ の素イデアルとし，

$$A = k[x_1,\ldots,x_n]/I, \quad B = k[y_1,\ldots,y_m]/J$$

とおく．また，$X = \mathcal{V}(I), Y = \mathcal{V}(J)$ と定める．さらに，$\theta : A \to B$ を単射である k-代数の準同型とし，θ による多項式写像 $f : Y \to X$ を考える．このとき，可換図式

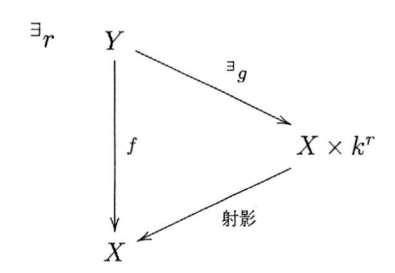

$$\exists r \quad Y \xrightarrow{\exists g} X \times k^r \xrightarrow{\text{射影}} X$$
$$ \downarrow f$$
$$ X$$

が存在して，さらに X のある代数的集合 $W \subsetneq X$ について，f, g の $Y' = Y \setminus f^{-1}(W)$ への制限

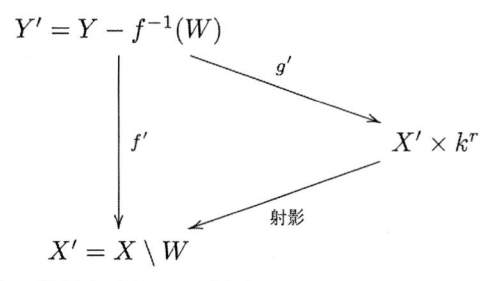

$$Y' = Y - f^{-1}(W) \xrightarrow{g'} X' \times k^r \xrightarrow{\text{射影}} X' = X \setminus W$$
$$\phantom{Y' = Y - f^{-1}(W)} \downarrow f'$$

を考えると，g' は整で単射な準同型に対応している．

証明： 命題 8.17 の証明を参照． □

以上の準備のもとで，ヒルベルトの零点定理について考えよう．

定理 8.13 (ヒルベルトの零点定理 (Hilbert Nullstellensaz)). k を代数閉体とする．$y_1,\ldots,y_m$ を k^m 上の座標関数とする．I_1 と I_2 を $k[y_1,\ldots,y_m]$ のイデアルとする．このとき，

$$\mathcal{V}(I_1) = \mathcal{V}(I_2) \Leftrightarrow \exists \ell \gg 0, \ I_1^l \subset I_2, \ I_2^\ell \subset I_1$$
$$\Leftrightarrow \sqrt{I_1} = \sqrt{I_2}$$

証明： $X = \mathcal{V}(I_1)$ とおく．$g \in k[y_1,\ldots,y_m]$ として，

$$g|_X \equiv 0 \Rightarrow \exists \ell > 0 \ g^\ell \in I_1$$

を言えばよい．$g|_X \equiv 0$ とする．$(y_1,\ldots,y_m,t)$ を k^{m+1} の座標関数として

$$\tilde{I} = I_1 k[y,t] + (g(y)t-1)k[y_1,\ldots,y_m,t]$$

により定義されるイデアル $\tilde{I}$ を考える．k^{m+1} の代数的集合 $\mathcal{V}(\tilde{I})$ について，$\mathcal{V}(\tilde{I}) \ni (\eta, \tau)$ とすると，$\eta \in X$ だから $g(\eta) = 0$．また $g(\eta)\tau = 1$，これは不合理である．ゆえに，$\mathcal{V}(\tilde{I}) = \emptyset$ となるので，正規化定理の系 8.12 より $\tilde{I} \ni 1$ である．よって ${}^\exists h_i \in I_1$ $(i = 1, \ldots, s)$，${}^\exists H_i(y, t), G(y, t) \in k[y, t]$ $(i = 1, \ldots, s)$，

$$1 = \sum_{i=1}^{s} h_i(y) H_i(y, t) + (g(y)t - 1) G(y, t)$$

となる．よって，新しい変数 t' を $t' = g(y)t - 1$ と定めると

$$1 = \sum_{i=1}^{s} h_i(y) H_i(y, (t'+1)/g) + t' G(y, (t'+1)/g)$$

であるので，

$$\begin{cases} \ell = \max_i \{\deg_t H_i, \deg_t G\}, \\ H_i^*(y, t') = g^\ell H_i(y, (t'+1)/g) \ (i = 1, \ldots, s) \\ G^*(y, t') = g^\ell G(y, (t'+1)/g) \end{cases}$$

とおき，上式の両辺に g^ℓ をかけると

$$g^\ell = \sum_{i=1}^{s} h_i(y) H_i^*(y, t') + t' G^*(y, t')$$

である．ℓ の定義より，$H_i^*, G^* \in k[y, t']$ であるので，$t' = 0$ とおいて

$$g^\ell = \sum_{i=1}^{s} h_i(y) H_i^*(y, 0) \in I_1$$

となる． $\square$

系 8.14. $k = \overline{k}$ のとき，

$$\{k^n \text{ の中の代数的集合}\} \overset{1-1}{\longleftrightarrow} \{k[y_1, \ldots, y_n] \text{ の半素イデアル}\}$$

ここで，対応 $\longrightarrow$ は $X \mapsto \mathcal{I}(X)$ で，対応 $\longleftarrow$ は $J \mapsto \mathcal{V}(J)$ で与えられる．ただし，イデアル J について，J が半素イデアルであるとは，$\sqrt{J} = J$ が成り立つときにいう．ネーター環の場合は，半素イデアルであることと有限個の素イデアルの共通部分として表せることは同値であることに注意しておく．

系 8.15. $k = \overline{k}$ のとき，系 8.14 の対応の下に

$$\{k^n \text{ の既約な代数的集合}\} \overset{1-1}{\longleftrightarrow} \{k[y_1, \ldots, y_n] \text{ の素イデアル}\}$$

(これは $\mathcal{I}(\mathcal{V}(I)) = \sqrt{I}$ および定理 5.25 より明らか．)

系 8.16. $k = \overline{k}$ のとき,

$$\{k^n \text{ の点}\} \overset{1-1}{\longleftrightarrow} \{k[y_1, \ldots, y_n] \text{ の極大イデアル}\}$$

証明: $\{k^n \text{ の点}\}$ と $\{k[y_1, \ldots, y_n] \text{ の } k\text{-極大イデアル}\}$ は 1 対 1 に対応するので,

"$k[y_1, \ldots, y_n]$ の任意の極大イデアルは k-極大イデアルである"

を示せばよい. M を $k[y_1, \ldots, y_n]$ の極大イデアルとする. このとき, $^\exists \gamma = (\gamma_1, \ldots, \gamma_n) \in \mathcal{V}(M) \neq \emptyset$ であるので,

$$M_\gamma = (y_1 - \gamma_1, \cdots, y_n - \gamma_n) \supset M$$

となる. よって, M は極大イデアルだから $M = M_\gamma$ となる. □

最後に, 多項式写像の像について考えよう.

命題 8.17. $k = \overline{k}$ のとき,

$$\theta : A = k[x_1, \ldots, x_m]/I \longrightarrow B = k[y_1, \ldots, y_n]/J$$

を k-代数の単射な準同型とする. このとき, 対応する多項式写像

$$f : Y = \mathcal{V}(J) \longrightarrow X = \mathcal{V}(I)$$

について, f の像は稠密な開集合を含む.

例 8.18. 命題 8.17 は $k \neq \overline{k}$ なら成立しない. $k = \mathbb{R}$ とし, $\theta : k[x] \to k[x, y]/(x^2 + y^2 - 1)$, $\theta(x) = x$ を考えるとよい.

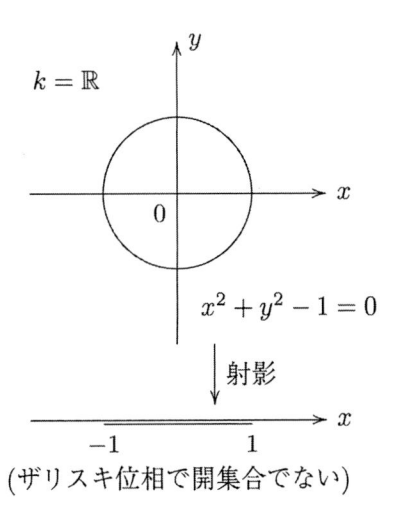

(ザリスキ位相で開集合でない)

8. 整拡大 | 53

命題 8.17 の証明：

Step 1. まず I と J が素イデアルのときに帰着する．

$$\sqrt{J} = P_1 \cap \cdots \cap P_s \quad (P_i \text{ は } J \text{ の極小素イデアル})$$

とおく．このとき，$X = \bigcup_{i=1}^{s} X_i$ である．ただし，$X_i = \mathcal{V}(P_i)$ である．さらに，$\theta^{-1}(P_i) = Q_i \ (i=1,\ldots,s)$ とおくと Q_i は素イデアルであり，$Y_i = \mathcal{V}(Q_i)$ とおけば

$$Y = \bigcup_{i=1}^{s} Y_i$$

となる．実際，$I_0 = \bigcap_{i=1}^{s} Q_i$ とおくと，$I_0 \supset I$ かつ A のイデアル I_0/I は θ によって $(\bigcap_{i=1}^{s} P_i)/J$ に入る．ここで，$(\bigcap_{i=1}^{s} P_i)/J$ は巾零イデアルで，θ は単射である．よって，I_0/I も巾零イデアルとなるので，$\sqrt{I_0} = \sqrt{I}$ である．ゆえに，$Y = \bigcup_{i=1}^{s} Y_i$ となる．

ただし，この表現には不必要なものも含みうる．例えば，$\theta: k[x] \to k[x,y]/(x \cdot y)$ を $\theta(x) = x$ とすればよい．

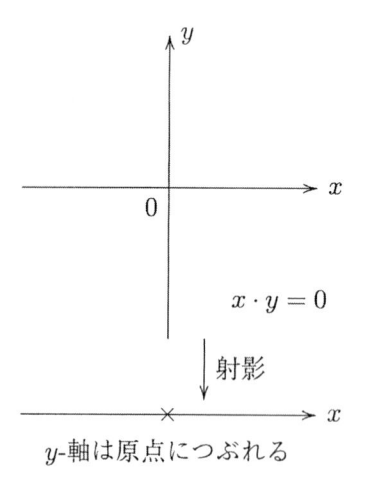

y-軸は原点につぶれる

各 i について f が導く多項式写像を $f_i: Y_i \to X_i$ とする．すべての i について，ある稠密な X_i の開集合 U_i が存在して，$f_i(Y_i) \supseteq U_i$ と仮定する．このとき，$U = \bigcup_{i=1}^{s}(U_i \setminus \bigcup_{j \neq i} X_j)$ とおくと，U は X の稠密な開集合で，$f(Y) \supseteq U$ となる．

Step 2. 以後，θ が単射で I, J が素イデアルと仮定する．K を A の商体とし，$J_K = J \cdot K[y_1,\ldots,y_n]$，$B_K = K[y_1,\ldots,y_n]/J_K$ とおき，$\theta_K: K \to B_K$ を θ から導かれる自然な準同型とする．$k = \bar{k}$ であるので，$\#(k) = \infty$ であることに注意して，θ_K にネーターの正規化定理を使うと，$r \geq 0$ と $y_1,\ldots,y_n$ の k-線形結合でかける $z_1,\ldots,z_r$ が存在して，$K[z_1,\ldots,z_r] \hookrightarrow B_K$ は整となる．$\bar{y}_i$ を y_i の B での剰余類

とすると，これは，$K[z_1,\ldots,z_r]$ 上整であるので，ある $h_{ij}(z) \in K[z_1,\ldots,z_r]$ が存在して，
$$\bar{y}_i^\ell + h_{i1}(z)\bar{y}_i^{\ell-1} + \cdots = 0$$
となる．$h \in A \setminus \{0\}$ を
$$h \cdot h_{ij}(z) \in k[z_1,\ldots,z_r] \quad (\forall i,j)$$
となるようにとる．このとき，B が k 上 $\bar{y}_1,\ldots,\bar{y}_n$ で生成されることに注意すると
$$\lambda : A[1/h][z_1,\ldots,z_r] \hookrightarrow B[1/h]$$
は整である．さて，$Y' = \{\eta \in Y \mid \theta(h)(\eta) \neq 0\}$, $X' = \{\xi \in X \mid h(\xi) \neq 0\}$ と次の可換図式を得る．

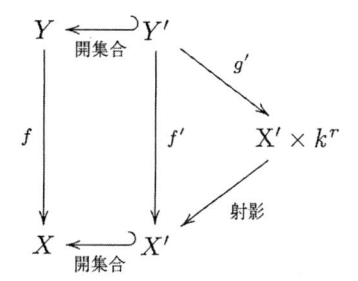

ここで，$g' : Y' \to X' \times k^r$ は λ に対応する多項式写像である．これは，命題 8.4 より，全射である．よって，$f(Y) \supseteq f'(Y') = X'$ で，註 5.24 より，X' は稠密である． □

註 8.19. 一般に $k^n \hookleftarrow X = \mathcal{V}(I)$ とし，$k[x_1,\ldots,x_n]/I = A \ni h$ で，$h = \bar{H}$, $H \in k[x_1,\ldots,x_n]$ とするとき，$X' = \{\xi \in X \mid h(\xi) \neq 0\}$ には $X' \hookrightarrow k^{n+1}$ として代数的集合の構造が入る．

証明：k^{n+1} の座標として $x_1,\ldots,x_n,t$ を用意して，イデアル $I' = Ik[x_1,\ldots,x_n,t] + (Ht-1)k[x_1,\ldots,x_n,t]$ をとると，$X' = \mathcal{V}(I')$ である． □

例 8.20. $X = \{(x,y,z) \in k^3 \mid xz - y = 0\}$ とおき，$f : X \to k^2$ を $f(x,y,z) = (x,y)$ で定める．このとき，
$$f(X) = \{(xy\text{-平面}) \setminus (y\text{-軸})\} \cup \{\text{原点}\}$$
となり，ザリスキ位相の意味で，閉集合でも開集合でもない．

註 8.21. X を k^n の代数的集合とする．X の部分集合 Y が構成的部分集合 (constructible subset) であるとは，Y が X の局所閉集合の有限個の和集合として

表せるときにいう．$\theta : A = k[x_1, \ldots, x_m]/I \to B = k[y_1, \ldots, y_n]/J$ から定まる多項式写像を $f : Y \to X$ とすると，任意の Y の構成的部分集合 Z に対して，$f(Z)$ は X の構成的部分集合になる (シュバレーの補題 (Chevallay's lemma))．このことは，命題と 一般に (という形の議論) から容易に示される．(Matsumura [5] p.42, Theorem 6 参照．)

9. 普遍的閉写像

この節では，普遍的閉写像について調べる．これは，一般のスキームにおいては，位相空間の間の固有連続写像に対応する概念である．ここでは，アフィン多様体の場合に限定するので，普遍的閉写像 (universally closed map) は，いわゆる有限射に対応する．

定義 9.1. $A = k[x_1, \ldots, x_n]/I$, $B = k[y_1, \ldots, y_m]/J$ とし，$X = \mathcal{V}(I), Y = \mathcal{V}(J)$ とおく．さらに，$\theta : A \to B$ を k-代数の準同型とし，$f : Y \to X$ を θ から定まる多項式写像とする．このとき，f が普遍的閉写像であるとは，任意の $\ell \geq 0$ に対して，$f \times \mathrm{id} : Y \times k^\ell \to X \times k^\ell$ が閉写像となるときにいう．

これに関して次の定理がある．

定理 9.2. k を代数閉体と仮定し，$A = k[x_1, \ldots, x_m]/I$, $B = k[y_1, \ldots, y_n]/J$ とおき，$X = \mathcal{V}(I), Y = \mathcal{V}(J)$ と定める．さらに，$\theta : A \to B$ を k-代数の準同型とし，$f : Y \to X$ を θ から定まる多項式写像とする．このとき，θ は整であることが f が普遍的閉写像であることの必要十分条件である．

まず，例から調べていこう．

例 9.3. $X = \mathbb{C}$, $Y = \{(\xi_1, \xi_2) \in \mathbb{C}^2 \mid \xi_1 \cdot \xi_2 = 1\}$ とおき，$f : Y \to X$ を $f(\xi_1, \xi_2) = \xi_1$ と定める．各 $\xi \in X$ について，$f^{-1}(\xi)$ は有限個の点であるが，f は閉写像でない．

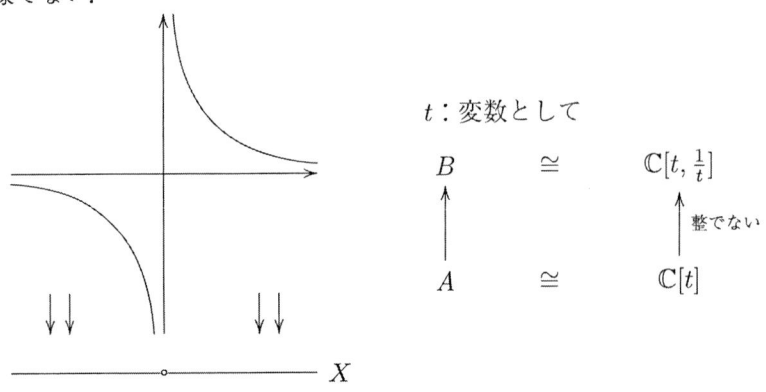

t：変数として

$$\begin{array}{ccc} B & \cong & \mathbb{C}[t, \tfrac{1}{t}] \\ \uparrow & & \uparrow \text{整でない} \\ A & \cong & \mathbb{C}[t] \end{array}$$

例 9.4. f が閉写像であっても必ずしも f は普遍的閉写像とはいえない．例えば，$X = \mathcal{V}((z_1-1)z_2 - 1) \hookrightarrow \mathbb{C}^2$ とおき，$f: X \to \mathbb{C}$ を $f(z_1, z_2) = z_1^2$ と定める．

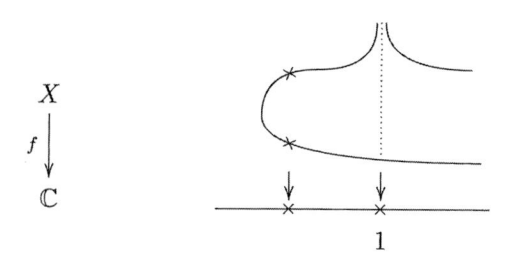

f は閉写像だが普遍的閉写像でない．X は 1 次元であるので，f が閉写像であることをみるためには，$f(X) = \mathbb{C}$ を言えばよい．任意の $w \in \mathbb{C}$ に対して $z_1^2 = w$, $z_1 \neq 1$ となる $z_1 \in \mathbb{C}$ が選べるので，$z_2 = 1/(z_1-1)$ と定めると $f(z_1, z_2) = w$ となる．さらに，

$$Z = \{(z_1, z_2, z_3) \in X \times \mathbb{C} \mid z_1 = z_3\} \subset X \times \mathbb{C}$$

は閉集合であるが，

$$(f \times \mathrm{id})(Z) = \{(w_1, w_3) \mid w_1 = w_3^2, w_3 \neq 1\} \subset X \times \mathbb{C}$$

は閉集合でない．

定理 9.2 の証明を始める．まず，θ が整と仮定して，f が普遍的閉写像であることを示そう．最初に f が閉写像になることを考えよう．W を Y の閉集合とする．W は B の中のイデアル S によって $W = \{B/S$ の極大イデアルの全体$\}$ と表される．$\theta^{-1}(S)$ の元は $f(W)$ の任意の点の上で 0 になる．

$$V = \{A/\theta^{-1}(S) \text{ の } k\text{-極大イデアルの全体}\} \subset X$$

は，当然，閉集合であり，

$$\begin{array}{ccc} X & \xleftarrow{f} & Y \\ \cup & & \cup \\ V & \xleftarrow{g} & W \end{array}$$

となる．ゆえに，g が全射であることを言えばよい．環の方でみると $\tau: A/\theta^{-1}(S) \to B/S$ は単射で整である．命題 8.4 より，$V \xleftarrow{g} W$ は全射である．

$f \times \mathrm{id}$ を環の方でみると

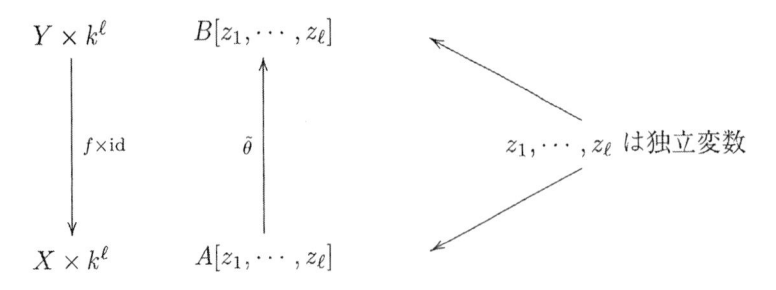

$$
\begin{array}{ccc}
Y \times k^\ell & B[z_1,\cdots,z_\ell] & \\
\Big\downarrow f\times\mathrm{id} & \Big\uparrow \tilde{\theta} & z_1,\cdots,z_\ell \text{ は独立変数} \\
X \times k^\ell & A[z_1,\cdots,z_\ell] &
\end{array}
$$

となる. ここで $z_1,\cdots,z_\ell$ は k^ℓ の座標である. さらに,

$$\theta \text{ が整} \implies \tilde{\theta} \text{ も整} \quad (\because \text{系 8.3 の (1)})$$

よって $f \times \mathrm{id}$ も閉写像である.

次に, f が普遍的閉写像であることから θ が整であることが従うことをみる. まず, J が素イデアルの場合に帰着できること (従って I も素イデアルとしてよい) を考える. $\sqrt{J} = P_1 \cap \cdots \cap P_s$ をおく. ここに $\{P_i\}$ は J の極小素イデアルである. さて, θ から導き出せる準同型

$$\theta_i : A \xrightarrow{\theta} B \xrightarrow{\tau_i} B_i = k[y_1,\ldots,y_m]/P_i$$

を考える. f_i を θ_i に対応する多項式写像とする. $\tau_i : B \to B_i$ は整であるので, これに対応する多項式写像 g_i は, 前の証明により, 普遍的閉写像である. よって, $f_i = f \cdot g_i$ も普遍的閉写像となる. さらに, すべての i について, θ_i が整であるなら, θ も整となる. 実際, すべての i について, θ_i が整であるとし,

$$\bar{\theta} : A \to \prod_{i=1}^s B_i$$

を $\bar{\theta}(a) = (\theta_1(a),\ldots,\theta_s(a))$ で,

$$\tau : B \to \prod_{i=1}^s B_i$$

を $\tau(b) = (\tau_1(b),\ldots,\tau_s(b))$ で定める. また, $\prod_{i=1}^s B_i$ において, i-番目の成分が 1 で他の成分が 0 である元を e_i で表すことにする. $\bar{\theta}$ が整であることをみるには, $b_i e_i$ $(b_i \in B_i)$ の形の元が $\bar{\theta}$ について整であればよい. b_i は A 上整であるので, $b_i^\ell + \theta_i(a_1) b_i^{\ell-1} + \cdots = 0$ $(a_i \in A)$ となる. つまり,

$$(b_i e_i)^\ell + \bar{\theta}(a_1)(b_i e_i)^{\ell-1} + \cdots = (b_i^\ell + \theta_i(a_1) b_i^{\ell-1} + \cdots) e_i = 0$$

となり, $b_i e_i$ は A 上整である. 以上の議論から, 任意の $b \in B$ に対して, $a_1, \ldots, a_\ell \in A$ が存在して,
$$\tau(b)^\ell + \bar{\theta}(a_1)\tau(b)^{\ell-1} + \cdots + \bar{\theta}(a_\ell) = 0$$
となる. ここで, $\tau \cdot \theta = \bar{\theta}$ であること注意すると,
$$b^\ell + \theta(a_1)b^{\ell-1} + \cdots + \theta(a_\ell) \in \tau^{-1}(0)$$
である. しかも, $\tau^{-1}(0)$ は巾零イデアルであるので, ある $r > 0$ が存在して,
$$\left(b^\ell + \theta(a_1)b^{\ell-1} + \cdots + \theta(a_\ell)\right)^r = 0$$
となる. これは, b が A 上 θ について整であることを示している. よって, θ は整である.

以後, I, J は素イデアルで, θ は単射と仮定する. B の元 γ が A 上整であることをいう. ここで, $h \in k[y_1, \ldots, y_n]$ を $\gamma = h \bmod J$ となるようにとる. $k^n \times k$ の座標系を $y_1, \ldots, y_n, t$ とする. イデアル
$$J' = J \cdot k[y_1, \ldots, y_n, t] + (h(y_1, \ldots, y_n)t - 1)k[y_1, \ldots, y_n, t]$$
によって定まる k^{n+1} 代数的集合を F とおく. 明らかに, $F \subset Y \times k$ である. ここで, $k[y_1, \ldots, y_n, t]/J' = B[t]/(\gamma t - 1)$ であるので, 補題 8.6 と系 8.15 より, F は既約で $k[y_1, \ldots, y_n, t]/J' \simeq B[1/\gamma]$ であることがわかる. k-準同型 $\Theta : k[x_1, \ldots, x_m] \to k[y_1, \ldots, y_n]$ を $\theta : A \to B$ の持ち上げとし,
$$\varphi : k[x_1, \ldots, x_m, t] \xrightarrow{\Theta \times \mathrm{id}} k[y_1, \ldots, y_n, t] \longrightarrow k[y_1, \ldots, y_n, t]/(J, ht - 1) \xrightarrow{\sim} B[1/\gamma]$$
を考えると
$$\begin{array}{ccc} k[x_1, \ldots, x_m, t]/\varphi^{-1}(0) & \longrightarrow & B[1/\gamma] \\ \shortparallel & & \\ A[1/\gamma] & & \end{array}$$
となる. よって, 命題 8.17 より, $(f \times \mathrm{id})(F)$ は $\mathcal{V}(\varphi^{-1}(0))$ の稠密な開集合を含み, かつ, 仮定から閉集合である. よって, $g = f \times \mathrm{id}$ とおくと, $g(F) = \mathcal{V}(\varphi^{-1}(0))$ である.

$$\begin{array}{ccccc} Y \times k & \hookleftarrow & F & \longleftrightarrow & 環 \quad B[1/\gamma] \\ g \downarrow & & \downarrow g & & \uparrow \\ X \times k & \hookleftarrow & g(F) : 閉集合 & \longleftrightarrow & 環 \quad A[1/\gamma] \end{array}$$
ここに $\uparrow$ は
"B の商体 $\hookleftarrow A$ の商体"
による自然な包含写像

また, $g(F) \cap \{t = 0\} = \emptyset$ である. というのは, もし $g(F) \cap \{t = 0\} \ni (\xi, 0)$ とすると, ある $(\eta, 0) \in F$ が存在する. これは, $h(\eta)0 - 1 = 0$ となり不合理である.

よって，
$$\mathcal{V}(\varphi^{-1}(0)) \cap \{t = 0\} = V(\varphi^{-1}(0) + tk[x_1, \ldots, x_m, t])) = \emptyset$$
となる．$k = \bar{k}$ であるので，ヒルベルトの零点定理より，
$$\varphi^{-1}(0) + tk[x_1, \ldots, x_m, t] \ni 1$$
つまり，$(1/\gamma)A[1/\gamma] \ni 1$ である．すなわち，ある $a_1, \ldots, a_\ell \in A$ について
$$1 = (1/\gamma)(a_1 + a_2/\gamma + \cdots + a_\ell/\gamma^{\ell-1}) = a_1/\gamma + a_2/\gamma^2 + \cdots + a_\ell/\gamma^\ell$$
となるので，
$$\gamma^\ell - a_1\gamma^{\ell-1} - a_2\gamma^{\ell-2} - \cdots - a_\ell = 0$$
である．従って，γ は A 上整である．　□

註 9.5. 定理 9.2 の条件のもとで，
$$\theta \text{ が整} \implies {}^\forall \xi \in X,\, f^{-1}(\xi) \text{ が有限個の点からなる．}$$

証明： y の点は $y_1, \ldots, y_n$ の値できまる．$B \ni \bar{y}_i$ は A 上整であるので，
$$\bar{y}_i^\ell + a_1^{(i)}(\bar{x}_1, \ldots, \bar{x}_m)\bar{y}_i^{\ell-1} + \cdots + a_\ell^{(i)}(\bar{x}_1, \ldots, \bar{x}_n) = 0$$
となる．従って，$(\bar{x}_1, \ldots, \bar{x}_m)$ の値が決まれば，$\bar{y}_i$ は有限個の値しかとり得ない．　□

註 9.6. $k = \mathbb{C}$ (複素数体) のときは k^n に距離位相を入れて考えれば，定理 9.2 の "普遍性" は，"任意の $\xi \in X$ に対して $f^{-1}(\xi)$ は有限個の点からなる" という条件におきかえることができる (定理 9.7 及び 註 9.9 を参照)．

この節では以下 $k = \mathbb{C}$ として話を進める．$\mathbb{C}^n$ の中に
$$d(\xi, \xi') = \sqrt{\sum_{i=1}^n |\xi_i - \xi'_i|^2}$$
によって距離を入れるとこの距離位相は "直積" の性質を有する (ザリスキ位相との違いに注意しよう：註 5.3)．すなわち $X \subset \mathbb{C}^m, Y \subset \mathbb{C}^n$ に誘導位相を入れると，

"$Y \times X$ の直積位相 $= \mathbb{C}^{m+n}$ の部分集合として定まる $Y \times X$ の誘導位相"

である．

定理 9.7. 定理 9.2 の条件に $k = \mathbb{C}$ をつけ加えたとき，
$$\theta \text{ が整} \iff \begin{cases} (1)\ f \text{ が (距離位相) で閉写像，かつ,} \\ (2)\ \text{任意の } \xi \in X \text{ について } f^{-1}(\xi) \text{ が有限個の点からなる．} \end{cases}$$

註 9.8. $f: Y \longrightarrow X$ は位相空間の間の連続写像とする．Z を位相空間とし $Y \times Z$, $X \times Z$ に直積位相を入れる．

　　　仮定：任意の $\xi \in X$ について $f^{-1}(\xi)$ が有限個の点からなる．

をおく．このとき，

$$f \text{ は閉写像} \implies f \times \mathrm{id} \text{ も閉写像}$$

証明： $Y \times Z \supset F$ を任意の閉集合とするとき，$g(F)$ が閉集合を言えばよい．ここで，$g = f \times \mathrm{id}$ である．任意の $w = x \times z \in X \times Z \setminus g(F)$ をとり，

$$f^{-1}(x) = \{y_1, \ldots, y_s\}$$

とすると，各 i について $y_i \times z \notin F$ である．F は直積位相による閉集合であるので，y_i の開近傍 U_i と z の開近傍 V_i が存在して，$(U_i \times V_i) \cap F = \emptyset$ となる．$V = \bigcap_{i=1}^{s} V_i$, $U = \bigcup_{i=1}^{s} U_i$ とおけば，$z \in V$, かつ，$f^{-1}(x) \subset U$ (つまり，$f^{-1}(x) \times z \subset U \times V$) であり，さらに $(U \times V) \cap F = \emptyset$ となる．よって，

$$F \subset Y \times Z \setminus U \times V = ((Y \setminus U) \times Z) \cup (Y \times (Z \setminus V))$$

である．ゆえに，

$$g(F) \subset (f(Y \setminus U) \times Z) \cup (f(Y) \times (Z \setminus V))$$

となる．ここで，f は閉写像であるので，$f(Y \setminus V) \times Z$ と $f(Y) \times (Z \setminus V)$ は閉集合であるので，$H = (f(Y \setminus U) \times Z) \cup (f(Y) \times (Z \setminus V))$ とおくと，$X \times Z \setminus H$ は開集合で，$x \times z \in X \times Z \setminus H$ かつ $(X \times Z \setminus H) \cap g(F) = \emptyset$ を満たす．ゆえに，$g(F)$ は閉集合である． □

註 9.9. 距離位相では，ファイバー有限の条件の下で

$$\text{閉写像} \implies \text{普遍的閉写像}$$

となる．従って，例 9.4 の f は距離位相では閉写像でない．

定理 9.7 の証明のために次の命題を考える．一見，明らかな事実のようであるが，意外と証明は難しい．

命題 9.10. X を $\mathbb{C}^n$ の代数的集合で，U を X のザリスキ位相で稠密な開集合とする．このとき，U は X のなかで距離位相について稠密な開集合である．(根の連続性)

例 9.11. $k = \mathbb{R}$ だと命題 9.10 は成立しない．

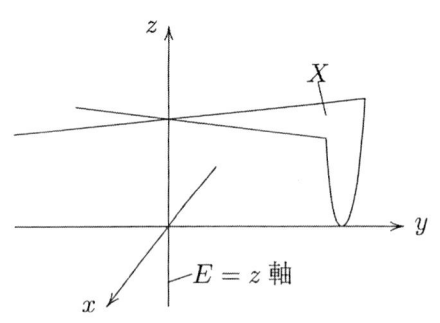

$X : x^2 - zy^2 = 0$, E : z-軸

$E \subset X$ であるが E の $z < 0$ の部分は $\overline{X \setminus E}$ に含まれない. すなわち, $X \setminus E$ は X でザリスキ位相で稠密だが, 距離位相で稠密でない.

まず, いくつかの補題を準備しよう.

補題 9.12. ザリスキ位相で閉集合ならば距離位相で閉集合である.

(これは多項式が連続関数である事実から従う.)

補題 9.13. $X \subset \mathbb{C}^n, Z \subset \mathbb{C}^r$ をそれぞれ, アフィン代数的集合とし, $\pi : X \to Z$ を整な $\mathbb{C}$-代数の準同型から定まる多項式写像とする. このとき, 任意の Z の有界集合 B に対して, $\pi^{-1}(B)$ は有界集合である. (ここで, 有界性は距離位相についてである.)

証明: $f(t, u_1, \ldots, u_r)$ を

$$f = t^\ell + h_1(u_1, \ldots, u_r) t^{\ell-1} + \cdots + h_\ell(u_1, \ldots, u_r)$$

という形の $t, u_1, \ldots, u_r$ を変数とする多項式とする. ここで,

$$Y = \{ (\tau, \xi_1, \ldots, \xi_r) \in \mathbb{C}^{r+1} \mid f(\tau, \xi_1, \ldots, \xi_r) = 0 \}$$

と定め, 多項式写像 $g : Y \to \mathbb{C}^r$ を $g(\tau, \xi_1, \ldots, \xi_r) = (\xi_1, \ldots, \xi_r)$ で定める. このとき, g は固有写像, つまり, コンパクト集合の逆像がコンパクトになることを見よう. そのために

$$Y' = \{ (\zeta_0 : \zeta_1) \times (\xi) \in \mathbb{P}^1_{\mathbb{C}} \times \mathbb{C}^r \mid \zeta_0^\ell + h_1(\xi) \zeta_0^{\ell-1} \zeta_1 + \cdots + h_\ell(\xi) \zeta_1^\ell = 0 \}$$

とおき, 射影 $g' : Y' \to \mathbb{C}^r$ を考える. 射影 $\mathbb{P}^1_{\mathbb{C}} \times \mathbb{C}^r \to \mathbb{C}^r$ は, $\mathbb{P}^1_{\mathbb{C}}$ がコンパクトであるので, 固有写像となる. 従って, g' も固有写像である. 次に, 自然な連続写像 $(t, \xi_1, \ldots, \xi_r) \mapsto (t : 1) \times (\xi_1, \ldots, \xi_r)$ により, Y は Y' の開部分集合と思える. さらに, $(\zeta_0 : \zeta_1) \times (\xi) \in Y'$ に対して, $\zeta_1 = 0$ であるなら, $\zeta_0 = 0$ となる. よって, $(\zeta_0/\zeta_1, \xi_1, \ldots, \xi_r) \in Y$ となる. ゆえに, $Y = Y'$ であるので, g は固有写像である.

さて，補題の証明に戻ろう．$\mathbb{C}^n$ の座標を $x_1, \ldots, x_n$，$\mathbb{C}^r$ の座標を $u_1, \ldots, u_r$ とする．π は整な $\mathbb{C}$-代数の準同型から定まるので，

$$x_i^\ell + h_{1i}(u) \cdot x_i^{\ell-1} + \cdots + h_{\ell i}(u) = 0$$

となる．ただし $h_{ji}(u)$ は u についての多項式である．B を Z の有界集合とする．すると，ある N_1 が存在して，

$$|h_{ij}(u)| < N_1 \quad (\forall i, j, \forall u \in B)$$

となる．従って，前の g が固有写像であることから，ある N_2 が存在して，

$$|x_i| < N_2 \quad (\forall (x_1, \ldots, x_n) \in \pi^{-1}(B), \forall i)$$

となるので，$\pi^{-1}(B)$ は有界集合である． □

補題 9.14 (根の連続性 (the continuity of roots)). $f(t, x_1, \ldots, x_n)$ は $(n+1)$-変数の多項式で，

$$f = t^\ell + f_1(x_1, \ldots, x_n) t^{\ell-1} + \cdots + f_\ell(x_1, \ldots, x_n)$$

の形をしているとする．$f(t, 0) = 0$ の一根を $\alpha \in \mathbb{C}$ とすると，任意の $\epsilon > 0$ に対して，ある $\delta > 0$ が存在して，もし $|\xi| < \delta$ ($\xi \in \mathbb{C}^n$) ならば $f(t, \xi) = 0$ の根 β で $|\alpha - \beta| < \varepsilon$ なるものがある．

証明： t を $t - \alpha$ でおきかえて，$\alpha = 0$ としてもよい．このとき，$f_\ell(0) = 0$ である．よって，

$$\exists \delta > 0, \quad \forall |\xi| < \delta \implies |f_\ell(\xi)| < \varepsilon^\ell$$

となる．$f(t, \xi) = 0$ の根を $\beta_1, \ldots, \beta_\ell$ とおくと，$f_\ell(\xi) = \pm \beta_1 \cdots \beta_\ell$ であるので，

$$|f_\ell(\xi)| = |\beta_1| \cdots |\beta_\ell| < \varepsilon^\ell$$

となるので，$|\beta_i| < \varepsilon$ となる i が存在する． □

命題 9.10 の証明： まず，X は既約であると仮定してよいことを示そう．$X = \bigcup_{i=1}^s X_i$ を既約成分への分解とする．$U \cap X_i$ は X_i でザリスキ位相の意味で稠密であるので，もしすべての i について，$U \cap X_i$ が X_i で距離位相の意味で稠密であるなら，$U = \bigcup_{i=1}^s (U \cap X_i)$ は X で距離位相の意味で稠密になる．従って，X が既約と仮定して，命題 9.10 を証明すればよい．

X が既約であるので，ネーターの正規化定理を用いると，多項式写像 $\pi : X \to \mathbb{C}^r$ が存在して，π は整で単射な $\mathbb{C}$-代数の準同型から定まり，さらに π は全射である．ここで，以下を示そう．

- $\pi(U)$ は $\mathbb{C}^r$ のザリスキ位相の意味で稠密な開集合を含む.

$$\begin{array}{ccc} X & \longleftrightarrow & 環\quad \mathbb{C}[x_1,\ldots,x_n]/I = A \\ \downarrow & & \uparrow \\ \mathbb{C}^r & \longleftrightarrow & 環\quad \mathbb{C}[u_1,\ldots,u_r] = B \end{array}$$

I は素イデアルで,$u_1,\ldots,u_r$ は独立変数である.

$h \in A \setminus \{0\}$ を $h|_{X \setminus U} \equiv 0$ となるようにとる.このとき,h は B 上整であるので,

$$h^\ell + a_1 h^{\ell-1} + \cdots + a_\ell = 0 \quad (a_1,\ldots,a_\ell \in B, \ a_\ell \neq 0)$$

となる.ここで,$\eta \in \mathbb{C}^r \setminus \pi(U)$ とすると,$\exists \xi \in X \setminus U \ \pi(\xi) = \eta$ となる.このとき,$h(\xi)^\ell + a_1(\eta)h(\xi)^{\ell-1} + \cdots + a_\ell(\eta) = 0$ で $h(\xi) = 0$ であるので,$a_\ell(\eta) = 0$ となる.よって,

$$\pi(U) \supset V = \{\eta \in \mathbb{C}^r \mid a_\ell(\eta) \neq 0\}$$

となるので上の主張が示せた.

V は $\mathbb{C}^r$ で距離位相について稠密な開集合であることは,容易に示せる.($\eta \in \mathbb{C}^r \setminus V$ に対して,$\eta' \in V$ をとり,η と η' を結ぶ直線上で考えるとよい.)さて,任意の $\xi \in X$ について,ξ が距離位相の意味での U の閉包に入っていることを示す.$\zeta = \pi(\xi)$ とおき,

$$\pi^{-1}(\zeta) = \{\xi, \eta_1,\ldots,\eta_s\} \quad (互いに相異なる)$$

とおく.このとき,ある $f \in A$ 存在して,$f(\xi) \neq f(\eta_j)$ がすべての j で成立する.ここで,多項式写像 $g : X \to \mathbb{C}^{r+1}$ を $g(x) = (\pi(x), f(x))$ で与える.環の方での準同型

$$\mathbb{C}[u_1,\ldots,u_r,t] \to A$$

は $\mathbb{C}[u_1,\ldots,u_r] \to A$ からの拡張で,$t \mapsto f$ で与えられている.これは,整な準同型であるので,g による像は閉である.これを X_0 とすると,$\mathbb{C}^{r+1}$ の中で余次元が 1 であるので,ある $\varphi \in \mathbb{C}[u_1,\ldots,u_r,t]$ が存在して,$X_0 = \mathcal{V}(\varphi)$ とおける.f は B 上整であることに注意すると

$$\varphi = t^m + a_1(u)t^{m-1} + \cdots + a_m(u)$$

の形をしていることは容易にわかる.φ について,補題 9.14 を用いると,$\mathbb{C}^r$ の点列 $\{\zeta_n\}$ と $\mathbb{C}$ の数列 $\{t_n\}$ が存在して,$\zeta_n \in V$ かつ $\varphi(\zeta_n, t_n) = 0 \ (^\forall n)$ であり,さらに $\lim_{n \to \infty} \zeta_n = \zeta$ かつ $\lim_{n \to \infty} t_n = f(\xi)$ が成り立つ.ここで,$\tau_n = (\zeta_n, t_n)$ とおくと,$\tau_n \in X_0$ であるので,$(\pi(\xi_n), f(\xi_n)) = \tau_n$ となる $\xi_n \in X$ がとれる.補題 9.13 より,$\{x_n\}$ の部分列を取り直して,点列 $\{\xi_n\}$ は ξ' に収束すると仮定してもよい.

このとき,
$$\begin{cases} \pi(\xi') = \pi(\lim_{n\to\infty} \xi_n) = \lim_{n\to\infty} \pi(\xi_n) = \zeta \\ f(\xi') = f(\lim_{n\to\infty} \xi_n) = \lim_{n\to\infty} f(\xi_n) = f(\xi) \end{cases}$$
となる. よって, $\xi = \xi'$ となり, 証明が完了する. □

定理 9.7 の証明: "⇒" は補題 9.13 より f は固有写像になるので明らかである. "⇐" を示すには, "(1) と (2)" ⇒ "f がザリスキ位相で普遍的閉写像である" を示せばよい. ところが, 任意の $\ell \geq 0$ に対して $f \times \mathrm{id} : Y \times k^\ell \longrightarrow X \times k^\ell$ は註 9.6 により距離位相で閉写像である. よって Z を $Y \times k^\ell$ の任意の閉集合とし, $W = \mathcal{V}((\theta \times \mathrm{id})^{-1}(\mathcal{I}(Z)))$ とおけば, 命題 8.17 により $W \supset (f \times \mathrm{id})(Z)$ は W のザリスキ位相で稠密な開集合を含む. よって命題 9.10 により $(f \times \mathrm{id})(Z)$ の距離位相での閉包は W であり, $(f \times \mathrm{id})(Z)$ は距離位相で閉集合であるので, $(f \times \mathrm{id})(Z) = W$ となる. ゆえに, f はザリスキ位相で普遍的閉写像である. □

コラム 9.15 (完備代数多様体). 代数多様体において, 位相空間におけるコンパクト空間の役割に対応するものは何だろうか. 代数多様体における準コンパクト空間はその役割を果たさない. というのも, ザリスキ位相では全ての代数多様体は準コンパクトであるからである (註 5.4 参照). 代数多様体における対応物は完備代数多様体とよばれるものだと考えられる. ここで, 代数多様体 X が完備 (complete) であるとは, 任意の代数多様体 Y に対して, 射影
$$p_Y : X \times Y \to Y$$
が閉写像になるときにいう. 定義 9.1 に倣えば, 完備な代数多様体 X は一点への写像 $X \to *$ ($*$ は一点) が普遍的閉写像であるような代数多様体といえる. 複素数体上定義された代数多様体が, 完備であるための必要十分条件は距離位相に関してコンパクトであることが知られている.

任意の代数多様体は完備代数多様体へ稠密開集合として埋め込まれることを永田は示した. 完備の定義から, 任意の射影代数多様体が完備であることがわかる. では, 射影代数多様体と完備代数多様体はどのくらい違うのだろうか. これについては次のことが知られている. 代数多様体の次元が 1 のときは, 完備な代数曲線は射影的である. 次元が 2 のときは, 完備な非特異代数曲面は射影的であるが (ザリスキ), 特異代数曲面には完備だが射影的でないものが存在する (永田). 次元が 3 のときは, 非特異な 3 次元代数多様体で, 完備だが射影的でないものが存在する (永田, 廣中).

しかし, 次のチャウ (Chow) の補題が示すように, 完備代数多様体は射影代数多様体に近いものだと考えてよい.

定理 9.16 (チャウの補題). X を完備代数多様体とする．このとき，射影代数多様体 Y と全射な双有理射 (birational morphism)

$$\pi : Y \to X$$

が存在する．

チャウの補題によって，完備代数多様体の問題が射影代数多様体の問題に帰着できることも多い．

10. 射影空間 II

§1 におけるように，V を k 上の $(n+1)$-次元のベクトル空間とし，$\pi : V^* = V \setminus \{0\} \to \mathbb{P}^n$ を自然な写像とする．さらに，V の座標系 $(z_0, \ldots, z_n)$ を $\mathbb{P}^n$ の斉次座標系とする．このとき $k[z_0, \ldots, z_n]$ を $\mathbb{P}^n$ の斉次座標環という．

定義 10.1. $k[z_0, \ldots, z_n]$ のイデアル H が斉次イデアル (homogeneous ideal) とは，次の同値な条件を満たすときにいう．

(1) H は斉次多項式で生成されている．
(2) $f \in H$ ならば f のどの斉次部分も H の元である．

上の (1) と (2) が同値であることの証明： まず (1) $\Longrightarrow$ (2) をみる．$H = (h_1, \ldots, h_r)$ (h_i は d_i-次の斉次多項式) と表す．f を H の元とし，$f = \sum_{i=0}^{d} f_i$ (f_i は i-次の斉次式) とおく．仮定より，$f = \sum_{j=1}^{r} h_j g_j$ とおける．ここで，$g_j = \sum_{\ell=0}^{e_j} g_{j\ell}$ ($g_{j\ell}$ は ℓ-次の斉次式) とおく．次数 i-次の部分を比較して，

$$f_i = \sum h_j g_{j\ell} \quad (\text{ただし，和は } d_j + \ell = i \text{ となる } (j, \ell) \text{ にわたる})$$

となるので，$f_i \in H$ である．

次に，(2) $\Longrightarrow$ (1) をみる．H の生成元を $h_1, \ldots, h_r$ とし，h_i を斉次部分 h_{ij} にわけると，$H = (h_{ij}, \forall i, \forall j)$ となる． □

定義 10.2. $\mathbb{P}^n$ の部分集合 A が代数的 (閉) 集合 (algebraic set of the projective set) であるとは，$k[z_0, \ldots, z_n]$ のある斉次イデアル H が存在して，

$$A = \mathcal{P}(H) := \{\xi \in \mathbb{P}^n \mid f(\xi) = 0 \ ^\forall f : H \text{ の斉次多項式}\}$$

と書けるときにいう．

註 10.3. H_1, H_2 を斉次イデアルとするとき，定義より容易に $H_1 \cdot H_2, H_1 + H_2$, $H_1 \cap H_2$ も斉次イデアルになる．そして定理 4.3 と同様にして

$$\mathcal{P}(H_1) \cup \mathcal{P}(H_2) = \mathcal{P}(H_1 \cap H_2) = \mathcal{P}(H_1 \cdot H_2)$$

$$\mathcal{P}(H_1) \cap \mathcal{P}(H_2) = \mathcal{P}(H_1 + H_2)$$

が成り立つ．

註 10.4. $\mathbb{P}^n$ の任意の有限部分集合は代数的である．

証明： $\xi = (a_1, \cdots, a_n) \in \mathbb{P}^n$ に対して，

$$M_\xi = (a_i z_j - a_j z_i, 0 \leq i, j \leq n) k[z_0, \ldots, z_n]$$

とおけば $\{\xi\} = \mathcal{P}(M_\xi)$ である．よって $\xi_1, \cdots, \xi_s \in \mathbb{P}^n$ に対して

$$\{\xi_1, \cdots, \xi_s\} = \mathcal{P}\left(\bigcap_{i=1}^s M_{\xi_i}\right)$$

となる． □

註 10.5. k が有限体のとき，$\mathbb{P}^n$ の任意の部分集合が代数的である．

さて，アフィン空間の代数的集合を用いた $\mathbb{P}^n$ の代数的集合の特徴付けを考えよう．

命題 10.6. $\mathbb{P}^n$ の部分集合 X について次は同値である．

(1) X が代数的である．
(2) $\mathcal{C}(X) := \pi^{-1}(X) \cup \{0\}$ が $V \cong k^{n+1}$ の中で代数的である．

証明： (1) $\Longrightarrow$ (2)：斉次イデアル H を用いて，$X = \mathcal{P}(H)$ と表すと $\mathcal{C}(X) = \mathcal{V}(H)$ となる．

(2) $\Longrightarrow$ (1)：k が有限体なら，k^{n+1} についても，$\mathbb{P}^n_k$ についても，その任意の部分集合は代数的だから明らかである．従って $\#(k) = \infty$ と仮定してよい．$\mathcal{C}(X)$ が代数的と仮定すると，

$$H = \{f \in k[z] \mid f|_{\mathcal{C}(X)} = 0\}$$

すなわち，$\mathcal{V}(H) = \mathcal{C}(X)$ となる最大のイデアルを H とおけば，H は斉次イデアルとなる．なぜなら $\mathcal{C}(X)$ は

"$^\forall \eta \in \mathcal{C}(X), {}^\forall \lambda \in k$ に対して $\lambda \cdot \eta \in \mathcal{C}(X)$"

という性質を満たす．よって，$f = \sum f_i \in H$ で f_i は次数 i の斉次式とすると，上の性質より，任意の $\eta \in \mathcal{C}(X)$ に対して

$$\sum f_i(\eta) \cdot \lambda^i = 0, {}^\forall \lambda \in k$$

となる．$\#(k) = \infty$ だから 任意の i について $f_i(\eta) = 0$ となる．ゆえに，$f_i|_{\mathcal{C}(X)} = 0$ であるので，$f_i \in H$ となる．従って，H は斉次イデアルであり，$X = \mathcal{P}(H)$ となる． □

命題 10.7. $\mathbb{P}^n = \bigcup_{i=0}^{n} U_i$ とおく．ただし $U_i = \{\xi \in \mathbb{P}^n \mid \xi_i \neq 0\}$ である．U_i は
$$\left(\frac{z_0}{z_i}, \cdots, \widehat{\frac{z_i}{z_i}}, \cdots, \frac{z_n}{z_i}\right)$$
を座標系とすることで k^n と同型である．このとき，以下が成立する．

(1) 1つの i を与えて，$U_i \cong k^n$ の中の代数的集合 X_i をとると $\mathbb{P}^n$ の代数的集合 X があって $X_i = X \cap U_i$ となる．

(2) $\mathbb{P}^n$ の部分集合 X について，次は同値である．
 (2.1) X が $\mathbb{P}^n$ で代数的である．
 (2.2) 任意の i について $X \cap U_i$ が $k^n (\cong U_i)$ の中で代数的である．

証明： (1) $i = 0$ としてよく，$X_0 = \mathcal{V}(J_0)$ とする．J_0 は
$$k[z_1/z_0, \cdots, z_n/z_0]$$
のイデアルである．
$$A = \left\{ h \in k[z] \;\middle|\; h \text{ は斉次式で } h = 0 \text{ または } h \neq 0 \text{ で } h/z_0^{\deg h} \in J_0 \right\}$$
とおき，$H_0 = A \cdot k[z]$ と定めると，これは斉次イデアルである．従って $\mathcal{P}(H_0) \cap U_0 = X_0$ を示せばよい．そこで任意の $\xi = (\xi_0 : \xi_1 : \cdots : \xi_n) \in U_0$（すなわち $\xi_0 \neq 0$）をとると，
$$\xi \in \mathcal{P}(H_0) \Leftrightarrow {}^{\forall} h \in A, h(\xi) = 0$$
$$\Leftrightarrow {}^{\forall} h \in A, (h/z_0^{\deg h})(\xi_1/\xi_0, \ldots, \xi_n/\xi_0) = 0 \quad (\because \xi_0 \neq 0)$$
である．任意の 0 でない $f \in k[z_1/z_0, \ldots, z_n/z_0]$ に対して，$h = z_0^{\deg f} f$ は斉次式で，$f = h/z_0^{\deg f}$ なるので，上から続けると，
$$\Leftrightarrow {}^{\forall} f \in J_0, f(\xi_1/\xi_0, \cdots, \xi_n/\xi_0) = 0$$
$$\Leftrightarrow (\xi_1/\xi_0, \cdots, \xi_n/\xi_0) \in X_0 = \mathcal{V}(J_0)$$
である．

(2) (2.1) $\Rightarrow$ (2.2)：$X = \mathcal{P}(H)$ とすると
$$J_i = \left\{ f = \frac{h}{z_i^{\deg h}} \;\middle|\; h \text{ は } H \text{ の中の } 0 \text{ でない斉次式} \right\} k\left[\frac{z_0}{z_i}, \cdots, \frac{z_n}{z_i}\right]$$

とおけば $X_i = \mathcal{V}(J_i)$ となる．

(2.2) $\Rightarrow$ (2.1)：$X \cap U_i = \mathcal{V}(J_i)$ とし，この J_i に対して (1) のように H_i を定義する．$H = \sum_{i=0}^{n} z_i H_i$ とおくと

$$\mathcal{P}(H) = \bigcap_{i=0}^{n} \mathcal{P}(z_i H_i) = \bigcap_{i=0}^{n} (\mathcal{P}(H_i) \cup \mathcal{P}(z_i)) = \bigcap_{i=0}^{n} (\mathcal{P}(H_i) \cup (\mathbb{P}^n \setminus U_i))$$
$$= \bigcap_{i=0}^{n} ((\mathcal{P}(H_i) \cap U_i) \cup (\mathbb{P}^n \setminus U_i)) = \bigcap_{i=0}^{n} ((X \cap U_i) \cup (\mathbb{P}^n \setminus U_i))$$
$$= \bigcap_{i=0}^{n} (X \cup (\mathbb{P}^n \setminus U_i)) = X \cup \left(\bigcap_{i=0}^{n} (\mathbb{P}^n \setminus U_i) \right) = X$$

となる． □

定義 10.8. V をベクトル空間とするとき，V の部分集合が代数的錐であるとは，ある斉次イデアル H が存在して $Y = \mathcal{V}(H)$ となるときにいう．

註 10.9. 定義 10.8 の系として，

$$\{\mathbb{P}^n \text{ の中の代数的集合}\} \underset{\beta}{\overset{\alpha}{\rightleftarrows}} \{V \text{ の中の代数的錐}\}$$

なる一対一対応がある．この対応は以下の様に与える．

$\rightarrow$ の対応： $X = \mathcal{P}(H) \overset{\alpha}{\mapsto} \pi^{-1}(X) \cup \{0\} = \mathcal{V}(H)$

$\leftarrow$ の対応： $Y = \mathcal{V}(H) \overset{\beta}{\mapsto} \pi(Y - \{0\}) = \mathcal{P}(H)$

次に，$\mathbb{P}^n$ の中でのヒルベルトの零点定理について考えよう．

定理 10.10 (ヒルベルトの零点定理)．k を代数閉体と仮定する．H_1, H_2 を $k[z_0, \ldots, z_n]$ の斉次イデアルとするとき，

$$\mathcal{P}(H_1) = \mathcal{P}(H_2) \iff {}^{\exists}\ell > 0,\ (z_1, \cdots, z_n)^\ell H_1^\ell \subset H_2 \text{ かつ } (z_0, \cdots, z_n)^\ell H_2^\ell \subset H_1$$

である．

註 10.11. $(z_0, \cdots, z_n)$ の部分は省けない．$H_1 = (1)$, $H_2 = (z_0, \cdots, z_n)$ とおくと，$\mathcal{P}(H_1) = \mathcal{P}(H_2) = \emptyset$ である．

証明： H を $k[z_0, \ldots, z_n]$ の斉次イデアルとし，h を $k[z_0, \ldots, z_n]$ の斉次式とするとき，$h|_{\mathcal{P}(H)} \equiv 0$ なら ${}^{\exists}\ell,\ (z_1, \cdots, z_n)^\ell h^\ell \subseteq H$ となることを示せばよい．

任意の i について 命題 10.7 の (2) の「(2.1) ⇒ (2.2)」の証明のように J_i を定義すると, $h \neq 0$ としてよいから,
$$\left.\frac{h}{z_i^{\deg h}}\right|_{\mathcal{V}(J_i)} \equiv 0$$
である. アファインの場合の零点定理 (定理 8.13) より,
$$\frac{h}{z_i^{\deg h}} \in \sqrt{J_i}$$
となる. よって, J_i の定義より, $m_i > 0$ が存在して $z_i^{m_i} h^{m_i} \in H$ である. 従って, $\ell = \sum_{i=0}^{n}(m_i - 1) + 1$ とおけば $(z_0, \cdots, z_n)^{\ell} h^{\ell} \subseteq H$ となる. □

定理 10.12. $k[z] = k[z_0, \cdots, z_n]$ とおき, H を $k[z]$ の斉次イデアルとすると, H の無駄のない準素イデアル分解
$$H = q_1 \cap \cdots \cap q_s$$
で次をみたすものが存在する. p_i を q_i の付随素イデアルとすると, すべての i について, q_i, p_i は斉次イデアルである (定理 5.11 を参照).

例 10.13. "どのような無駄のない準素イデアル分解についても q_i が斉次イデアルになる" ものではない. 例えば, $k[z_0, z_1]$ において
$$\begin{aligned} H &= z_0(z_0, z_1) = (z_0^2, z_0 z_1) \\ &= (z_0) \cap (z_0^2, z_1) \\ &= (z_0) \cap (z_0^2, z_0 z_1, z_0 + z_1^N), \ 1 < N \in \mathbb{N} \end{aligned}$$
であり, $(z_0^2, z_0 z_1, z_0 + z_1^N)$ は非斉次である.

証明: (1) $(z_0) \cap (z_0^2, z_1) \subset (z_0^2, z_0 z_1)$
(2) $(z_0) \cap (z_0^2, z_0 z_1, z_0 + z_1^N) \subset (z_0^2, z_0 z_1)$
を示せば, $I = (z_0^2, z_0 z_1, z_0 + z_1^N)$ 及び (z_0^2, z_1) が (z_0, z_1)-準素であることは,
$$z_1^{2N} = (z_0 + z_1^N)^2 - z_0^2 - 2(z_0 z_1) z_1^{2N-1} \in I$$
より補題 5.13 を用いればよい.

(2) は $h = z_0^2 h_1 + z_0 z_1 h_2 + (z_0 + z_1^N) h_3 \in (z_0)$ ($h_i \in k[z_0, z_1]$) とすると, $z_1^N h_3 \in (z_0)$ であるので, $h_3 \in (z_0) : (z_1^N) = (z_0)$ となる. よって $h_3 = z_0 h_4$ ($h_4 \in k[z_0, z_1]$) とおくと, $h = z_0^2(h_1 + h_4) + z_0 z_1(h_2 + z_1^{N-1} h_3) \in H$ である.

(1) も同様である. □

定理 10.12 を正確にいうと，以下の通りである．

定理 10.12′. 斉次イデアル H の無駄のない準素イデアル分解
$$H = q_1 \cap \cdots \cap q_s$$
に対して，p_i を q_i を付随する素イデアルとすると次が成立する．

(1) すべての i について，p_i は斉次イデアルである．
(2) 極小素イデアルに対する q_i は斉次イデアルである．
(3) すべての q_i を斉次イデアルにする分解がある．

(これにより，射影空間の中の代数的集合の 既約多様体への分解が保証される．定理 5.27 を参照．)

(3) の証明： 定理 5.11 の (1) の証明を修正すれば，そのまま (3) の証明になる．詳しくいうと，"イデアル"を"斉次イデアル"に，"元"を"斉次元"に変えればよい．ただし"斉次イデアル J が既約"というのは"$J = J_1 \cap J_2$ かつ J_1, J_2 は斉次イデアルならば $J = J_1$ または $J = J_2$"と定義する．このとき，次の2点に注意すれば，(3) の証明になっていることがわかる．

註 10.14. 斉次イデアル H_1, H_2 について，
$$H_1 \cap H_2, \ H_1 + H_2, \ H_1 \cdot H_2, \ H_1 : H_2, \ \sqrt{H_1}$$
はすべて斉次イデアルである．

註 10.15. J を $k[z] = k[z_0, \ldots, z_n]$ の斉次イデアルが準素イデアルでないとすると，ある斉次式 f, g が存在して，
$$fg \in J, g \notin J, {}^\forall n \in \mathbb{N}, f^n \notin J$$
となる．(すなわち "すべての斉次式 f, g について，$fg \in J$ かつ $g \notin J$ ならば $\exists n \in \mathbb{N}, f^n \in J$" が成立すれば J は準素イデアルである．)

証明： "…" を仮定して J が準素イデアルであることを示す．$f, g \in k[z]$ とし $fg \in J$ かつ $g \notin J$ とする．$f = \sum f_i, g = \sum g_i$ を斉次式への分解とする．ここで，f_i, g_i は i 次の斉次式である．さて，$g \notin J$ であるので，
$$a = \min\{i \mid g_i \notin J\}, \quad b = \max\{i \mid g_i \notin J\}$$
とおく．$b - a$ の帰納法で，$f \in \sqrt{J}$ を示す．

$b - a = 0$ のとき，$fg_a \in J$ すなわち任意の i について $f_i g_a \in J$ となるので，仮定より，$f_i \in \sqrt{J}$ となる．よって $f \in \sqrt{J}$ である．

$b-a > 0$ とする.もし $f_i g \in J$ ($\forall i$) とすると,J が斉次イデアルであることから $f_i g_a \in J$ となるので,$b-a=0$ の場合と同様にして,$f_i \in \sqrt{J}$ ($\forall i$) となる.ゆえに,$\exists i\ f_i g \notin J$ と仮定してよい.さて,$f_i g \notin J$ となる i のうちで最大のものを i_0 とおき,$g' = f_{i_0} g$ と定めると,$fg' \in J, g' \notin J$ である.ここで,$g' = \sum g'_i$ は斉次式への分解とし,
$$a' = \min\{i \mid g'_i \notin J\}, \quad b' = \max\{i \mid g'_i \notin J\}$$
とおく.fg の (i_0+b)-次の部分は
$$\sum_{\ell+m=i_0+b} f_\ell g_m \in J$$
であり,$m > b$ なら $f_\ell g_m \in J$ で,$\ell > i_0$ なら $f_\ell g_m \in J$ であるので,$f_{i_0} g_b \in J$ となる.$g'_i = f_{i_0} g_{i-i_0}$ であることに注意すると $b' < i_0+b$ であることがわかる.一方,$a' \geq a+i_0$ であるので,
$$b' - a' < b - a$$
となる.ゆえに,帰納法の仮定より,$f \in \sqrt{J}$ である. □

定理 10.12' の (1) と (2) の証明: (1) は $p_i = \sqrt{q_i}$ と註 10.14 より明らかである.(2) は (3) および,定理 5.11 の (3) より明らかである. □

例 10.16 (交点理論).$\mathbb{C}^2$ において,X を $y^2 - x^3 = 0$,Y を $x = 0$ で定める.このとき,
$$原点 = X \cap Y = \mathcal{V}((y^2 - x^3, x)) = \mathcal{V}((x, y^2)\mathbb{C}[x,y])$$
となり,交点数は 2 である.

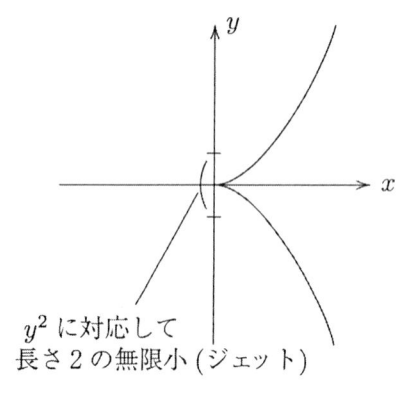

y^2 に対応して
長さ 2 の無限小 (ジェット)

さらに,Y' を $y = 0$ で定めると,
$$原点 = X \cap Y' = \mathcal{V}((y^2 - x^3, y)) = \mathcal{V}((y, x^3)\mathbb{C}[x,y])$$
となり,交点数は 3 である.

例 10.17 (変形または特殊化). (x,y,z) を座標とする 3 次元を考え, L_t を $y-x = z-ty = 0$ で与える. $t=0$ のとき $L_0 : y-x = z = 0$ である. さらに, x-軸を $M(y=z=0)$ とし, y-軸を $N(z=x=0)$ とする.

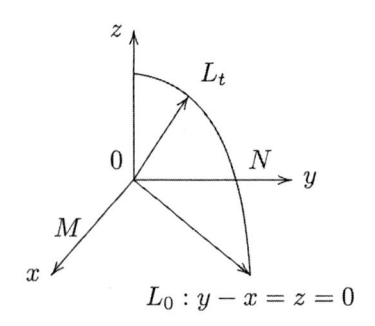

$X \subset \mathbb{C}^3 \times \mathbb{C} = \{(x,y,z,t)\}$ で,

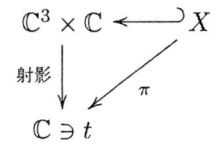

"$\forall t(\neq 0)$ について $\pi^{-1}(t) = (M \cup N \cup L_t) \times t$ である"

を満たす X を考える.

これをみたす X で最小のものは一意的に定まる. すなわち $\pi^{-1}(0)$ を最小にする X によって決まる. つまり, 定義イデアル H を最大にすればよい. X の $\mathbb{C}[x,y,z,t]$ でのイデアル H をとるとき, $t=0$ とおいてできる H_0 は

$$H_0 = (H+(t))/(t) \hookrightarrow \mathbb{C}[x,y,z]$$

である. $\mathcal{V}(H_0) = M \cup N \cup L_0$ としたい. しかし, H_0 は $M \cup N \cup L_0$ のイデアルではない. 実際, $H \subset (z,y),(x,z),(y-x,z-ty)$ であるので, $\mathbb{C}[x,y,z,t]$ の中で

$$H = (z,y) \cap (x,z) \cap (y-x, z-ty)$$

であることがわかる. H_0 を求めるために

$$H = (z(x-y),\ z(z-ty),\ x(z-ty),\ xy(x-y),\ y(z-ty)) \tag{$*$}$$

であることをみる必要があり, $t=0$ として, H_0 及び H_0 の準素イデアル分解は

$$\begin{aligned}H_0 &= (xz, yz, z^2, xy(x-y)) \quad \text{in } \mathbb{C}[x,y,z] \\ &= (x,z) \cap (z,y) \cap (z,x-y) \cap (x,y,z^2) \tag{$**$}\end{aligned}$$

となる. (右辺の (x,z) 等が順に N, M, L_0, 埋没成分に対応する)

($*$) の証明： まず
$$h \in H \Leftrightarrow h = f \cdot (y-x) + g \cdot (z-ty) \subset (z,y) \cap (x,z)$$
である．ここで，
$$h \in (z,y) \Leftrightarrow f \cdot x \in (z,y) \Leftrightarrow f \in (z,y) : (x) = (z,y)$$
$$\Leftrightarrow f = f_1 z + f_2 y \quad {}^\exists f_1, f_2 \in \mathbb{C}[x,y,z,t]$$
であり，さらに，
$$h \in (x,z) \Leftrightarrow f_2 y(y-x) - gty \in (x,z)$$
$$\Leftrightarrow f_2 y - gt \in (x,z) \quad (\because (x,z):(y)=(x,z)).$$
ここで，$gt \in (x,y,z)$ だから $g \in (x,y,z):(t)=(x,y,z)$ であるので，$g = g_1 x + g_2 y + g_3 z$ とおくと，上の同値条件を続けて，
$$\Leftrightarrow y \cdot (f_2 - g_2 t) \in (x,z)$$
$$\Leftrightarrow f_2 - g_2 t \in (x,z) \quad (\because (x,z):(y)=(x,z))$$
$$\Leftrightarrow f_2 = g_2 t + f_3 x + f_4 z \quad {}^\exists f_3, f_4 \in \mathbb{C}[x,y,z,t].$$
以上をまとめて，
$$h \in H \Leftrightarrow h = f_1 z(y-x) + f_1 xy(y-x) + f_4 yz(y-z)$$
$$+ g_1 x(z-ty) + g_2 y(z-tx) + g_3 z(z-ty),$$
$${}^\exists f_1, f_3, f_4, g_1, g_2, g_3$$
であるので，
$$H = (z(x-y), z(z-ty), x(z-ty), xy(x-y), y(z-tx))$$
となる．

($**$) の証明： まず，
$h \in (x,z) \cap (z,y) \cap (z, x-y) \cap (x, y, z^2) \Leftrightarrow h = ax + by + cz^2 \in (x,z) \cap (z,y) \cap (z, x-y)$
である．さらに，
$$h \in (x,z) \Leftrightarrow by \in (z,x) \Leftrightarrow b \in (z,x):(y)=(z,x)$$
で
$$h \in (z,y) \Leftrightarrow ax \in (z,y) \Leftrightarrow a \in (z,y):(x)=(z,y)$$

であるので，改めて $h = axz + bxy + cyz + dz^2$ とおくと，

$$h \in (x,z) \cap (z,y) \cap (z,x-y) \cap (x,y,z^2) \Leftrightarrow h \in (z, x-y)$$
$$\Leftrightarrow bxy \in (z, x-y)$$
$$\Leftrightarrow b \in (z, x-y) : (xy) = (z, x-y)$$

となる．ゆえに

$$(x,z) \cap (z,y) \cap (z,x-y) \cap (x,y,z^2) = (xz, yz, z^2, xy(x-y))$$

である．

例 10.18 (接錐). X を $\mathbb{C}^N$ の原点 0 を含む代数的集合で，$(z_1, \ldots, z_N)$ を $\mathbb{C}^N$ の座標系とする．このとき，原点 0 の近傍 U が存在して，$X \cap U$ は可縮になる．正確には，接錐なるものを導入して $X \cap U$ を近似することになる．

定義 10.19 (接錐). 集合論的定義は

$$|C_{X,0}| = \bigcup \operatorname*{limit}_{\substack{x \to 0 \\ x \neq 0}} (L \underset{0x}{\to})$$

である．ただし，$L \underset{0x}{\to}$ は原点を含む x 方向への半直線を表わし，$\operatorname*{limit}_{\substack{x \to 0 \\ x \neq 0}}$ は X の点の適当な部分列での極限とする．(cf. 下の図で逆方向の半直線も入る)

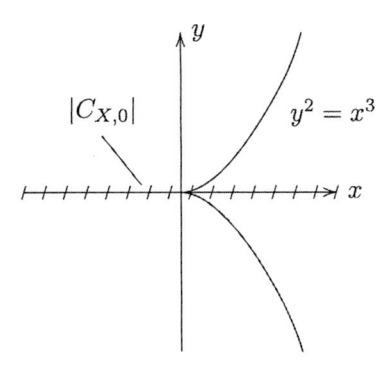

イデアル論的定義は $|C_{X,0}| = \mathcal{V}(H)$ である．ただし，H は次のように定義される斉次イデアルである．$f(z)$ を $f|_X \equiv 0$ なる多項式とする．$f \neq 0$ なら $f = \sum_{i \geq 0} f_{d+i}$ (f_{d+i} は次数 $(d+i)$ の斉次多項式で，$f_d \neq 0$) と表わせる．このとき，f_d を f の先頭形式という．(0 の先頭形式は 0 とする) すると，

$$H = (\{f \text{ の先頭形式} \mid f \in \mathcal{I}(X)\})\mathbb{C}[z_1, \ldots, z_N]$$

で H は与えられる．

第2章
スキームとコホモロジー

1. 層とコホモロジー

この節についての詳しいことは Godement [2] を参照.

X を位相空間としたとき, $\mathrm{top}(X)$ で "X の開集合とその包含写像が作る圏" を表すことにする. 正確にいうと, $\mathrm{top}(X)$ の対象とは X の開集合, すなわち

$$\mathrm{ob}[\mathrm{top}(X)] = \{X \text{ の開集合}\}$$

であり, $\mathrm{ob}[\mathrm{top}(X)] \ni U_1, U_2$ に対して,

$$\mathrm{Hom}(U_1, U_2) = \begin{cases} \emptyset & \text{もし } U_1 \not\subset U_2 \\ U_1 \hookrightarrow U_2 \text{ なる包含写像} & \text{もし } U_1 \subset U_2 \end{cases}$$

と定め, 射の結合は普通の意味の写像の結合とする.

$\mathrm{top}(X)$ の基とは, $\mathrm{top}(X)$ の部分圏 Φ で, 次の条件をみたすものである.

(1) 任意の $x \in X$ と x を含む開集合 U に対して, ある $\mathrm{ob}(\Phi) \ni V$ が存在して $x \in V \subset U$ となる.
(2) 任意の $U, V \in \mathrm{ob}(\Phi)$ に対して, $\mathrm{Hom}_\Phi(U, V) = \mathrm{Hom}_{\mathrm{top}(X)}(U, V)$ である.

X 上の前層 (presheaf) とは, $\mathrm{top}(X)$ の1つの基 Φ からある圏 $\mathcal{C}$ への反変関手のことである.

$\mathcal{C}$ としては, 次のようなものを考える. 集合, 群, 環, 加群の圏. ただし, 加群の圏 $\mathcal{M}$ とは, 対象は (A, M) (A は環, M は A-加群) の対であり, 射: $(A, M) \to (A', M')$

は環準同型 $\theta: A \to A'$ と加法群の準同型 $\alpha: M \to M'$ の対 (θ, α) で,

$$\begin{array}{ccc} A \times M & \xrightarrow{\theta \times \alpha} & A' \times M' \\ \text{スカラー倍} \downarrow & & \downarrow \text{スカラー倍} \\ M & \xrightarrow{\alpha} & M' \end{array}$$

なる図式を可換にするものである.

$\mathcal{F}$ が $\mathrm{top}(X)$ の基 Φ 上前層であることを言い換えると, 次のようになる.

(1) $\mathrm{ob}(\Phi) \ni {}^\forall U \mapsto \mathcal{F}(U) \ni \mathrm{ob}(\mathcal{C})$

(2) $\mathrm{ob}(\Phi) \ni U, V, U \hookrightarrow V$ (包含写像) に対して,

$$\mathrm{res}^V_U : \mathcal{F}(V) \to \mathcal{F}(U) \quad (\mathcal{C} \text{ の射})$$

が存在する.

(3) (関手の条件) $U \subset V \subset W$ で $U, V, W \in \mathrm{ob}(\Phi)$ に対して,

$$\mathrm{res}^V_U \circ \mathrm{res}^W_V = \mathrm{res}^W_U \quad \text{かつ} \quad \mathrm{res}^U_U = \mathrm{id}_{\mathcal{F}(U)}$$

である.

註 1.1. $\mathcal{C}$ が, 上に述べた圏のように帰納極限をもつ圏ならば, Φ 上の前層 $\mathcal{F}$ に対して X の各点 x での茎 $\mathcal{F}_x$ が次のように定義できる.

$$\mathcal{F}_x := \varinjlim_{x \in U \in \mathrm{ob}(\Phi)} \mathcal{F}(U).$$

定義 1.2. Φ 上の前層 $\mathcal{F}$ が層 (sheaf) であるとは, 次の 2 条件が成立することである.

(1) $\Phi = \mathrm{top}(X)$

(2) 任意の開集合 U, 任意の開被覆 $U = \bigcup_{\alpha \in I} U_\alpha$ に対して,

$$\mathcal{F}(U) \xrightarrow{\iota} \prod_{\gamma \in I} \mathcal{F}(V_\gamma) \underset{j}{\overset{i}{\rightrightarrows}} \prod_{(\alpha, \beta) \in I \times I} \mathcal{F}(V_\alpha \cap V_\beta) \tag{$*$}$$

を考える. ただし, i は $\prod_{\gamma \in I} \mathcal{F}(V_\gamma)$ の各 α-成分を $\prod_{(\alpha,\beta)} \mathcal{F}(V_\alpha \cap V_\beta)$ の (α, β)-成分 (β は任意) に

$$\mathrm{res}^{V_\alpha}_{V_\alpha \cap V_\beta} : \mathcal{F}(V_\alpha) \to \mathcal{F}(V_\alpha \cap V_\beta)$$

によって写す写像. j は $\prod_{\gamma \in I} \mathcal{F}(V_\gamma)$ の各 β 成分を $\prod_{(\alpha,\beta)} \mathcal{F}(V_\alpha \cap V_\beta)$ の任意の (α, β)-成分に

$$\mathrm{res}^{V_\beta}_{V_\alpha \cap V_\beta} : \mathcal{F}(V_\beta) \to \mathcal{F}(V_\alpha \cap V_\beta)$$

によって写す写像. ι はその γ-成分が $\mathrm{res}_{V_\gamma}^U : \mathcal{F}(U) \to \mathcal{F}(V_\gamma)$ なる写像である. 以上の記号のもとで, 条件は (*) が完全であることである.

註 1.3. 図式 (*) が完全とは, 次の 2 条件が成立することである..

(1) ι は単射である.
(2) $\xi \in \prod_\gamma \mathcal{F}(V_\gamma)$ について

$$i(\xi) = j(\xi) \Leftrightarrow {}^\exists \eta \in \mathcal{F}(U), \quad \iota(\eta) = \xi$$

註 1.4. $\mathcal{C}$ が集合の圏のときには, 註 1.3 の (1) と (2) は次のように言いかえられる.

(1) (等式条件 (identity condition)): $U = \bigcup_\alpha V_\alpha$ を開集合 U の開被覆とする. $\mathcal{F}(U)$ の 2 元 ξ, ξ' が任意の α について $\mathrm{res}_{V_\alpha}^U(\xi) = \mathrm{res}_{V_\alpha}^U(\xi')$ ならば $\xi = \xi'$ である.

(2) (貼りあわせ条件 (gluability condition)): $U = \bigcup_\alpha V_\alpha$ を開集合 U の開被覆とする. $\mathcal{F}(V_\alpha) \ni \xi_\alpha$ が条件 "任意の α, β に対して, $\mathrm{res}_{V_\alpha \cap V_\beta}^{V_\alpha}(\xi_\alpha) = \mathrm{res}_{V_\alpha \cap V_\beta}^{V_\beta}(\xi_\beta)$" を満たせば, ある $\xi \in \mathcal{F}(U)$ が存在して, 任意の α について $\xi_\alpha = \mathrm{res}_{V_\alpha}^U(\xi)$ となる.

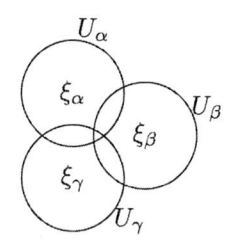

おおざっぱに言って, (1) は, $\mathcal{F}(U)$ の元が局所的なデータによって決定されることを意味し, (2) は, $\mathcal{F}(U)$ の元であるということが局所的な性質で特徴づけられているということにほかならない.

例 1.5. X を位相空間とし, $K = \mathbb{Z}, \mathbb{Z}/n\mathbb{Z}, \mathbb{R}$ または, $\mathbb{C}$ とし, K_X^0 を次のような前層とする. $U \in \mathrm{ob}(\Phi)$ に対して, $K_X^0(U) = K$ で, $\mathrm{res}_V^U = \mathrm{id}$ とする. この K_X^0 は (一般には層ではなく) 前層である. 例えば, $X = \mathbb{R}$ に普通の位相を入れると, K_X^0 は層ではない. K_X^0 は等式条件を満足するが, 貼りあわせ条件は満足しない.

$K \ni a, b \ (a \neq b)$ をとると $K_X^0((0,1)) \ni a, K_X^0((2,3)) \ni b$ は $(0,1) \cup (2,3)$ 上に拡張できない. (すなわち, 関数が定数であるというのは局所的な性質ではない!)

例 1.6. $X = \mathbb{C}^m$ の上で $\mathcal{F}$ を次のような前層とする．開集合 U について，

$$\mathcal{F}(U) = \begin{cases} U \text{ 上の } \mathbb{C}\text{-値関数} \\ \text{または} \\ U \text{ 上の連続 } \mathbb{C}\text{-値関数} \\ \text{または} \\ U \text{ 上の } C^\infty \text{ な } \mathbb{C}\text{-値関数} \\ \text{または} \\ U \text{ 上の正則関数} \end{cases}$$

とし，res ＝ 関数の制限 とすると，$\mathcal{F}$ は層になる．(関数が連続，C^∞，正則などというのは局所的な性質！)

例 1.7. Φ 上の任意の前層 $\mathcal{F}$ に対して，$\mathcal{F}$ の不連続層 (discontinuous sheaf) $[\mathcal{F}]$ (不連続切断の層) を次のように定義する．開集合 U に対して，

$$[\mathcal{F}](U) = \prod_{x \in U} \mathcal{F}_x$$

とし，開集合 $U \supset V$ に対して res^U_V を $\prod_{x \in U} \mathcal{F}_x$ から $\prod_{x \in V} \mathcal{F}_x$ への自然な射影と定義すると，$[\mathcal{F}]$ は層になる．(連続性を全く考慮していないから貼りあわせるのに何の障害もない！)

定義 1.8. $\Phi = \mathrm{top}(X)$ の場合，前層 $\mathcal{F}, \mathcal{G}$ に対して，射 $\alpha: \mathcal{F} \to \mathcal{G}$ とは，任意の開集合 U に対して，$\alpha(U): \mathcal{F}(U) \to \mathcal{G}(U)$ なる $\mathcal{C}$ の射が与えられ，それらが，下の図式を可換にするようなもののことである．

$$\begin{array}{ccc} \mathcal{F}(U) & \xrightarrow{\alpha(U)} & \mathcal{G}(U) \\ {\scriptstyle \mathrm{res}^U_V} \downarrow & & \downarrow {\scriptstyle \mathrm{res}^U_V} \\ \mathcal{F}(V) & \xrightarrow{\alpha(V)} & \mathcal{G}(V) \end{array}$$

註 1.9. このように定義した射によって $\{X$ 上の前層 $\}$ は圏をなし，$\mathcal{C}$ がアーベル圏 (例えば，アーベル群の圏) のとき $\{X$ 上の前層 $\}$ もアーベル圏 になる．$\alpha: \mathcal{F} \to \mathcal{G}$ に対して，

$$\mathrm{Ker}(\alpha)(U) = \mathrm{Ker}(\alpha(U)),$$
$$\mathrm{Coker}(\alpha)(U) = \mathrm{Coker}(\alpha(U))$$

とおき，res は $U \supset V$ について，下の図式が可換になるように定める．

$$
\begin{CD}
0 @>>> \operatorname{Ker}\alpha(U) @>>> \mathcal{F}(U) @>>> \mathcal{G}(U) @>>> \operatorname{Coker}\alpha(U) @>>> 0 \\
@. @VVV @VV{\text{res}}V @VV{\text{res}}V @VVV \\
0 @>>> \operatorname{Ker}\alpha(V) @>>> \mathcal{F}(V) @>>> \mathcal{G}(V) @>>> \operatorname{Coker}\alpha(V) @>>> 0
\end{CD}
$$

これにより $\operatorname{Ker}(\alpha), \operatorname{Coker}(\alpha)$ は前層になる．

また，列 $\mathcal{F} \xrightarrow{\alpha} \mathcal{G} \xrightarrow{\beta} \mathcal{H}$ が前層として完全であるためには，任意の開集合 U について $\mathcal{F}(U) \xrightarrow{\alpha(U)} \mathcal{G}(U) \xrightarrow{\beta(U)} \mathcal{H}(U)$ が完全になることが必要十分になる (cf. Godement [2] p16～p18)．

註 1.10. (1) もし $\mathcal{F}$ と $\mathcal{G}$ が共に層ならば $\operatorname{Ker}(\alpha)$ も層になる．

(2) たとえ $\mathcal{F}$ と $\mathcal{G}$ が共に層であっても $\operatorname{Coker}(\alpha)$ は層になるとはかぎらない．

(1) の証明は演習問題とする．

例 1.11. $\mathbb{R} \supset X = [0,1]$ に普通の位相を入れる．X 上の層 $\mathbb{Z}_X$ を次のようにして定義する．$\mathbb{Z}$ にあらかじめ離散位相を入れておき，$X \supset U$ (開集合) に対して，

$$
\mathbb{Z}_X(U) = \left\{ \begin{array}{l} s: U \to \mathbb{Z} \text{ なる連続関数，すなわち任意の } x \in U \text{ について} \\ x \text{ を含む開集合 } V \text{ が存在して，} s|_{V \cap U} \text{ は定数} \end{array} \right\}
$$

res は関数の制限と定義すると，$\mathbb{Z}_X$ は層になる．

同様に $\mathbb{Z}_{(0,1)}$ を次のように定義する．開集合 U について

$$
\mathbb{Z}_{(0,1)}(U) = \left\{ \begin{array}{l} \mathbb{Z}_X(U) \text{ の元 } s \text{ で，``もし } 0 \in U \text{ なら } s(0) = 0, \\ \text{もし } 1 \in U \text{ なら } s(1) = 0\text{''} \text{ なる条件を満足するもの} \end{array} \right\}
$$

res は関数の制限と定義して層 $\mathbb{Z}_{(0,1)}$ を得る．

自然な包含写像 $\alpha: \mathbb{Z}_{(0,1)} \to \mathbb{Z}_X$ について $\operatorname{Coker}(\alpha)$ は層ではない．

$$
0 \longrightarrow \mathbb{Z}_{(0,1)} \xrightarrow{\alpha} \mathbb{Z}_X \xrightarrow{\beta} \operatorname{Coker}(\alpha) \longrightarrow 0
$$

$U_1 = [0, 2/3), U_2 = (1/3, 1]$ とすると $U_1 \cup U_2 = X$ である．$s_1 \in \mathbb{Z}_X(U_1)$ を $s_1 \equiv 0$ で定め，$s_2 \in \mathbb{Z}_X(U_2)$ を $s_2 \equiv 1$ で定める．そこで，$\beta(U_1)(s_1) \in \operatorname{Coker}(\alpha)(U_1)$ と $\beta(U_2)(s_2) \in \operatorname{Coker}(\alpha)(U_2)$ を考える．このとき，

$$
\operatorname{res}^{U_1}_{U_1 \cap U_2}(\beta(U_1)(s_1)) = \operatorname{res}^{U_2}_{U_1 \cap U_2}(\beta(U_2)(s_2))
$$

となる．$\beta(U_1)(s_1), \beta(U_2)(s_2)$ のシステムは X 上の切断には拡張できない．他方，$\beta(X)$ の元 t については $t(0) = t(1)$ だから，これは<u>貼りあわせ条件が成立しない</u>を意味する．ゆえに $\operatorname{Coker}(\alpha)$ は層でない．

例 1.12. $X = \mathbb{C}^2 \setminus \{0\}$ にザリスキ位相を入れる．環の層 $\mathcal{O}_X$ を次のように定義する．開集合 U について

$$\mathcal{O}_X(U) = \{\mathbb{C}^2 \text{ 上の有理関数で } U \text{ のどの点も極になっていないもの}\}$$

res は関数の制限として層 $\mathcal{O}_X$ を得る．

$\mathbb{C}^2$ の座標系を (z_1, z_2) とするとき

$$0 \longrightarrow (z_1)\mathcal{O}_X \xrightarrow{\alpha} \mathcal{O}_X \xrightarrow{\beta} \mathrm{Coker}(\alpha) \longrightarrow 0$$

について $\mathrm{Coker}(\alpha)$ は層でない．貼りあわせ条件が成立しない．実際，$U_1 = X \setminus \{z_1 = 0\}$，$U_2 = X \setminus \{z_2 = 0\}$ とおくとき，

$$\mathrm{Coker}(\alpha)(U_2) \ni \beta(U_2)(1/z_2) \quad \mathrm{Coker}(\alpha)(U_1) = (0) \ni 0$$

について，貼りあわせ条件が成立するなら，$\mathcal{O}_X(X) = \mathbb{C}[z_1, z_2] \ni f(z_1, z_2)$ があって，$\mathrm{res}^X_{U_2}(\beta(f)) = \beta(U_2)(1/z_2)$ とならなければならない．つまり環 $\mathcal{O}_X(U_2) = \mathbb{C}[z_1, z_2, 1/z_2]$ の中で $f - 1/z_2 \in (z_1)$ となる．しかし，これは不可能である． □

層の完全列を定義する前にまず "層化" を定義する．

定義 1.13 (層化 (sheafification)). Φ 上の前層 $\mathcal{F}$ に対して，$\mathcal{F}$ の層化 (sheafification) とは X 上の層 $\widetilde{\mathcal{F}}$ と前層の射 $\lambda : \mathcal{F} \to \widetilde{\mathcal{F}}\big|_\Phi$ の対で，次の普遍性を満たすものである．

層化の普遍性：任意の X 上の層 $\mathcal{G}$ と前層の射 $\mu : \mathcal{F} \to \mathcal{G}|_\Phi$ について一意的に層の射 $f : \widetilde{\mathcal{F}} \to \mathcal{G}$ が存在して $\mu = f|_\Phi \circ \lambda$ が成立する．

$$\begin{array}{ccc} \mathcal{F} & \xrightarrow{\lambda} & \widetilde{\mathcal{F}}\big|_\Phi \\ {\scriptstyle \mu} \downarrow & \swarrow {\scriptstyle \exists_1 f} & \\ \mathcal{G}|_\Phi & & \end{array}$$

$\mathcal{F}$ を集合を値とする前層とするとき，自然な層化が次のように定義される．$\mathcal{F}$ を Φ 上の前層とし，$\varphi : \mathcal{F} \to [\mathcal{F}]|_\Phi$ を $\mathrm{ob}(\Phi) \ni {}^\forall U \ni x$ に対して自然な写像 $\mathcal{F}(U) \to \mathcal{F}_x$ によってきまる写像 $\mathcal{F}(U) \xrightarrow{\varphi(U)} \prod_{x \in U} \mathcal{F}_x = [\mathcal{F}](U)$ とする．このとき，$[\mathcal{F}]$ の部分層 $\widetilde{\mathcal{F}}$ を次のように定義する．任意の開集合 U について

$$\widetilde{\mathcal{F}}(U) = \left\{ \xi \in [\mathcal{F}](U) \;\middle|\; \begin{array}{l} \text{任意の } x \in U \text{ に対して } x \in {}^\exists V \in \Phi, {}^\exists \eta \in \mathcal{F}(V) \text{ であって，} \\ \mathrm{res}^U_V(\xi) = \varphi(V)(\eta) \end{array} \right\},$$

res は $[\mathcal{F}]$ の res によって定義する.すると,$\widetilde{\mathcal{F}}$ は実際層になり,下の図式によって定義される λ によって $(\widetilde{\mathcal{F}}, \lambda)$ が $\mathcal{F}$ の層化になる.(Godement [**2**] pp.110 – 112 参照.)

$$\begin{CD} \mathcal{F} @>>> [\mathcal{F}]|_\Phi \\ @V\lambda VV @AAA \\ \widetilde{\mathcal{F}}|_\Phi @. \end{CD}$$

註 1.14. $\widetilde{\mathcal{F}}$ の作り方から容易にわかるように,任意の $x \in X$ について $\mathcal{F}_x \xrightarrow[\approx]{\lambda_x} \widetilde{\mathcal{F}}_x$ である.

定義 1.15 (層の完全列).$\mathcal{F}, \mathcal{G}, \mathcal{H}$ をアーベル群の層として

$$0 \to \mathcal{F} \to \mathcal{G} \to \mathcal{H} \to 0$$

なる列が層の完全列であるとは,次の 2 条件が成立することである.

(1) $0 \to \mathcal{F} \xrightarrow{\alpha} \mathcal{G} \to \mathcal{H}$ が前層の完全列である.

(2) $\mathcal{H}$ が $\mathrm{Coker}(\alpha)$ の層化と自然に同型,すなわち,

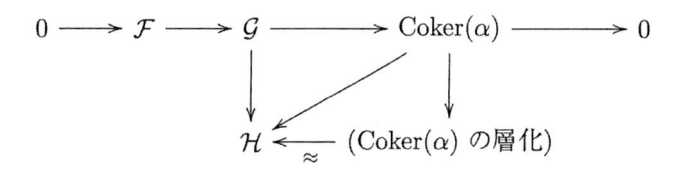

$$\begin{CD} 0 @>>> \mathcal{F} @>>> \mathcal{G} @>>> \mathrm{Coker}(\alpha) @>>> 0 \\ @. @. @VVV @VVV \\ @. @. \mathcal{H} @<<\approx< (\mathrm{Coker}(\alpha) \text{ の層化}) \end{CD}$$

なる図式が可換である.

註 1.16. $\mathcal{F}, \mathcal{G}, \mathcal{H}$ をアーベル群の層とするとき,列

$$0 \to \mathcal{F} \xrightarrow{\alpha} \mathcal{G} \xrightarrow{\beta} \mathcal{H} \to 0$$

が層の完全列であるためには,任意の $x \in X$ について,

$$0 \to \mathcal{F}_x \xrightarrow{\alpha_x} \mathcal{G}_x \xrightarrow{\beta_x} \mathcal{H}_x \to 0$$

が完全であることが必要十分である.

証明: (必要性):定義 1.15 の条件 (1), (2) の帰納極限として $X \ni {}^\forall x$ について

$$\begin{CD} 0 @>>> \mathcal{F}_x @>\alpha_x>> \mathcal{G}_x @>>> [\mathrm{Coker}(\alpha)]_x @>>> 0 \quad \text{(完全)} \\ @. @. @V\beta_x VV @VVV \\ @. @. \mathcal{H}_x @<<\approx< (\mathrm{Coker}(\alpha) \text{ の層化})_x \end{CD}$$

である．よって，註 1.14 より $0 \to \mathcal{F}_x \xrightarrow{\alpha_x} \mathcal{G}_x \xrightarrow{\beta_x} \mathcal{H}_x \to 0$ は完全である．

(十分性)：任意の開集合 U に対して

$$0 \to \mathcal{F}(U) \xrightarrow{\alpha(U)} \mathcal{G}(U) \xrightarrow{\beta(U)} \mathcal{H}(U)$$

が完全であることを示す．

Step 1. ($\alpha(U)$ が単射であること)
$\mathcal{F}(U) \ni {}^\forall \xi$ について，$\alpha(U)(\xi) = 0$ とすると，$0 \to \mathcal{F}_x \xrightarrow{\alpha_x} \mathcal{G}_x$ が完全であるから任意の $x \in U$ について $\xi_x = 0$ である．ゆえに，U に含まれる x の開近傍 V_x が存在して，$\mathrm{res}^U_{V_x}(\xi) = 0$ となる．ここで，$\bigcup_x V_x = U$ である．従って等式条件より $\xi = 0$ である．

Step 2. ($\beta(U) \circ \alpha(U)$ が零写像であること)
任意の $\xi \in \mathcal{F}(U)$ について $[\beta(U) \circ \alpha(U)(\xi)]_x = \beta_x \circ \alpha_x(\xi_x) = 0$ である．よって Step 1 と同様にして $\beta(U) \circ \alpha(U)(\xi) = 0$ である．

Step 3. ($\mathrm{Ker}\,\beta(U) \subset \mathrm{Im}\,\alpha(U)$ であること)
$\mathrm{Ker}\,\beta(U) \ni \xi$ について $\mathrm{Ker}\,\beta_x \ni \xi_x ({}^\forall x \in U)$ である．$0 \to \mathcal{F}_x \xrightarrow{\alpha_x} \mathcal{G}_x \xrightarrow{\beta_x} \mathcal{H}_x$ が完全だから U に含まれる x の開近傍 V_x と $\mathcal{F}(V_x) \ni \eta_{V_x}$ が存在して，$\xi_x = \alpha_x((\eta_{V_x})_x) = [\alpha(V_x)(\eta_{V_x})]_x$ となる．よって V_x に含まれる x の開近傍 W_x が存在して，

$$\mathrm{res}^U_{W_x}(\xi) = \mathrm{res}^{V_x}_{W_x}[\alpha(V_x)(\eta_{V_x})] = \alpha(W_x)(\mathrm{res}^{V_x}_{W_x}(\eta_{V_x}))$$

となる．$\mathrm{res}^{V_x}_{W_x}(\eta_{V_x})$ を η_{W_x} とおくと，

$$\mathrm{res}^U_{W_x}(\xi) = \alpha(W_x)(\eta_{W_x}) \qquad (*)$$

である．まず，$\eta' \in \mathcal{F}(U)$ で $\mathrm{res}^U_{W_x}(\eta) = \eta_{W_x}$ となるものを見つけるためには，貼りあわせ条件により，$W_x \cap W_{x'} \neq \emptyset$ なる x, x' については $\mathrm{res}^{W_x}_{W_x \cap W_{x'}}(\eta_{W_x}) = \mathrm{res}^{W_{x'}}_{W_x \cap W_{x'}}(\eta_{W_{x'}})$ を示せばよいが，それには (1) と同様にして $W_x \cap W_{x'}$ 内の任意の x'' について $(\eta_{W_x})_{x''} = (\eta_{W_{x'}})_{x''}$ を言えばよい．それは $(*)$ および $0 \to \mathcal{F}_{x''} \to \mathcal{G}_{x''}$ が完全であることより明らか．この η について $\alpha(U)(\eta) = \xi$ を示せばよいが任意の x について

$$\mathrm{res}^U_{W_x}(\alpha(U)(\eta)) = \alpha(W_x)(\mathrm{res}^U_{W_x}(\eta)) = \alpha(W_x)(\eta_{W_x}) = \mathrm{res}^U_{W_x} \xi$$

であるので，等式条件より $\alpha(U)(\eta) = \xi$ となる．

定義 1.15 の条件 (2) の検証：まず，

$$
\begin{array}{ccccccc}
0 & \longrightarrow & \mathcal{F} & \xrightarrow{\alpha} & \mathcal{G} & \longrightarrow & \mathrm{Coker}(\alpha) & \longrightarrow & 0 \\
& & & & \beta \downarrow & & \downarrow & & \\
& & & & \mathcal{H} & \xleftarrow{r} & (\mathrm{Coker}(\alpha)\ \text{の層化}) & &
\end{array}
$$

なる図式の帰納極限より，任意の $x \in X$ について

$$
\begin{array}{ccccccc}
0 & \longrightarrow & \mathcal{F}_x & \xrightarrow{\alpha_x} & \mathcal{G}_x & \longrightarrow & [\mathrm{Coker}(\alpha)]_x & \longrightarrow & 0 \\
& & & & \beta_x \downarrow & & \downarrow \wr & & \\
& & & & \mathcal{H}_x & \xleftarrow{r_x} & (\mathrm{Coker}(\alpha)\ \text{の層化})_x & &
\end{array}
$$

なる図式で $0 \to \mathcal{F}_x \xrightarrow{\alpha_x} \mathcal{G}_x \xrightarrow{\beta_x} \mathcal{H}_x \to 0$ が完全である．このことより，

$$(\mathrm{Coker}(\alpha)\ \text{の層化})_x \xrightarrow[\approx]{r_x} \mathcal{H}_x$$

である．よって，$\mathcal{F} \xrightarrow{\alpha} \mathcal{G}$ なる層の射について，次のことを示せばよい．

"任意の $x \in X$ について $\mathcal{F}_x \xrightarrow[\approx]{\alpha_x} \mathcal{G}_x$ なら $\mathcal{F} \xrightarrow[\approx]{\alpha} \mathcal{G}$"

これは $0 \to \mathcal{F} \xrightarrow{\alpha} \mathcal{G} \to 0 \to 0$ について (十分性) の (1), (2), (3) を適用して $0 \to \mathcal{F} \xrightarrow{\alpha} \mathcal{G} \to 0$ が前層の完全列である．よって $\mathcal{F} \xrightarrow[\approx]{\alpha} \mathcal{G}$ となる． □

以下この節では層係数のコホモロジーを定義するのであるが，そのために，アーベル群の層について "標準分解"[1] を定義する．

定義 1.17（分解，標準分解 (canonical resolution)）．X を位相空間，$\mathcal{F}$ を X 上のアーベル群の層とするとき，$\mathcal{F}$ の分解とは，

$$0 \to \mathcal{F} \to R^0 \to R^1 \to \cdots$$

なる層の完全列のことである．また，$\mathcal{F}$ の "標準分解" とは，$\mathcal{F}$ の分解

$$0 \to \mathcal{F} \xrightarrow{\varepsilon} \mathcal{L}^0 \xrightarrow{d^0} \mathcal{L}^1 \xrightarrow{d^1} \cdots \xrightarrow{d^n} \mathcal{L}^{n+1} \to \cdots \qquad (*)$$

で次のように帰納的に定義されるものである．

$\mathcal{L}^0$：まず，$\mathcal{L}^0 = [\mathcal{F}]$（不連続層）で，$\varepsilon$ は自然な射である．

$\mathcal{L}^1$：次に $\mathcal{L}^1 = [\mathrm{Coker}(\varepsilon)]$ で，d^0 は
$$\begin{array}{ccc} \mathcal{L}^0 & \xrightarrow{d^0} & \mathcal{L}^1 \\ \downarrow & \nearrow \scriptstyle{\text{標準射}} & \\ \mathrm{Coker}(\varepsilon) & & \end{array}$$
によって定義する．

---
[1] Godement 分解ともよばれる．

......

$\mathcal{L}^n : \mathcal{L}^n = [\mathrm{Coker}(d^{n-2})]$ で,d^{n-1} は

$$\mathcal{L}^{n-1} \xrightarrow{d^{n-1}} \mathcal{L}^n$$

$$\downarrow \quad\quad \nearrow \text{標準射}$$

$$\mathrm{Coker}(d^{n-2})$$

によって定義する.

......

すると $(*)$ が層の完全列になることは明らかである.

コホモロジー $H^i(X, \mathcal{F})$ は前層の完全列と層の完全列の食い違いを測るものとして次のように定義される.

定義 1.18. $(*)$ から $\mathcal{F}$ を除いた列の大域切断を考えて得られる

$$0 \to \mathcal{L}^0(X) \xrightarrow{d^0(X)} \mathcal{L}^1(X) \xrightarrow{d^1(X)} \cdots \xrightarrow{d^n(X)} \mathcal{L}^{n+1}(X) \xrightarrow{d^{n+1}(X)} \cdots$$

という列において,i 次のコホモロジー群を

$$H^i(X, \mathcal{F}) := \frac{\mathrm{Ker}(d^i(X))}{\mathrm{Im}(d^{i-1}(X))} \quad (\text{ただし } d^{-1} := 0)$$

と定義する.

註 1.19. $\mathcal{F} \xrightarrow{\alpha} \mathcal{G}$ なる層の射が与えられたとき,任意の $i \geq 0$ についてそれぞれの標準分解の可換図式

$$\begin{array}{ccc} \mathcal{L}^{i-1}(\mathcal{F}) \longrightarrow \mathcal{L}^i(\mathcal{F}) \longrightarrow \mathcal{L}^{i+1}(\mathcal{F}) \\ \mathcal{L}^{i-1}(\alpha) \downarrow \quad \mathcal{L}^i(\alpha) \downarrow \quad \mathcal{L}^{i+1}(\alpha) \downarrow \\ \mathcal{L}^{i-1}(\mathcal{G}) \longrightarrow \mathcal{L}^i(\mathcal{G}) \longrightarrow \mathcal{L}^{i+1}(\mathcal{G}) \end{array}$$

(ただし $\mathcal{L}^{-1}(\alpha) = \alpha$) の大域切断をとって,可換図式

$$\begin{array}{ccc} \mathcal{L}^{i-1}(\mathcal{F})(X) \longrightarrow \mathcal{L}^i(\mathcal{F})(X) \longrightarrow \mathcal{L}^{i+1}(\mathcal{F})(X) \\ \downarrow \quad\quad \downarrow \quad\quad \downarrow \\ \mathcal{L}^{i-1}(\mathcal{G})(X) \longrightarrow \mathcal{L}^i(\mathcal{G})(X) \longrightarrow \mathcal{L}^{i+1}(\mathcal{G})(X) \end{array}$$

を得る.各行についてのコホモロジー群をとって

$$H^i(X, \mathcal{F}) \xrightarrow[H^i(X, \alpha)]{} H^i(X, \mathcal{G})$$

なる射 $H^i(X, \alpha)$ を定義すると,これによって $H^i(X, *)$ が X 上のアーベル群の層のなす圏からアーベル群の圏への関手を定めることが容易にわかる.

註 1.20. $\mathcal{F}$ を X 上の層とするとき，自然な射

$$\mathcal{F}(X) \xrightarrow[\varphi(\mathcal{F})]{\approx} H^0(X, \mathcal{F})$$

がある．ここで，"自然"とは次の意味である．層の射 $\mathcal{F} \xrightarrow{\alpha} \mathcal{G}$ について

$$\begin{array}{ccc} \mathcal{F}(X) & \xrightarrow[\approx]{\varphi(\mathcal{F})} & H^0(X, \mathcal{F}) \\ {\scriptstyle \alpha(X)} \downarrow & & \downarrow {\scriptstyle H^0(X, \alpha)} \\ \mathcal{G}(X) & \xrightarrow[\approx]{\varphi(\mathcal{G})} & H^0(X, \mathcal{G}) \end{array}$$

なる図式が可換になる．

証明： "層の完全列：$0 \to \mathcal{F} \to \mathcal{G} \to \mathcal{H}$ に対しては $0 \to \mathcal{F}(X) \to \mathcal{G}(X) \to \mathcal{H}(X)$ も完全 (証明は演習) である"を

$$0 \to \mathcal{F} \xrightarrow{\varepsilon} \mathcal{L}^0(\mathcal{F}) \xrightarrow{d^0(\mathcal{F})} \mathcal{L}^1(\mathcal{F})$$

に適用すれば

$$0 \to \mathcal{F}(X) \to \mathcal{L}^0(\mathcal{F})(X) \to \mathcal{L}^1(\mathcal{F})(X)$$

が完全であるので，前半を得る．自然性については，次の可換図式

$$\begin{array}{ccccccc} 0 & \longrightarrow & \mathcal{F} & \longrightarrow & \mathcal{L}^0(\mathcal{F}) & \longrightarrow & \mathcal{L}^1(\mathcal{F}) \\ & & \downarrow {\scriptstyle \alpha} & & \downarrow {\scriptstyle \mathcal{L}^0(\alpha)} & & \downarrow {\scriptstyle \mathcal{L}^1(\alpha)} \\ 0 & \longrightarrow & \mathcal{G} & \longrightarrow & \mathcal{L}^0(\mathcal{G}) & \longrightarrow & \mathcal{L}^1(\mathcal{G}) \end{array}$$

の大域切断をとれば直ちに得られる． □

コホモロジー $H^i(X, \mathcal{F})$ の性質を調べるために，言葉を導入する．

定義 1.21. X 上の層 $\mathcal{F}$ が軟弱 (flabby) であるとは X の任意の開集合 U について

$$\mathrm{res}_U^X : \mathcal{F}(X) \to \mathcal{F}(U)$$

が全射であることとする．

このとき，以下が成立する．

命題 1.22. (1) X 上の任意の層 $\mathcal{F}$ に対して，標準的分解の $\mathcal{L}^i$ はすべて軟弱層である．

(2) 一般に層 $\mathcal{F}$ が軟弱なら，任意の $i > 0$ について $H^i(X, \mathcal{F}) = 0$ である．(この性質をもつ層をコホモロジー的に自明な層という．)

(3) 一般に層 $\mathcal{F}$ について
$$0 \to \mathcal{F} \xrightarrow{\varepsilon'} M^0 \xrightarrow{\delta^0} M^1 \xrightarrow{\delta^1} \cdots$$
なる層の完全列が

"条件：任意の $i > 0$, 任意の $j \geq 0$ について，$H^i(X, M^j) = (0)$"

を満たすとき，
$$H^i(X, \mathcal{F}) \simeq \mathrm{Ker}(\delta^i(X))/\mathrm{Im}(\delta^{i-1}(X)) \quad (\text{ただし } \delta^{-1} := 0)$$
となる．

命題 1.22 の (1) の証明：　明らかである．

補題 1.23. 層の完全列
$$0 \to \mathcal{F} \xrightarrow{\alpha} \mathcal{G} \xrightarrow{\beta} \mathcal{H} \to 0$$
について $\mathcal{F}$ が軟弱なら
$$0 \to \mathcal{F} \xrightarrow{\alpha} \mathcal{G} \xrightarrow{\beta} \mathcal{H} \to 0$$
は前層の完全列である．

証明：　$\mathcal{F}$ を開集合 U に制限して $\mathcal{F}|_U$ を考えるとき，$\mathcal{F}$ が軟弱ならば，$\mathcal{F}|_U$ も軟弱である．従って $U = X$ のときを考えるだけで十分である．一般に
$$0 \to \mathcal{F}(X) \xrightarrow{\alpha(X)} \mathcal{G}(X) \xrightarrow{\beta(X)} \mathcal{H}(X)$$
が完全であることは明らか．従って $\beta(X)$ が全射であることを示せばよい．$\mathcal{H}(X) \ni^\forall \xi$ をとり，それについて，次のような対の全体 $\mathfrak{U}$ を考える．

$$\mathfrak{U} = \{(U, \eta_U) \mid U \text{ は開集合で } \eta_U \in \mathcal{G}(U) \text{ かつ } \beta(U)(\eta_U) = \xi|_U\}.$$

(註：$\xi|_U := \mathrm{res}_U^X \xi$)　$\mathfrak{U}$ に順序関係を次のように導入すると $\mathfrak{U}$ は帰納的集合になる．
$$(U, \eta_U) \succ (V, \eta_V) \underset{\mathrm{def}}{\iff} U \supset V \text{ かつ } \eta_U|_V = \eta_V$$
ツォルンの補題によって $\mathfrak{U}$ の極大元 (W, η_W) をとる．$W = X$ を示せば十分である．もし $X \neq W$ なら $x \in X \setminus W$ が存在する．従って，層の完全列の定義から x の開近傍 N と $\eta_N \in \mathcal{G}(N)$ が存在して，$(N, \eta_N) \in \mathfrak{U}$ である．

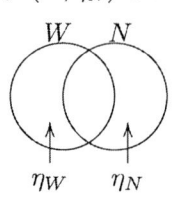

従って $\beta((\eta_N - \eta_W)|_{W \cap N}) = \xi|_{W \cap N} - \xi|_{W \cap N} = 0$ となるので,層の完全列の定義から $\zeta_{W \cap N} \in \mathcal{F}(W \cap N)$ が存在して,$\alpha(\zeta_{W \cap N}) = (\eta_N - \eta_W)|_{W \cap N}$. $\mathcal{F}$ は軟弱だから,$\exists \zeta \in \mathcal{F}(X), \zeta_{W \cap N} = \zeta|_{W \cap N}$ となる.η_N を $\eta'_N = \eta_N - \alpha(\zeta|_N)$ でとりかえると,$\eta'_N|_{W \cap N} = \eta_W|_{W \cap N}$ である.従って層の貼りあわせ条件によって $\exists (W \cup N, \eta_{W \cup N}) \succ (W, \eta_W)$ となり,不合理である.ゆえに $W = X$ である. □

補題 1.24. $0 \to \mathcal{F} \to \mathcal{G} \to \mathcal{H} \to 0$ を層の完全列とし $\mathcal{F}, \mathcal{G}$ が軟弱とする.このとき $\mathcal{H}$ も軟弱である.

証明: U を開集合とするとき,$\mathcal{G}$ は軟弱だから $\mathcal{G}(X) \overset{\text{res}}{\to} \mathcal{G}(U) \to 0$ は完全,また,補題 1.23 により $\mathcal{G}(U) \to \mathcal{H}(U) \to 0$ は完全である.故に下の図式より $\mathcal{H}(X) \overset{\text{res}}{\to} \mathcal{H}(U)$ は全射である.

$$\begin{array}{ccc} \mathcal{G}(X) & \longrightarrow & \mathcal{H}(X) \\ \text{全射} \downarrow & \circlearrowleft & \downarrow \\ \mathcal{G}(U) & \underset{\text{全射}}{\longrightarrow} & \mathcal{H}(U) \end{array}$$

□

命題 1.22 の (2) の証明: 標準分解を短完全列に分解する.

$$0 \longrightarrow \mathcal{F} \longrightarrow \mathcal{L}^0 \longrightarrow \text{Coker}(\varepsilon) \longrightarrow 0$$
$$0 \longrightarrow \text{Coker}(\varepsilon) \longrightarrow \mathcal{L}^1 \longrightarrow \text{Coker}(d^0) \longrightarrow 0$$
$$\vdots \qquad \vdots \qquad \vdots$$
$$0 \longrightarrow \text{Coker}(d^{n-2}) \longrightarrow \mathcal{L}^n \longrightarrow \text{Coker}(d^{n-1}) \longrightarrow 0$$

補題 1.24 をくりかえし用いて,$\text{Coker}(\varepsilon), \text{Coker}(d^i)$ はすべて軟弱である.従って,補題 1.23 より,

$$0 \longrightarrow \mathcal{F}(X) \longrightarrow \mathcal{L}^0(X) \longrightarrow (\text{Coker}(\varepsilon))(X) \longrightarrow 0$$
$$0 \longrightarrow (\text{Coker}(\varepsilon))(X) \longrightarrow \mathcal{L}^1(X) \longrightarrow (\text{Coker}(d^0))(X) \longrightarrow 0$$
$$\vdots \qquad \vdots \qquad \vdots$$
$$0 \longrightarrow (\text{Coker}(d^{n-2}))(X) \longrightarrow \mathcal{L}^n(X) \longrightarrow (\text{Coker}(d^{n-1}))(X) \longrightarrow 0$$

は短完全列である.これから

$$0 \to \mathcal{F}(X) \overset{\varepsilon(X)}{\to} \mathcal{L}^0(X) \overset{d^0(X)}{\to} \mathcal{L}^1(X) \overset{d^1(X)}{\to} \mathcal{L}^2(X) \to \cdots$$

は完全になる.従って,任意の $i > 0$ について $H^i(X, \mathcal{F}) = 0$ である. □

命題 1.25. 一般に層の完全列

$$0 \to \mathcal{F} \xrightarrow{\alpha} \mathcal{G} \xrightarrow{\beta} \mathcal{H} \to 0$$

が与えられたとき，これに対して，次のような自然なアーベル群の完全列がある．

$$
\begin{array}{r}
0 \longrightarrow H^0(X,\mathcal{F}) \longrightarrow H^0(X,\mathcal{G}) \longrightarrow H^0(X,\mathcal{H}) \\
\xrightarrow{\partial^0} H^1(X,\mathcal{F}) \longrightarrow H^1(X,\mathcal{G}) \longrightarrow H^1(X,\mathcal{H}) \\
\vdots \qquad\qquad \vdots \qquad\qquad \vdots \\
\xrightarrow{\partial^{i-1}} H^i(X,\mathcal{F}) \xrightarrow{H^i(X,\alpha)} H^i(X,\mathcal{G}) \xrightarrow{H^i(X,\beta)} H^i(X,\mathcal{H}) \\
\vdots \qquad\qquad \vdots \qquad\qquad \vdots
\end{array}
$$

(∂^i は連結準同型とよばれる)

註 1.26. ここで"自然"とは次の意味である．

$$
\begin{array}{ccccccccc}
0 & \longrightarrow & \mathcal{F} & \xrightarrow{\alpha} & \mathcal{G} & \xrightarrow{\beta} & \mathcal{H} & \longrightarrow & 0 \quad 完全 \\
& & \downarrow \lambda & & \downarrow \mu & & \downarrow \nu & & \\
0 & \longrightarrow & \mathcal{F}' & \xrightarrow{\alpha'} & \mathcal{G}' & \xrightarrow{\beta'} & \mathcal{H}' & \longrightarrow & 0 \quad 完全
\end{array}
$$

なる層の射の図式が与えられたとき，各 $i(\geq 0)$ について次の図式が可換，

$$
\begin{array}{ccc}
H^i(X,\mathcal{H}) & \xrightarrow{\partial^i} & H^{i+1}(X,\mathcal{F}) \\
H^i(X,\nu) \downarrow & & \downarrow H^i(X,\lambda) \\
H^i(X,\mathcal{H}') & \xrightarrow{\partial^i} & H^{i+1}(X,\mathcal{F}')
\end{array}
$$

註 1.27. 層の完全列

$$0 \to \mathcal{F} \xrightarrow{\alpha} \mathcal{G} \xrightarrow{\beta} \mathcal{H} \to 0$$

を考える．このとき，任意の i について

$$0 \to \mathcal{L}^i(\mathcal{F}) \xrightarrow{\mathcal{L}^i(\alpha)} \mathcal{L}^i(\mathcal{G}) \xrightarrow{\mathcal{L}^i(\beta)} \mathcal{L}^i(\mathcal{H}) \to 0$$

は完全である．(すなわち，標準分解を作る操作は完全関手である．)

証明： $\mathcal{L}^0$ については $\mathcal{L}^0(\mathcal{F})(U) = \prod_{x \in U} \mathcal{F}_x$ (U は開集合) より明らかである.

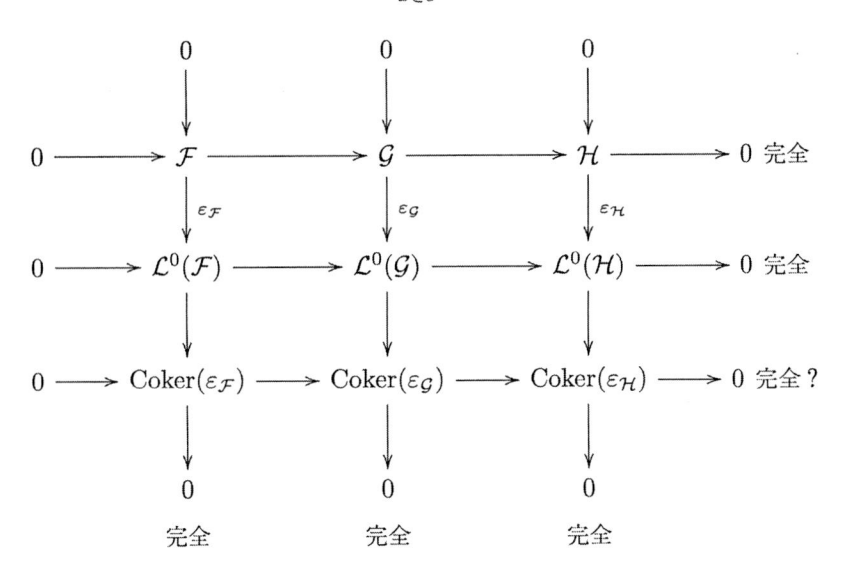

$$\begin{array}{ccccccccc}
& & 0 & & 0 & & 0 & & \\
& & \downarrow & & \downarrow & & \downarrow & & \\
0 & \to & \mathcal{F} & \to & \mathcal{G} & \to & \mathcal{H} & \to & 0 \quad 完全 \\
& & \downarrow {\varepsilon_\mathcal{F}} & & \downarrow {\varepsilon_\mathcal{G}} & & \downarrow {\varepsilon_\mathcal{H}} & & \\
0 & \to & \mathcal{L}^0(\mathcal{F}) & \to & \mathcal{L}^0(\mathcal{G}) & \to & \mathcal{L}^0(\mathcal{H}) & \to & 0 \quad 完全 \\
& & \downarrow & & \downarrow & & \downarrow & & \\
0 & \to & \mathrm{Coker}(\varepsilon_\mathcal{F}) & \to & \mathrm{Coker}(\varepsilon_\mathcal{G}) & \to & \mathrm{Coker}(\varepsilon_\mathcal{H}) & \to & 0 \quad 完全？ \\
& & \downarrow & & \downarrow & & \downarrow & & \\
& & 0 & & 0 & & 0 & & \\
& & 完全 & & 完全 & & 完全 & &
\end{array}$$

上の図式で第3行目が層の完全列であることを示すには X の各点 x における茎を調べればよいが，茎はアーベル群である．従って 3×3-補題より第3行目は層の完全列である．$\mathcal{L}^i(\mathcal{F}) = \mathcal{L}^{i-1}(\mathrm{Coker}(\varepsilon_\mathcal{F}))\,(i \geq 1)$ を用いれば帰納法により示せる． □

1.28 (3×3-補題)．アーベル群の図式 (下図) において，列はすべて完全であるとすれば，第1行，第2行が共に完全，もしくは，第2行，第3行が共に完全なら，残る一行も完全である．

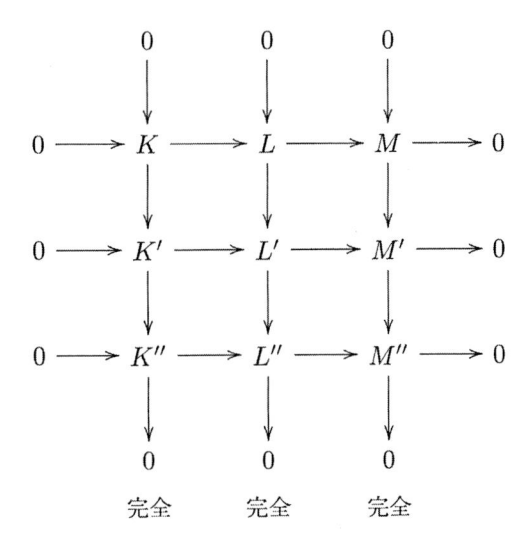

$$\begin{array}{ccccccccc}
& & 0 & & 0 & & 0 & & \\
& & \downarrow & & \downarrow & & \downarrow & & \\
0 & \to & K & \to & L & \to & M & \to & 0 \\
& & \downarrow & & \downarrow & & \downarrow & & \\
0 & \to & K' & \to & L' & \to & M' & \to & 0 \\
& & \downarrow & & \downarrow & & \downarrow & & \\
0 & \to & K'' & \to & L'' & \to & M'' & \to & 0 \\
& & \downarrow & & \downarrow & & \downarrow & & \\
& & 0 & & 0 & & 0 & & \\
& & 完全 & & 完全 & & 完全 & &
\end{array}$$

証明は演習とする．

命題 1.25 の証明： 註 1.27 と 補題 1.23 により $L^i(*) = (\mathcal{L}^i(*))(X)$ とおけば，

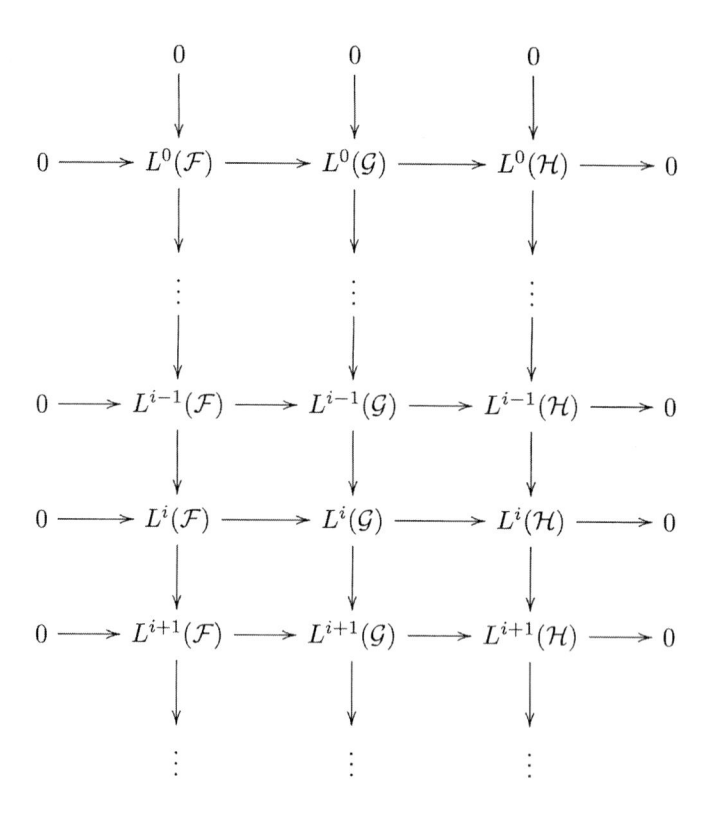

$$
\begin{array}{ccccccccc}
& & 0 & & 0 & & 0 & & \\
& & \downarrow & & \downarrow & & \downarrow & & \\
0 & \longrightarrow & L^0(\mathcal{F}) & \longrightarrow & L^0(\mathcal{G}) & \longrightarrow & L^0(\mathcal{H}) & \longrightarrow & 0 \\
& & \downarrow & & \downarrow & & \downarrow & & \\
& & \vdots & & \vdots & & \vdots & & \\
& & \downarrow & & \downarrow & & \downarrow & & \\
0 & \longrightarrow & L^{i-1}(\mathcal{F}) & \longrightarrow & L^{i-1}(\mathcal{G}) & \longrightarrow & L^{i-1}(\mathcal{H}) & \longrightarrow & 0 \\
& & \downarrow & & \downarrow & & \downarrow & & \\
0 & \longrightarrow & L^i(\mathcal{F}) & \longrightarrow & L^i(\mathcal{G}) & \longrightarrow & L^i(\mathcal{H}) & \longrightarrow & 0 \\
& & \downarrow & & \downarrow & & \downarrow & & \\
0 & \longrightarrow & L^{i+1}(\mathcal{F}) & \longrightarrow & L^{i+1}(\mathcal{G}) & \longrightarrow & L^{i+1}(\mathcal{H}) & \longrightarrow & 0 \\
& & \downarrow & & \downarrow & & \downarrow & & \\
& & \vdots & & \vdots & & \vdots & &
\end{array}
$$

なる図式において，行はすべて完全である．そこで

$$\mathrm{Coker}(L^{i-1}(*) \to L^i(*)) = C^i(*) \quad (\text{ただし } L^{-1}(*) := 0)$$
$$\mathrm{Ker}(L^i(*) \to L^{i+1}(*)) = K^i(*)$$

とおけば，$L^i(*)$ と $L^{i+1}(*)$ に関する部分より，次の図式を得る．(註 1.29 参照.)

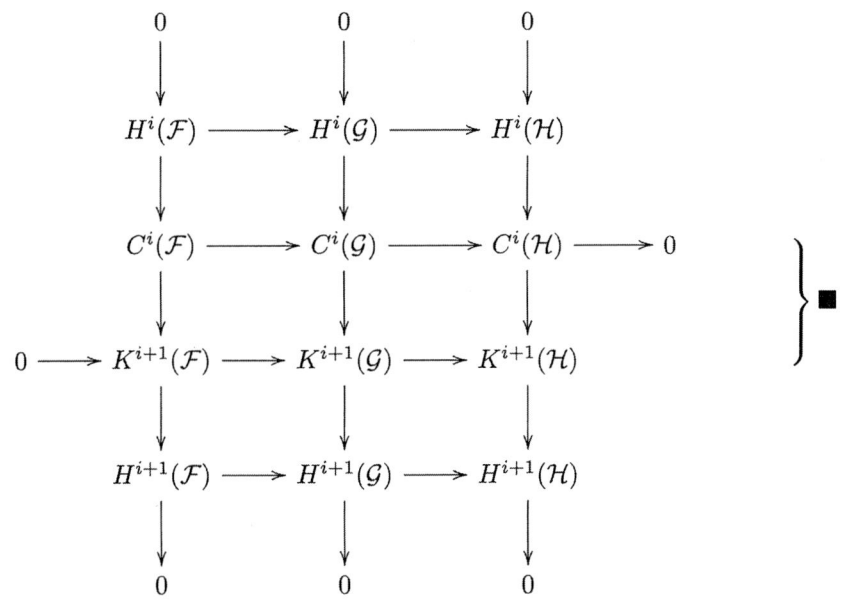

$$
\begin{CD}
@. 0 @. 0 @. 0 \\
@. @VVV @VVV @VVV \\
@. H^i(\mathcal{F}) @>>> H^i(\mathcal{G}) @>>> H^i(\mathcal{H}) \\
@. @VVV @VVV @VVV \\
@. C^i(\mathcal{F}) @>>> C^i(\mathcal{G}) @>>> C^i(\mathcal{H}) @>>> 0 \\
@. @VVV @VVV @VVV \\
0 @>>> K^{i+1}(\mathcal{F}) @>>> K^{i+1}(\mathcal{G}) @>>> K^{i+1}(\mathcal{H}) \\
@. @VVV @VVV @VVV \\
@. H^{i+1}(\mathcal{F}) @>>> H^{i+1}(\mathcal{G}) @>>> H^{i+1}(\mathcal{H}) \\
@. @VVV @VVV @VVV \\
@. 0 @. 0 @. 0
\end{CD}
$$

(縦の) 列はすべて完全 (ただし $H^i(*) = H^i(X,*)$) であり，■ の部分の行はすべて完全である．ゆえに，■ の部分ついて蛇の補題 (註 1.30 参照) を適用すれば，

$$H^i(\mathcal{F}) \to H^i(\mathcal{G}) \to H^i(\mathcal{H}) \xrightarrow{\partial^i} H^{i+1}(\mathcal{F}) \to H^{i+1}(\mathcal{G}) \to H^{i+1}(\mathcal{H})$$

は完全である．また，$H^0(X,\mathcal{F}) \hookrightarrow H^0(X,\mathcal{G})$ については層の完全列の定義より，次の図式の第 1 行は完全である．

$$
\begin{CD}
0 @>>> \mathcal{F}(X) @>>> \mathcal{G}(X) \\
@. @VV{\wr}V @VV{\wr}V \\
@. H^0(X,\mathcal{F}) @>>> H^0(X,\mathcal{G})
\end{CD}
$$

縦の列が同型であること，及び図式が可換なことは，註 1.19 による．従って $0 \to H^0(X,\mathcal{F}) \to H^0(X,\mathcal{G})$ である．長完全列の自然性については註 1.30 の蛇の補題の項参照． □

註 1.29. 次のようなアーベル群の図式において行がすべて完全であるとする．

$$
\begin{CD}
A @>>> B @>>> C \\
@VV{\alpha}V @VV{\beta}V @VV{\gamma}V \\
A' @>>> B' @>>> C'
\end{CD}
$$

このとき，以下が成立する．

(1) もし $A' \to B'$ が単射なら
$$\mathrm{Ker}(\alpha) \to \mathrm{Ker}(\beta) \to \mathrm{Ker}(\gamma)$$
は完全である．更に $A \to B$ も単射なら
$$0 \to \mathrm{Ker}(\alpha) \to \mathrm{Ker}(\beta) \to \mathrm{Ker}(\gamma)$$
も完全である．

(2) もし $B \to C$ が全射なら
$$\mathrm{Coker}(\alpha) \to \mathrm{Coker}(\beta) \to \mathrm{Coker}(\gamma)$$
は完全である．更に $B' \to C'$ も全射ならば
$$\mathrm{Coker}(\alpha) \to \mathrm{Coker}(\beta) \to \mathrm{Coker}(\gamma) \to 0$$
も完全である．

証明： 演習とする．

1.30 (蛇の補題 (Snake lemma)). 次のような縦も横も完全な図式が与えられているとする.

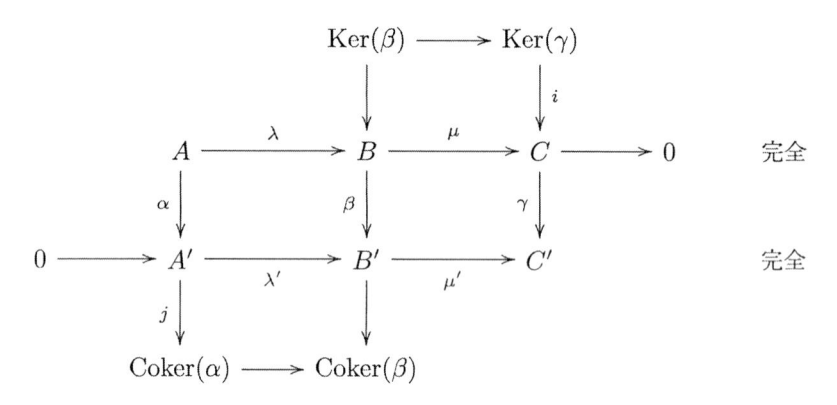

$$\begin{array}{ccccccc}
 & & \mathrm{Ker}(\beta) & \longrightarrow & \mathrm{Ker}(\gamma) & & \\
 & & \downarrow & & \downarrow{\scriptstyle i} & & \\
A & \xrightarrow{\lambda} & B & \xrightarrow{\mu} & C & \longrightarrow & 0 \quad 完全\\
{\scriptstyle \alpha}\downarrow & & {\scriptstyle \beta}\downarrow & & {\scriptstyle \gamma}\downarrow & & \\
0 \longrightarrow A' & \xrightarrow{\lambda'} & B' & \xrightarrow{\mu'} & C' & & \quad 完全\\
{\scriptstyle j}\downarrow & & \downarrow & & & & \\
\mathrm{Coker}(\alpha) & \longrightarrow & \mathrm{Coker}(\beta) & & & & \\
\end{array}$$

このとき
$$\mathrm{Ker}(\beta) \to \mathrm{Ker}(\gamma) \xrightarrow{\partial} \mathrm{Coker}(\alpha) \to \mathrm{Coker}(\beta)$$
は完全である．ただし，∂ は次のように定義される：

$\mathrm{Ker}(\gamma) \ni c$ について μ が全射だからある $b \in B$ が存在して，$\mu(b) = i(c)$ となる．すると $\mu'(\beta(b)) = \gamma(\mu(b)) = \gamma(i(c)) = 0$ (なぜならば $c \in \mathrm{Ker}(\gamma)$) であるので，$0 \to A' \to B' \to C'$ が完全であるから，ある $a' \in A'$ が唯一つ存在して，$\lambda'(a') = \beta(b)$ となる．この a' について $\partial(c) = j(a')$ と定義すると $\partial(c)$ は b のとり方によらないことが容易に示される．(要するに $\partial = j \circ \lambda'^{-1} \circ \beta \circ \mu^{-1} \circ i$ である．)

証明：　演習とする．

特に註 1.26 の図式が与えられたとすると

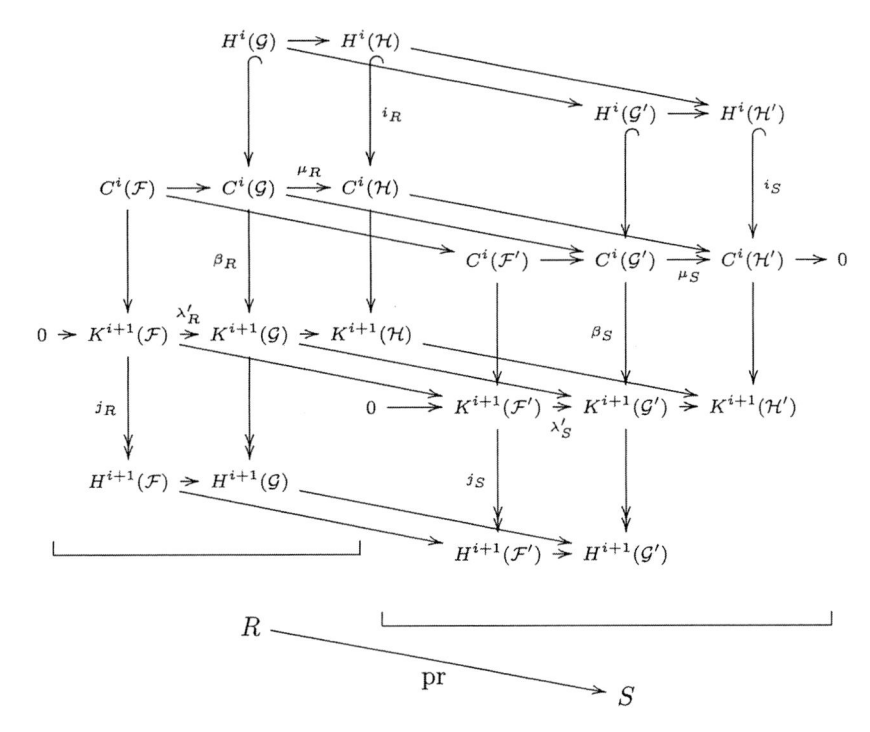

$$
\begin{array}{c}
\text{(可換図式)}
\end{array}
$$

なる可換図式が得られる．∂ の自然性は次のようにして得られる．

$H^i(\mathcal{H}) \ni c$ について ∂c を定義するために $C^i(\mathcal{G}) \ni b$, $K^{i+1}(\mathcal{F}) \ni a'$ を $i_R(c) = \mu_R(b)$, $\beta_R(b) = \lambda'_R(a')$ ととる．

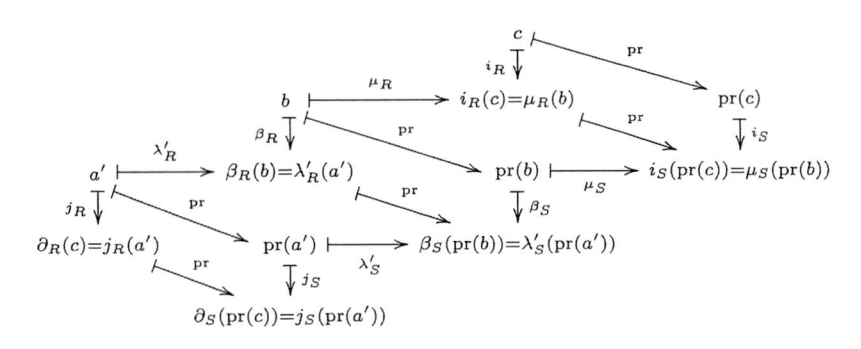

よって上図より明らかに

$$\mathrm{pr} \circ \partial_R = \partial_S \circ \mathrm{pr}$$

これが ∂ の自然性にほかならない．　　□

ここで，やっと命題 1.22 の (3) の証明に戻ることができる．

1. 層とコホモロジー

命題 1.22 の (3) の証明： $K^i = \mathrm{Ker}(\delta^i)$ と定義すると，
$$0 \to \mathcal{F} \to M^0 \xrightarrow{\alpha} K^1 \to 0$$
が層の完全列であるから命題 1.25 より，全ての $i > 0$ について
$$0 = H^i(X, M^0) \to H^i(X, K^1) \to H^{i+1}(X, \mathcal{F}) \to H^{i+1}(M^1) = 0$$
が完全である．ゆえに，
$$H^i(X, K^1) \cong H^{i+1}(X, \mathcal{F}) \quad (i > 0) \tag{$*$}$$
更に，
$$\begin{CD}
H^0(X, M^0) @>>> H^0(X, K^1) @>>> H^1(X, \mathcal{F}) @>>> H^1(X, M^0) = 0
\end{CD} \tag{$**$}$$
$$\begin{CD}
@V{\wr\wr}VV @V{\wr\wr}VV \\
M^0(X) @>{\alpha(X)}>> K^1(X)
\end{CD}$$
が完全である．ここで次の図式は可換で，行は層の完全列である．
$$\begin{CD}
@. M^0 @. @. \\
@. @V{\alpha}VV @V{\delta^0}VV \\
0 @>>> K^1 @>>> M^1 @>{\delta^1}>> M^2
\end{CD}$$
よって，註 1.20 と 命題 1.25 より次の図式が可換，かつ，行は完全である．
$$\begin{CD}
@. M^0(X) @. @. \\
@. @V{\alpha(X)}VV @V{\delta^0(X)}VV \\
0 @>>> K^1(X) @>>> M^1(X) @>{\delta^1(X)}>> M^2(X)
\end{CD}$$
ゆえに，
$$\mathrm{Coker}(\alpha(X)) \cong \frac{\mathrm{Ker}\delta^1(X)}{\mathrm{Im}\delta^0(X)}$$
よって，$(**)$ より
$$H^1(X, \mathcal{F}) \cong \frac{\mathrm{Ker}\delta^1(X)}{\mathrm{Im}\delta^0(X)}$$
である．従って，(3) は $i = 1$ の場合については示された．

また，任意の $j > 0$ について $0 \to K^j \to M^j \to K^{j+1} \to 0$ が層の完全列 ($\forall j > 0$) だから，命題 1.25 より任意の $i > 0$ について $(*)$ と同様に
$$H^i(X, K^{j+1}) \cong H^{i+1}(X, K^j) \tag{$***$}$$
となる．$(*)$ と $(***)$ より
$$H^{i+1}(X, \mathcal{F}) \cong H^1(X, K^i) \quad \forall i > 0 \tag{$****$}$$

である.そこですでに証明した $i=1$ の場合を

$$0 \to K^i \to M^i \xrightarrow{\delta^i} M^{i+1} \xrightarrow{\delta^{i+1}} \cdots$$

なる完全列に適用して

$$H^1(X, K^i) \cong \frac{\mathrm{Ker}(\delta^{i+1}(X))}{\mathrm{Im}(\delta^i(X))}$$

となる.これと $(****)$ より

$$H^{i+1}(X, \mathcal{F}) \cong \frac{\mathrm{Ker}(\delta^{i+1}(X))}{\mathrm{Im}(\delta^i(X))} \quad (^\forall i > 0)$$

となり,証明が完成する. □

コラム 1.31 (層の歴史). 層の概念は 1940 年代にフランスのルレイにより導入された.ルレイがこの概念を考えたのはドイツ軍での捕虜時代(約 5 年間)で,研究理由が抽象的で軍事目的ではない無用な分野であったことであるのは有名な逸話である.さらに,1950 年に出版された岡潔の第 VII 論文 "Sur quelques notions arithmétiques" で不定域イデアルの概念が導入された.この論文は,戦後,湯川秀樹,角谷静夫,ヴェイユを経てカルタンに届けられた.プリンストンの研究所でこの論文を受け取ったジーゲルはその内容を連続講義でいち早く紹介している.カルタンは不定域イデアルが解析的関数の層と本質的に同じであることを見抜き,いわゆるカルタンセミナーで岡理論を紹介した.セミナーで岡理論は彼らの言葉で書き直され,組織的な研究が進んだ.このセミナーの影響はセール,グロタンディークへと受け継がれていく.当初,K. Oka の名前はブルバキと同じく複数名による匿名と思われていたそうである.それほど,岡の論文が高く評価されていたということである.

2. スキーム

第 1 節で定義したコホモロジーについて X が $\mathbb{C}^n$ の代数的集合の場合に,コホモロジーへの作用を考える.$\mathbb{C}^n$ の座標系を $z_1, \cdots, z_n$ とし $\mathbb{C}^n \supset X = \{z \in \mathbb{C}^n \mid f_1(z) = \cdots = f_m(z) = 0\}$ を代数的集合とする(ただし $f_i(z) \in \mathbb{C}[z] = \mathbb{C}[z_1, \cdots z_n]$).すると f_i は多項式だから $\mathbb{C} \supset k$ なる部分体で $\mathbb{Q}$ 上有限生成なものをとり,すべての i について $f_i \in k[z_1, \cdots z_n]$ としてよい.

このとき $\mathrm{Gal}(\mathbb{C}/k) = \{\mathbb{C}$ の同型 σ で $\sigma|_k = \mathrm{id}\}$ の任意の元 σ は $\mathbb{C}^n$ の同型 $\tilde{\sigma}$ を誘導し,$\tilde{\sigma}$ は同型 $X \xrightarrow{\approx} X$ を誘導する.すなわち $\mathrm{Gal}(\mathbb{C}/k)$ は X の同型群を誘導する.S をその商空間 $X/\mathrm{Gal}(\mathbb{C}/k)$ とおくと,次の事実がある.

(1) X の "コホモロジー理論" は S の上の "コホモロジー理論" で誘導される.
(2) $\mathrm{Gal}(\mathbb{C}/k)$ は "コホモロジー" に作用する.

そのために S を考察する必要が生ずるのだが，スキームの言葉を用いれば

$$S = S(k[z_1, \cdots, z_n]/(f_1, \cdots, f_m)) = \{\mathrm{Spec}(k[z_1, \cdots, z_n]/(f_1, \cdots, f_m)) \text{ の底空間 }\}$$

となる．

そこでまず，スキームの一般論から始めよう．(詳細は Grothendieck [3] 参照.)

定義 2.1 (環つき空間 (ringed space))．k を環とするとき，位相空間 $|X|$ とその上の層 (k-代数の層) $\mathcal{O}_X$ との対 $(|X|, \mathcal{O}_X)$ を k-環つき空間という．特に $k = \mathbb{Z}$ のときを単に，環つき空間という．また，局所環つき空間 (local-ringed space) X とは，環つき空間であり，任意の $x \in |X|$ について $(\mathcal{O}_X)_x$ が局所環であるものをいう．その極大イデアルを $\mathfrak{m}_{X,x}$ とかく．

定義 2.2. X, X' を環つき空間とするとき，射 $\psi : X \to X'$ とは，$f : |X| \to |X'|$ なる連続写像と，(k-代数の) 層の f-準同形 $\mathcal{O}_X \xleftarrow{\theta} \mathcal{O}_{X'}$ の対 (f, θ) のことである．

ここで，f-準同形とは，$|X|$ の任意の開集合 U' に対して $\theta_{U'} : \mathcal{O}_{X'}(U') \to \mathcal{O}_X(f^{-1}(U'))$ なる k-代数の準同形で，$|X|$ の開集合 $U' \supset V'$ に対して

$$\begin{array}{ccc} \mathcal{O}_{X'}(U') & \xrightarrow{\theta_{U'}} & \mathcal{O}_X(f^{-1}(U')) \\ \mathrm{res} \downarrow & & \mathrm{res} \downarrow \\ \mathcal{O}_{X'}(V') & \xrightarrow{\theta_{V'}} & \mathcal{O}_X(f^{-1}(V')) \end{array}$$

が可換になることである．

また，X, X' を局所環つき空間とするとき，局所環つき空間の射 $\psi : X \to X'$ とは環つき空間の射であって任意の $x \in X$ について $\theta_{U'}$ から誘導される射 $\mathcal{O}_{X', f(x)} \xrightarrow{\theta_X^\#} \mathcal{O}_{X,x}$ が局所準同形，すなわち $\theta_X^\#(\mathfrak{m}_{X', f(x)}) \subset \mathfrak{m}_{X,x}$ なることである．

A を 1 をもつ可換環とし，位相空間 $S(A)$ を次のように定義する．

集合としては $S(A) = \{A \text{ の素イデアル}\}$．(簡単のため $S(A) \ni x$ に対応する素イデアルを $\mathfrak{p}_x$ とかく．)

位相はザリスキ位相を入れる．すなわち，$S(A) \supset U$ が開集合であるとは A のイデアル I があって $U = \{x \in S(A) \mid \mathfrak{p}_x \not\supset I\}(\underset{\mathrm{def}}{=} U_I)$ と定義する．

このとき $\mathrm{Spec}(A)$ は局所環つき空間で $(S(A), \mathcal{O})$ なるものである．ただし，$\mathcal{O}$ は次のようにして作る．

註 2.3. $S(A)$ の位相 T は一つの自然な開集合の基をもつ．$T^\circ = \{U \in T \mid f \in A \text{ が存在して } U = U_{fA}(= U_f)\}$ とおけば，これが基であることは $U_I = \cup_{f \in I} U_f$ より明らかである．

註 2.4. $\Delta(\subset A)$ を積閉集合 (すなわち, $\Delta \ni a, b \Rightarrow \Delta \ni ab$) としたとき, Δ による商環 A_Δ を次のように定義する.

$$A_\Delta = \left\{ \frac{a}{b} \,\middle|\, a \in A,\, b \in \Delta \right\}$$

ただし,

$$\frac{a}{b} = \frac{a'}{b'} \underset{\text{def}}{\iff} d \in \Delta \text{ で } d(ab' - a'b) = 0 \text{ となるものが存在}$$

と定め, 環の構造は自然にいれる.

註 2.5. A の 2 つの元 f, g について $U_f = U_g$ であるためには $\ell > 0$ で $f^\ell \in gA, g^\ell \in fA$ となるものが存在することが必要十分条件である.

証明: 十分条件であることは明らかである.

必要条件であることについては, $B = A/gA$ なる環を考えることにより, "$B \ni f$ について $U_f = \emptyset$ (すなわち, fA は全ての素イデアルに含まれる) ならば, f はべき零" を示せばよい.

もし, f がべき零でないとすると $\Delta = \{1, f, f^2, \cdots f^n, \cdots\}$ は積閉集合で $\Delta \not\ni 0$ だから $B_\Delta \neq 0$. B_Δ の素イデアル $\mathfrak{p}$ をとり自然な環準同形 $B \to B_\Delta$ により $\mathfrak{p}$ をひきもどした $\mathfrak{p}'$ については, $\mathfrak{p}' \not\ni f$, よって $U_f \neq \emptyset$. □

さて, $A \ni f$ について $\Delta = \{1, f, f^2, \cdots\}$ による A_Δ を A_f と略記すると註 2.5 より $U_f = U_g \Rightarrow A_f = A_g$. また, $U_f \subset U_g \Rightarrow U_f = U_f \cap U_g = U_{fg}$ より $A_f = A_{fg} = (A_g)_f$. 従って, T° 上の前層として $\mathcal{O}^\circ(U_f) = A_f$, $U_f \subset U_g$ に対して res は次の図式によって定義する.

$$\begin{array}{ccc} \mathcal{O}^\circ(U_g) & = & A_g \\ {\scriptstyle\text{res}}\downarrow & & \downarrow {\scriptstyle\text{標準射}} \\ \mathcal{O}^\circ(U_f) & = A_{fg} = & (A_g)_f \end{array}$$

$\mathcal{O}^\circ$ が前層になることは明らかであろう. そして $\mathcal{O} = \mathcal{O}^\circ$ の層化で定める.

註 2.6. $S(A) \ni x$ に対応する A の素イデアルを $\mathfrak{p}$ とすると $\mathcal{O}_x = A_\mathfrak{p}$ ただし, $A_\mathfrak{p}$ とは, A の積閉集合 $S = A - \mathfrak{p}$ による商環のことである.

定義 2.7. X がスキーム (scheme) であるとは, X が局所環つき空間 $(|X|, \mathcal{O}_X)$ であって, 次の性質をもつことである.

任意の $x \in |X|$ に対して, x の開近傍 U と 1 をもつ可換環 A が存在して $X|_U = (U, \mathcal{O}_X|_U) \cong \mathrm{Spec}(A)$.

註 2.8. k を代数的閉体とし，$A = k[y_1, \cdots, y_n]/J$ (J はイデアル) とおくと，第 1 章系 8.15 により

$$S(A) \overset{1-1}{\longleftrightarrow} A \text{ の素イデアル}$$
$$\overset{1-1}{\longleftrightarrow} \mathcal{V}(J) \text{ の中の既約な代数的集合}$$

また，任意の $x \in S(A)$ について x が $S(A)$ の点として閉であること ($\overline{\{x\}} = \{x\}$) と $\mathfrak{p}_x$ が極大イデアルであることは同値である．(これは $\overline{\{x\}} = \{x' \in S(A) \mid \mathfrak{p}_{x'} \supset \mathfrak{p}_x\}$ より明らかである．)

$\mathfrak{p}_x$ が定義する代数的集合 V について

$$\overline{\{x\}} = \left\{ \begin{array}{c} V \text{ に含まれる既約な代数的集合全部に} \\ \text{対応する } S(A) \text{ の点を集めたもの} \end{array} \right\}$$

である．(これも $\overline{\{x\}} = \{x' \in S(A) \mid \mathfrak{p}_{x'} \supset \mathfrak{p}_x\}$ より明らかである．)

更に，第 1 章系 8.16 により $\{\mathcal{V}(J) \text{ の点}\} \overset{1-1}{\longleftrightarrow} \{S(A) \text{ の閉点}\}$ であるから自然な単射

$$\boxed{\mathcal{V}(J) \overset{i}{\hookrightarrow} S(A)}$$

が定まる．この単射 i によって，$\mathcal{V}(J)$ のザリスキ位相は $S(A)$ の位相から誘導されたものになっている．

註 2.9. $A = k[y_1, \cdots, y_n]/J$ とする．(ただし，k は任意の体，例えば $\mathbb{Q}$ 上有限生成の体．)

ここで $\tilde{k} \supset k$, $\tilde{k}$: 代数的閉体，$\text{trans.deg}_k \tilde{k} \geq n$ なる体 $\tilde{k}$ (k が $\mathbb{Q}$ 上有限生成の体のときは，例えば $\tilde{k} = \mathbb{C}$) をとり，$\tilde{J} = J\tilde{k}[y]$ とおくと，この $\tilde{J}$ により $\tilde{k}^n$ の中の代数的集合 $\mathcal{V}(\tilde{J})$ が定義される．$\xi \in \mathcal{V}(\tilde{J})$ に対応する $\tilde{k}[y]/\tilde{J}$ の極大イデアルを M_ξ とおく．

さて，次の写像 λ が存在する．

$$\begin{array}{rcl} \mathcal{V}(\tilde{J}) & \overset{\lambda}{\longrightarrow} & S(A) \\ \xi & \mapsto & \left\{ \begin{array}{c} M_\xi \subset \tilde{k}[y]/\tilde{J} \text{ を埋め込み } A \hookrightarrow \tilde{k}[y]/\tilde{J} \\ \text{により引きもどした素イデアル} \\ \mathfrak{p} = M_\xi \cap A \text{ に対応する点} \end{array} \right\} \end{array}$$

すなわち，$\mathfrak{p} = \{f \in k[y] \mid f(\xi) = 0\}$.

この λ について次の事実が成立する．

(1) λ は全射である.

(2) $\xi, \xi' \in \mathcal{V}(\tilde{J})$ について $\lambda(\xi) = \lambda(\xi') \iff \sigma \in \operatorname{Aut}(\tilde{k}/k)$ が存在して $\sigma(\xi) = \xi'$.

証明: (1) $S(A) \ni x$ について $A/\mathfrak{p}_x$ は整域でその商体 K は k 上高々 n 次元, よって $K \xhookrightarrow{j} \tilde{k}$ なる k-代数準同形が存在する. そこで, $\tilde{k} \ni j(y_i) = \xi_i$ とおくと $x = \lambda(\xi)$. ここで $\xi = (\xi_1, \cdots, \xi_n)$ である. これは $k[\xi] \cong k[y]/\mathfrak{p}_x$ より明らかである.

(2) $k[\xi] \cong k[y]/\lambda(\xi)$ だから $\lambda(\xi) = \lambda(\xi') \iff k$-代数準同形 $\theta : k[\xi] \xrightarrow{\sim} k[\xi']$ が存在して $\xi_i \mapsto \xi'_i \iff k$-代数準同形 $\theta : k(\xi) \to k(\xi')$ が存在して $\xi_i \mapsto \xi'_i$.

$\tilde{k}$ は代数的閉体だから最後の条件は $\sigma \in \operatorname{Aut}(\tilde{k}/k)$ が存在して $\sigma(\xi) = \xi'$ と同値である. □

従って, この λ により

$$\boxed{S(A) = \mathcal{V}(\tilde{J})/\operatorname{Gal}(\tilde{k}/k)}$$

となる. 実際, 位相空間としても

$$\boxed{S(A) \text{ の位相は } \mathcal{V}(\tilde{J}) \text{ の Zariski 位相の商位相}}$$

である.

例 2.10. $k = \mathbb{C}$ とし,

$$X = \operatorname{Spec}(\mathbb{C}[x,y]/(y^2 - x^3))$$
$$y \text{ 軸} = \operatorname{Spec}(\mathbb{C}[x,y]/(x))$$

とおくと

$$\begin{aligned} X \cap y \text{ 軸} &= \operatorname{Spec}(\mathbb{C}[x,y]/(y^2 - x^3, x)) \\ &\cong \operatorname{Spec}(\mathbb{C}[y]/(y^2)) \end{aligned}$$

$\mathbb{C}[y]/(y^2)$ は $\mathbb{C}$-ベクトル空間として 2 次元. これは交点数を与えている.

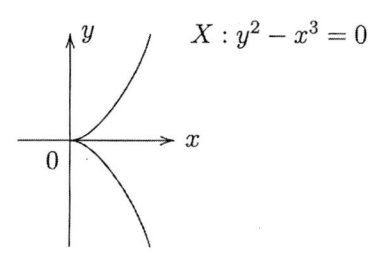

例 2.11. $\mathbb{P}^n_k$ の斉次座標を $z_0, \cdots, z_n$ とすると, スキームとしての $\mathbb{P}^n_k$ は

$$\bigcup_{i=0}^n \operatorname{Spec}\left(k\left[\frac{z_0}{z_i}, \cdots, \frac{z_n}{z_i}\right]\right)$$

である.

ここに $A_i = k\left[\frac{z_0}{z_i}, \cdots, \frac{z_n}{z_i}\right]$ とおくと

$$A_i\left[\left(\frac{z_j}{z_i}\right)^{-1}\right] = A_j\left[\left(\frac{z_i}{z_j}\right)^{-1}\right]$$

によって

$$\mathrm{Spec}\,(A_i)|_{U_{\frac{z_j}{z_i}}} \cong \mathrm{Spec}\,(A_j)|_{U_{\frac{z_i}{z_j}}}.$$

この同型によって $\bigcup_{i=0}^n$ のはりつけ方が決まっている.

コラム 2.12 (代数幾何の基礎付け). X はスキームとする. 体 k について, スキームの射 $x: \mathrm{Spec}(k) \to X$ を X の k-値点といい, k が代数的閉体のとき, これを特に (k-値) 幾何学点という. X の k-値点の集合を $X(k)$ で表す.

$\mathrm{Spec}(k)$ は一点のみからなるが, k-値点 x によるその像を含む X のアフィン開集合 $U = \mathrm{Spec}(A)$ を取る. x は可換環の準同型 $\varphi: A \to k$ によって定まり, 素イデアル $\mathfrak{p} = \ker\varphi$ が x の像に対応している. k は体だから, φ は局所準同型 $\varphi_x: A_\mathfrak{p} \to k$ に拡張し, 従って剰余体 $k(x) = A_\mathfrak{p}/\mathfrak{p}A_\mathfrak{p}$ の k への埋め込みを導く. 逆に, A の素イデアル $\mathfrak{p}$ に対して $k(\mathfrak{p}) = A_\mathfrak{p}/\mathfrak{p}A_\mathfrak{p}$ の k への埋め込みが与えられれば

$$\psi: A \longrightarrow A_\mathfrak{p} \longrightarrow k(\mathfrak{p}) \longrightarrow k$$

は U の k-値点を決める.

体 K を取り, K^n の中の代数的多様体 $Y = V(I)$ を考えよう. 座標環 $R = K[x_1, \ldots, x_n]/I$ が定義するアフィンスキーム $Z = \mathrm{Spec}(R)$ を取る. K を含む体 L について, K-スキームの射 $z: \mathrm{Spec}(L) \to Z$ の全体を $Z_K(L)$ で表す. $z \in Z_K(L)$ は K-代数の射 $\varphi_z: R \to L$ で定まる. 自然な準同型 $K[x_1, \ldots, x_n] \to R$ と φ_z を合成した準同型を $\tilde\varphi_z$ とおけば, これは L の元 $\tilde\varphi_z(x_1) = a_1, \ldots, \tilde\varphi_z(x_n) = a_n$ で決まる. また, この準同型が R を経由していくための必要十分条件は, I の任意の元 f について $f(a_1, \ldots, a_n) = 0$ となることである. 故に, I が $L[x_1, \ldots, x_n]$ で生成するイデアルを I_L と置けば, $Z_K(L)$ は集合として $V(I_L) \subset L^n$ と同一視できる.

(1) この講義録の代数的多様体は K を固定して, $Z_K(K)$ を考えていることになる.

(2) セールは K を代数的閉体として $Z_K(K)$ を代数的多様体と考えた. この場合, 上の φ_z の核は R の極大イデアルとなり, 逆に R の極大イデアル $\mathfrak{m}$ に対して $R/\mathfrak{m}$ は K と同型になるから, $Z_K(K)$ の点が定まる. セールは Z の極大イデアルからなる部分集合 $\bar Z$ に Z からの導入位相を入れ, 連続写像 $j: \bar Z \to Z$ による層の逆像 $\mathcal{O}_{\bar Z} = j^*(\mathcal{O}_Z)$ との組で定まる環付き空間 $(\bar Z, \mathcal{O}_{\bar Z})$ をアフィン多様体と定義した.

(3) 素体上超越次数が無限の代数的閉体 Ω と素体上有限生成な Ω の部分体 K との組を考え, $Z_K(\Omega)$ を代数的多様体と考えたのはヴェイユである. $\Omega[x_1,\ldots,x_n]$ のイデアル J は有限個の生成元 $f_1,\ldots,f_m$ を持つから, それらの係数が素体上生成する体 K は素体上有限生成な体である. $f_1,\ldots,f_m$ は $K[x_1,\ldots,x_n]$ の元になり, それらが生成するイデアル I について上記の R を考えれば, $Z_K(\Omega)$ は Ω^n の中の $V(J)$ と集合としては同一視できる. Z の閉集合 F について $F(\Omega) = \{z \in Z_K(\Omega) \mid \mathrm{im}(z) \in F\}$ を $Z_K(\Omega)$ の閉集合とすると, $Z_K(\Omega)$ に位相が入る. この位相を K-ザリスキ位相と呼ぶが, ヴェイユの考えた代数的多様体の位相はこの位相である. 上の $V(J)$ に普通のザリスキ位相を導入すると, K-ザリスキ位相よりは強い位相になる. 例えば, $V(J)$ の各点では普通のザリスキ位相で閉点になるが, K-ザリスキ位相では閉点とは限らない.

Z の点 x に対応する R の素イデアル $\mathfrak{p}$ を取る. 整域 $R/\mathfrak{p}$ の商体 L は K 上有限生成であり, Ω は K 上無限の超越次数を持つ代数的閉体であるから, 体の K 上の埋め込み $L \to \Omega$ が存在する. 準同型の合成

$$R \to R/\mathfrak{p} \subset L \to \Omega$$

は $Z_K(\Omega)$ の点 z を定める. L の Ω への埋め込みは一意的とは限らず, 従って x に対応する点は一般に複数, 多くの場合無限個あることに注意して欲しい. z の K-ザリスキ位相での閉包は Ω^n の中の $V(\mathfrak{p})$ となる. ここに現れた体 K を $V(J)$ の定義体という. 代数的多様体を定義する方程式がどの体の上で取れるか, というのは問題によっては重要な点である. その意味でヴェイユの枠組みは有効なものである.

3. コホモロジーとチェックコホモロジー

§1 で層係数のコホモロジーを標準分解を用いて定義したが, 移入的層を用いて定義することもできる. そこで, 一般にアーベル圏 $\mathcal{C}$ (例えば, アーベル群の圏, 或いはアーベル群の層の圏) において, 射影的或いは移入的なる言葉を導入する.

定義 3.1. $A \in \mathrm{ob}\,\mathcal{C}$ が射影的 (projective) であるとは $\mathcal{C}$ における任意の図式

$$\begin{array}{c} A \\ \downarrow \beta \\ R \xrightarrow{\gamma} C \longrightarrow 0 \end{array}$$

で, 行が完全なものについては, $A \xrightarrow{\alpha} R$ なる射 α が存在して $\beta = \gamma \circ \alpha$ とできるもののことである.

定義 3.2 (双対 (dual) な形). $A \in \mathrm{ob}\mathcal{C}$ が移入的 (injective) であるとは $\mathcal{C}$ における任意の図式

$$\begin{array}{ccccc} 0 & \longrightarrow & S & \xrightarrow{\gamma} & R \\ & & \beta\downarrow & & \\ & & A & & \end{array}$$

で，行が完全なものについては，$R \xrightarrow{\alpha} A$ なる射 α が存在して $\beta = \alpha \circ \gamma$ とできるもののことである．

註 3.3. $\mathcal{F}$ がある位相空間 X の上のアーベル群の層とする．$\mathcal{F}$ が移入的ならば $\mathcal{F}$ は軟弱である．

証明：

$$\begin{array}{ccccc} 0 & \longrightarrow & \mathcal{F} & \xrightarrow{\alpha} & [\mathcal{F}] \quad (完全) \\ & & \mathrm{id}\downarrow & & \\ & & \mathcal{F} & & \end{array}$$

という図式に移入的であることの定義を適用すれば，写像 $\beta : [\mathcal{F}] \to \mathcal{F}$ が存在して

$$\mathrm{id}_{\mathcal{F}} = \beta \circ \alpha$$

とできる．任意の開集合 U に対して，次の可換図式を考えると，$\mathrm{id}_{\mathcal{F}(U)} = \beta(U) \circ \alpha(U)$. よって $\beta(U)$ は全射である．$[\mathcal{F}]$ は軟弱だから $\mathrm{res}_{[\mathcal{F}]}$ は全射．従って $\mathrm{res}_{\mathcal{F}} \circ \beta(X) = \beta(U) \circ \mathrm{res}_{[\mathcal{F}]}$ も全射となる．従って $\mathrm{res}_{\mathcal{F}}$ は全射であり，$\mathcal{F}$ は軟弱である．

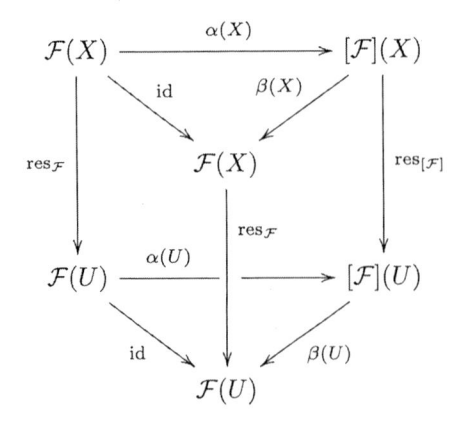

$$\begin{array}{ccc} \mathcal{F}(X) & \xrightarrow{\alpha(X)} & [\mathcal{F}](X) \\ \downarrow \mathrm{res}_{\mathcal{F}} \quad \mathrm{id}\searrow \quad \swarrow \beta(X) & & \downarrow \mathrm{res}_{[\mathcal{F}]} \\ & \mathcal{F}(X) & \\ & \downarrow \mathrm{res}_{\mathcal{F}} & \\ \mathcal{F}(U) & \xrightarrow{\alpha(U)} & [\mathcal{F}](U) \\ \mathrm{id}\searrow & \downarrow & \swarrow \beta(U) \\ & \mathcal{F}(U) & \end{array}$$

$\square$

この註 3.3 と命題 1.22 から次の系を得る．

註 3.3 の系． $\mathcal{F}$ が移入的なら，任意の $i > 0$ について $H^i(X, \mathcal{F}) = 0$.

定義 3.4. 一般に与えられた層 $\mathcal{H}$ について，その移入的分解 (injective resolution) とは，層の完全列

$$0 \longrightarrow \mathcal{H} \longrightarrow \mathcal{I}^0 \xrightarrow{d^0} \mathcal{I}^1 \xrightarrow{d^1} \mathcal{I}^2 \xrightarrow{d^2} \cdots$$

で，任意の $\alpha \geq 0$ について $\mathcal{I}^\alpha$ は移入的となるものをいう．

註 3.5. $\mathcal{C}$ を位相空間上のアーベル群の層の圏とするとき，この $\mathcal{C}$ は "十分多くの移入的対象 (sufficiently many injectives)" をもつ．すなわち，任意の $K \in \mathrm{ob}\,\mathcal{C}$ は移入的な $\mathcal{I} \in \mathrm{ob}\,\mathcal{C}$ に埋め込まれる：$\alpha: K \hookrightarrow \mathcal{I}$．従って，任意の $\mathcal{H} \in \mathrm{ob}\,\mathcal{C}$ に対して移入的分解が存在する．ここで，与えられた K に対してその移入的分解は一意的でないことに注意しよう．

証明： "十分多くの移入的対象" をもてば，移入的分解は次のようにしてできる．任意の $\mathcal{H} \in \mathrm{ob}\,\mathcal{C}$ について $0 \to \mathcal{H} \xrightarrow{\varepsilon} \mathcal{I}^0$ が完全列となる移入的な $\mathcal{I}^0$ をとり，$\mathrm{Coker}\,(\varepsilon)$ について，$0 \to \mathrm{Coker}\,(\varepsilon) \xrightarrow{d'^0} \mathcal{I}^1$ (exact) なる移入的な $\mathcal{I}^1$ をとり，以下同じことをくり返す．写像 $\mathcal{I}^i \to \mathrm{Coker}\,(d^{i-1}) \to \mathcal{I}^{i+1}$ を d^i をかく (ただし，$d^{-1} = \varepsilon$ とおく)．すると，

$$0 \longrightarrow \mathcal{H} \xrightarrow{\varepsilon} \mathcal{I}^0 \xrightarrow{d^0} \mathcal{I}^1 \xrightarrow{d^1} \cdots$$

は移入的分解である．

そこで以下，アーベル群の圏と，位相空間上のアーベル群の層の圏が，それぞれ "十分多くの移入的対象" をもつことを示そう．

アーベル群の圏の場合： 詳細については，Northcott [6] p.71 参照．A をアーベル群とするとき $\widehat{A} = \mathrm{Hom}\,(A, \mathbb{Q}/\mathbb{Z})$ と定義すると，次のことがわかる．

(a) $\mathbb{Q}/\mathbb{Z}$ は移入的なアーベル群である．従って，任意の自由アーベル群 L について，$\widehat{L}$ は移入的である．

(b) $A \to \widehat{\widehat{A}}$ なる標準的な写像は単射である．

そこで，自由アーベル群 L を $L \xrightarrow{\beta} \widehat{A} \to 0$ が完全であるようにとる．すると $0 \to \widehat{\widehat{A}} \xrightarrow{\widehat{\beta}} \widehat{L}$ は完全である．(b) により $0 \to A \to \widehat{L}$ は完全であり，(a) により $\widehat{L}$ は移入的である．

位相空間上のアーベル群の層の圏の場合： $\mathcal{H}$ をアーベル群の層とするとき，前の場合により，各茎 $\mathcal{H}_x$ を含む移入的アーベル群 $I(x)$ が存在する．そこで，層 $\mathcal{I}$ を次のようにして作る．任意の開集合 U に対して $\mathcal{I}(U) = \prod_{x \in U} I(x)$．$U \supset V$(開集合) に対して res_V^U は $\prod_{x \in U} I(x)$ は $\prod_{x \in V} I(x)$ への自然な射影とする．このとき，$\mathcal{H} \to [\mathcal{H}] \to \mathcal{I}$ によって $0 \to \mathcal{H} \to \mathcal{I}$ は完全になる．$\mathcal{I}$ が移入的であることは，その作り方から，任

意の層 $\mathcal{F}$ について,
$$\mathrm{Hom}(\mathcal{F}, \mathcal{I}) = \prod_{x \in X} \mathrm{Hom}(\mathcal{F}_x, I(x))$$
であること,そして,任意の $x \in X$ について $I(x)$ が移入的であることよりわかる. □

註 3.6. 任意のアーベル群の層 $\mathcal{H}$ について,その任意の移入的分解
$$0 \longrightarrow \mathcal{H} \xrightarrow{\varepsilon} \mathcal{I}^0 \xrightarrow{d^0} \mathcal{I}^1 \xrightarrow{d^1} \mathcal{I}^2 \xrightarrow{d^2} \cdots$$
をとり
$$H^i(X, \mathcal{H}) = \frac{\mathrm{Ker}(d^i(X))}{\mathrm{Im}(d^{i-1}(X))} \quad (\text{ただし } d^{-1} = 0 \text{ とする})$$
によりコホモロジーを定義しても,註 3.3 の系によりそれは $\mathcal{H}$ の移入的分解の取り方によらず §1 で定義したものと一致する.しかし,このことは標準分解の言葉を借りなくても,次の命題から示される.

命題 3.7. 層 $\mathcal{F}$ とその任意の分解,すなわち層の完全列
$$0 \longrightarrow \mathcal{F} \longrightarrow \mathcal{R}^0 \xrightarrow{\varepsilon^0} \mathcal{R}^1 \xrightarrow{\varepsilon^1} \mathcal{R}^2 \longrightarrow \cdots$$
と,層 $\mathcal{G}$ とその任意の移入的分解
$$0 \longrightarrow \mathcal{G} \longrightarrow \mathcal{I}^0 \xrightarrow{d^0} \mathcal{I}^1 \xrightarrow{d^1} \cdots.$$
と,層の写像 $f : \mathcal{F} \to \mathcal{G}$ が与えられたととき,次の図式を可換にするような写像 $\alpha_0, \alpha_1, \cdots$ が存在する.

$$\begin{array}{ccccccccc} 0 & \longrightarrow & \mathcal{F} & \longrightarrow & \mathcal{R}^0 & \longrightarrow & \mathcal{R}^1 & \longrightarrow & \cdots \\ & & \downarrow f & & \downarrow \alpha_0 & & \downarrow \alpha_1 & & \\ 0 & \longrightarrow & \mathcal{G} & \longrightarrow & \mathcal{I}^0 & \longrightarrow & \mathcal{I}^1 & \longrightarrow & \cdots \end{array}$$

しかも,他にこのような写像 $\alpha'_0, \alpha'_1, \cdots$ をとるとき,任意の $i \geq 0$ について写像 $\beta_i : \mathcal{R}^i \to \mathcal{I}^{i-1}$ ($\mathcal{I}^{-1} = \mathcal{G}$ とする) が存在して,任意の $i \geq 0$ について $\alpha_i - \alpha'_i = d^{i-1} \circ \beta_i + \beta_{i+1} \circ \varepsilon^i$ (ただし $d^{-1} = 0$ とする) とできる.(証明は簡単.わからない人は Northcott [6] p.78 参照.) このような β'_i が存在するとき $\{\alpha\}$ と $\{\alpha'\}$ とはホモトピー的 (homotopic) であるという (Northcott [6] p.62 参照).

従って,任意の $i \geq 0$ について,α_i によって誘導される写像
$$\frac{\mathrm{Ker}(\varepsilon^i(X))}{\mathrm{Im}(\varepsilon^{i-1}(X))} \to \frac{\mathrm{Ker}(d^i(X))}{\mathrm{Im}(d^{i-1}(X))} \quad (\text{ただし } \varepsilon^{-1} = d^{-1} = 0\,)$$
は,$\alpha_0, \alpha_1, \cdots$ のとり方に無関係に定まる.

再び註 3.6 に話をもどそう．$\mathcal{H}$ の 2 つの移入的分解を

$$0 \longrightarrow \mathcal{H} \xrightarrow{\sigma} \mathcal{I}^0 \xrightarrow{d^0} \mathcal{I}^1 \xrightarrow{d^1} \cdots,$$

$$0 \longrightarrow \mathcal{H} \xrightarrow{\tau} J^0 \xrightarrow{\varepsilon^0} J^1 \xrightarrow{\varepsilon^1} \cdots$$

とする．命題 3.7 より，次の 2 つの図式を可換にする写像 $\alpha_0, \alpha_1, \cdots, \beta_0, \beta_1, \cdots$ がある．

$$\begin{array}{ccccccccc}
0 & \longrightarrow & \mathcal{H} & \xrightarrow{\sigma} & \mathcal{I}^0 & \xrightarrow{d^0} & \mathcal{I}^1 & \xrightarrow{d^1} & \cdots \\
& & \text{id} \downarrow & & \alpha_0 \downarrow & & \alpha_1 \downarrow & & \\
0 & \longrightarrow & \mathcal{H} & \xrightarrow{\tau} & J^0 & \xrightarrow{\varepsilon^0} & J^1 & \xrightarrow{\varepsilon^1} & \cdots,
\end{array}$$

$$\begin{array}{ccccccccc}
0 & \longrightarrow & \mathcal{H} & \xrightarrow{\tau} & J^0 & \xrightarrow{\varepsilon^0} & J^1 & \xrightarrow{\varepsilon^1} & \cdots \\
& & \text{id} \downarrow & & \beta_0 \downarrow & & \beta_1 \downarrow & & \\
0 & \longrightarrow & \mathcal{H} & \xrightarrow{\sigma} & \mathcal{I}^0 & \xrightarrow{d^0} & \mathcal{I}^1 & \xrightarrow{d^1} & \cdots
\end{array}$$

これらによって任意の $i \geq 0$ について

$$\overline{\alpha_i} : \frac{\text{Ker}(d^i(X))}{\text{Im}(d^{i-1}(X))} \to \frac{\text{Ker}(\varepsilon^i(X))}{\text{Im}(\varepsilon^{i-1}(X))},$$

$$\overline{\beta_i} : \frac{\text{Ker}(\varepsilon^i(X))}{\text{Im}(\varepsilon^{i-1}(X))} \to \frac{\text{Ker}(d^i(X))}{\text{Im}(d^{i-1}(X))}$$

($d^{-1}, \varepsilon^{-1} = 0$ とする) が誘導されるが，$\overline{\alpha_i} \circ \overline{\beta_i} = \overline{\alpha_i \circ \beta_i} = \text{id}, \overline{\beta_i} \circ \overline{\alpha_i} = \overline{\beta_i \circ \alpha_i} = \text{id}$ である．例えば前者については次の可換な図式に命題 3.7 を適用すると，$\overline{\alpha_i \circ \beta_i}$ は $\overline{\text{id}_{J^i}}$ と一致するから明らかである．従って，移入的分解によるコホモロジーの定義が well-defined であることがわかる．

$$\begin{array}{ccccccc}
0 & \longrightarrow & \mathcal{H} & \longrightarrow & J^0 & \longrightarrow & J^1 & \longrightarrow & \cdots \\
& & \text{id} \downarrow & & \alpha_0 \circ \beta_0 \downarrow & & \alpha_1 \circ \beta_1 \downarrow & & \\
0 & \longrightarrow & \mathcal{H} & \longrightarrow & J^0 & \longrightarrow & J^1 & \longrightarrow & \cdots.
\end{array}$$

従って，命題 3.7 においては α^i によって，写像

$$\frac{\text{Ker}(\varepsilon^i(X))}{\text{Im}(\varepsilon^{i-1}(X))} \to H^i(X, \mathcal{G})$$

が誘導される．

この節では以下，チェックコホモロジーを定義する．X を位相空間，$\mathcal{F}$ を X 上のアーベル群の層とする．$\mathfrak{U} = \{U_\alpha\}_{\alpha \in A}$ を X の開被覆，すなわち，各 U_α は X の開集合で $\bigcup_{\alpha \in A} U_\alpha = X$ とするとき，任意の $q > 0$ に対して複体 $C^q(\mathfrak{U}, \mathcal{F})$ を次のように定義する．

$C^q(\mathfrak{U}, \mathcal{F})$ は $\prod_{(\alpha) \in A^{q+1}} \mathcal{F}(U_{\alpha_0} \cap \cdots \cap U_{\alpha_q})$ の部分群であって,

$$\xi = (\xi_{\alpha_0 \cdots \alpha_q}) \in C^q(\mathfrak{U}, \mathcal{F}) \underset{\text{def.}}{\iff} \xi \text{ が交代的}.$$

ここで ξ が交代的であるとは,次の 2 つの条件

(1) $i \neq j$ について $\alpha_i = \alpha_j$ となれば $\xi_{\alpha_0 \cdots \alpha_q} = 0$,
(2) 任意の置換 $\sigma : (0, 1, \cdots, q) \to (\sigma(0), \cdots, \sigma(q))$ について $\xi_{\alpha_{\sigma(0)} \cdots \alpha_{\sigma(q)}} = \mathrm{sign}(\sigma) \cdot \xi_{\alpha_0 \cdots \alpha_q}$,

が成り立つときにいう.

註 3.8. A に線型順序をいれておけば,アーベル群として

$$C^q(\mathfrak{U}, \mathcal{F}) \cong \prod_{\alpha_0 < \cdots < \alpha_q} \mathcal{F}(U_{\alpha_0} \cap \cdots \cap U_{\alpha_q})$$

である.

また,微分作用素 ∂^q を

$$\begin{array}{ccc} C^q(\mathfrak{U}, \mathcal{F}) & \xrightarrow{\partial^q} & C^{q+1}(\mathfrak{U}, \mathcal{F}) \\ \cup & & \cup \\ \xi = (\xi_{\alpha_0 \cdots \alpha_q}) & \longmapsto & \partial \xi = ((\partial \xi)_{\beta_0 \cdots \beta_{q+1}}) \end{array}$$

$$(\partial \xi)_{\beta_0 \cdots \beta_{q+1}} \underset{\text{def.}}{=} \sum_{i=0}^{q+1} (-1)^i \mathrm{res}(\xi_{\beta_0 \cdots \check{\beta}_i \cdots \beta_{q+1}})$$

によって定義する.ただし,res は $U_{\beta_0} \cap \cdots \cap U_{\beta_{q+1}} \hookrightarrow U_{\beta_0} \cap \cdots \cap U_{\beta_{i-1}} \cap U_{\beta_{i+1}} \cap \cdots \cap U_{\beta_{q+1}}$ に対応する層の制限写像である.

註 3.9. $\partial^{q+1} \circ \partial^q = 0$ である.

定義 3.10 (チェックコホモロジー (Čech cohomology)).

$$\check{H}^q(\mathfrak{U}, \mathcal{F}) \underset{\text{def.}}{=} \frac{\mathrm{Ker}(\partial^q)}{\mathrm{Im}(\partial^{q-1})} \quad (\text{ただし } \partial^{-1} = 0).$$

註 3.11. X の被覆として $\mathfrak{U} = \{U_\alpha\}_{\alpha \in A}$ とし $\#(A) = n+1$ とする.任意の層 $\mathcal{F}$ に対して

$$\check{H}^q(\mathfrak{U}, \mathcal{F}) = (0) \quad (^\forall q > n).$$

(これは,$C^q(\mathfrak{U}, \mathcal{F})$ の元が交代的という条件から $C^q(\mathfrak{U}, \mathcal{F}) = 0$ となるので明らかである.)

補題 3.12. X の 2 つの開被覆 $\mathfrak{U} = \{U_\alpha\}_{\alpha \in A}$, $\mathfrak{V} = \{V_\beta\}_{\beta \in B}$ について $\theta : B \to A$ なる集合の間の写像があって,任意の $\beta \in B$ に対して包含関係 $V_\beta \hookrightarrow U_{\theta(\beta)}$ が成立したとする.このとき X 上の任意の層 $\mathcal{F}$ について

(1) θ によるコホモロジーの写像 θ^q

$$\theta^q = \check{H}^q(\theta) : \check{H}^q(\mathfrak{U}, \mathcal{F}) \to \check{H}^q(\mathfrak{V}, \mathcal{F}) \quad (q = 0, 1, 2, \cdots)$$

が自然に定まる．

(2) この写像 θ^q は $(\mathfrak{U}, \mathfrak{V})$ のみに依存して，θ にはよらない．

証明： θ が与えられたとき $\check{H}^q(\theta)$ は次のように定義する．まず

$$\begin{array}{ccc} C^q(\mathfrak{U}, \mathcal{F}) & \xrightarrow{\bar{\theta}} & C^q(\mathfrak{V}, \mathcal{F}) \\ \cup & & \cup \\ \xi = (\xi_{\alpha_0 \cdots \alpha_q}) & \longmapsto & \bar{\theta}(\xi) \end{array}$$

を $\bar{\theta}(\xi)_{\beta_0 \cdots \beta_q} = \mathrm{res}(\xi_{\theta(\beta_0) \cdots \theta(\beta_q)})$ によって定義する．ここで res は $V_{\beta_0} \cap \cdots \cap V_{\beta_q} \hookrightarrow U_{\theta(\beta_0)} \cap \cdots \cap U_{\theta(\beta_q)}$ に対応する層の制限写像である．実際 $\bar{\theta}$ が well defined で，コホモロジーの写像を誘導することは

(1) ξ が交代的なら $\bar{\theta}(\xi)$ も交代的，
(2) $\bar{\theta} \circ \partial_{\mathfrak{U}}^q = \partial_{\mathfrak{V}}^q \circ \bar{\theta}$

であることから容易にわかる．

次に θ, θ' を 2 つ与えられたとしよう．このとき任意の $q \geq 0$ に対して

$$\begin{array}{cccc} K^{q+1}: & C^{q+1}(\mathfrak{U}, \mathcal{F}) & \longrightarrow & C^q(\mathfrak{V}, \mathcal{F}) \\ & \cup & & \cup \\ & \xi = (\xi_{\alpha_0 \cdots \alpha_{q+1}}) & \longmapsto & K(\xi) \end{array}$$

を

$$K(\xi)_{\beta_0 \cdots \beta_q} = \sum_{i=0}^{q} (-1)^i \mathrm{res}(\xi_{\theta(\beta_0) \cdots \theta(\beta_i) \theta'(\beta_i) \cdots \theta'(\beta_q)})$$

と定義する．ここで res は $V_{\beta_i} \hookrightarrow U_{\theta(\beta_i)} \cap U_{\theta'(\beta_i)}$ だから $V_{\beta_0} \cap \cdots \cap V_{\beta_q} \hookrightarrow U_{\theta(\beta_0)} \cap \cdots \cap U_{\theta(\beta_i)} \cap U_{\theta'(\beta_i)} \cap \cdots \cap U_{\theta'(\beta_q)}$ に対応する層の制限写像である．この K が $\bar{\theta}$ と $\bar{\theta'}$ のホモトピーになっている．すなわち任意の $q \geq 0$ に対して

$$\bar{\theta}^q - \bar{\theta'}^q = K^{q+1} \circ \partial_{\mathfrak{U}}^q + \partial_{\mathfrak{V}}^{q-1} \circ K^q \quad (\text{ただし } K^0 = 0)$$

が成立するから $\bar{\theta}, \bar{\theta'}$ は同じ $\check{H}^q(\mathfrak{U}, \mathcal{F}) \to \check{H}^q(\mathfrak{V}, \mathcal{F})$ を与える． □

系 3.13. $\mathfrak{U} = \{U_\alpha\}_{\alpha \in A}$ を X の開被覆とするとき，もし $\alpha_0 \in A$ が存在して $U_{\alpha_0} = X$ ならば，任意の $q > 0$ について $\check{H}^q(\mathfrak{U}, \mathcal{F}) = (0)$ である．

証明： $\mathfrak{V} = \{X\}$（添字集合 $B = \{0\}, V_0 = X$）は X の開被覆である．集合の写像 $\theta : A \longrightarrow B, \tau : B \longrightarrow A$ を任意の $\alpha \in A$ について $\theta(\alpha) = 0, \tau(0) = \alpha_0$ に

よって定めると $\theta, \tau, \tau \circ \theta$ はいずれも補題 3.12 の条件を満たしている．よって次の可換な図式が得られ，さらに補題 3.12 により $\check{H}^q(\tau \circ \theta) = \check{H}^q(\mathrm{id}_A) = \mathrm{id}$. 従って $\check{H}^q(\mathfrak{V}, \mathcal{F}) \longrightarrow \check{H}^q(\mathfrak{U}, \mathcal{F})$ は全射となる．しかも註 3.11 により，任意の $q > 0$ について $\check{H}^q(\mathfrak{V}, \mathcal{F}) = 0$ である．従って，任意の $q > 0$ について $\check{H}^q(\mathfrak{U}, \mathcal{F}) = 0$ が成立する．

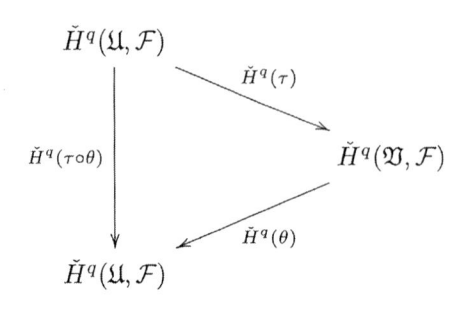

$$\begin{array}{ccc} \check{H}^q(\mathfrak{U}, \mathcal{F}) & \xrightarrow{\check{H}^q(\tau)} & \\ {\scriptstyle \check{H}^q(\tau\circ\theta)} \downarrow & & \check{H}^q(\mathfrak{V}, \mathcal{F}) \\ & \swarrow {\scriptstyle \check{H}^q(\theta)} & \\ \check{H}^q(\mathfrak{U}, \mathcal{F}) & & \end{array}$$

$\square$

定義 3.14 (チェック分解 (Čech resolution))．$\mathfrak{U} = (U_\alpha)_{\alpha \in A}$ を X の開被覆，$\mathcal{F}$ を X 上の層とするとき，X 上の層 $\underline{C}^q(\mathfrak{U}, \mathcal{F})$ を次のように定義する．任意の開集合 $U \subset X$ について $\underline{C}^q(\mathfrak{U}, \mathcal{F})(U) = C^q(\mathfrak{U}|_U, \mathcal{F}|_U)$．ただし $\mathfrak{U}|_U = (U_\alpha \cap U)_{\alpha \in A}$ は U の開被覆である．また，開集合 $U \supset V$ について，res^U_V を次のように定義する．任意の $(\alpha) \in A$ について $U_{\alpha_0} \cap \cdots \cap U_{\alpha_q} \cap U \hookleftarrow U_{\alpha_0} \cap \cdots \cap U_{\alpha_q} \cap V$ によって制限写像 $\mathcal{F}(U_{\alpha_0} \cap \cdots \cap U_{\alpha_q} \cap U) \longrightarrow \mathcal{F}(U_{\alpha_0} \cap \cdots \cap U_{\alpha_q} \cap V)$ が定義される．そして，これから誘導される写像 $\prod_{(\alpha) \in A^{q+1}} \mathcal{F}(U_{\alpha_0} \cap \cdots \cap U_{\alpha_q} \cap U) \longrightarrow \prod_{(\alpha) \in A^{q+1}} \mathcal{F}(U_{\alpha_0} \cap \cdots \cap U_{\alpha_q} \cap V)$ は交代的な元を交代的な元に写すから，これによって res^U_V を定義する．この $\underline{C}^q(\mathfrak{U}, \mathcal{F})$ は明らかに前層だが，実際層になることがわかる．

またチェック微分 $\underline{d}^q : \underline{C}^q(\mathfrak{U}, \mathcal{F}) \longrightarrow \underline{C}^{q+1}(\mathfrak{U}, \mathcal{F})$ は，$\underline{d}^q(U) = \partial^q : C^q(\mathfrak{U}|_U, \mathcal{F}|_U) \longrightarrow C^{q+1}(\mathfrak{U}|_U, \mathcal{F}|_U)$ によって定義すると，これは実際に層の写像になる．従って

$$0 \to \mathcal{F} \xrightarrow{\varepsilon} \underline{C}^0(\mathfrak{U}, \mathcal{F}) \xrightarrow{\underline{d}^0} \underline{C}^1(\mathfrak{U}, \mathcal{F}) \xrightarrow{\underline{d}^1} \cdots$$

なる列が定義される．これは系 3.15 からわかるように層の完全列であり，これを $\mathcal{F}$ のチェック分解と呼ぶ．

系 3.15. (1) 上に定義された列は層の完全列である．

(2) $\underline{C}^q(\mathfrak{U}, \mathcal{F})(X) = C^q(\mathfrak{U}, \mathcal{F})$．層の微分 $\underline{d}^i$ はチェックの微分 ∂^i を誘導する．

従ってチェックコホモロジーはチェック分解によるコホモロジーと言える．

証明: (2) は明らかである．(1) については任意の $x \in X$ について

$$0 \to \mathcal{F}_x \xrightarrow{\varepsilon_x} \underline{C}^0(\mathfrak{U}, \mathcal{F})_x \xrightarrow{\underline{d}^0_x} \underline{C}^1(\mathfrak{U}, \mathcal{F})_x \xrightarrow{\underline{d}^1_x} \cdots$$

が完全であることを示せばよい．ところで，x の開近傍 U を，$\mathfrak{U}|_U$ が U を1つの member に持つように選べば，任意の開集合 V で $x \in V \subset U$ なるものについて，系 3.13 より 任意の $q > 0$ について $\check{H}^q(\mathfrak{U}|_V, \mathcal{F}|_V) = 0$. 従って

$$0 \to \mathcal{F}(V) \xrightarrow{\varepsilon(V)} \underline{C}^0(\mathfrak{U}, \mathcal{F})(V) \xrightarrow{d^0(V)} \cdots$$

は完全である．この帰納的極限より

$$0 \to \mathcal{F}_x \xrightarrow{\varepsilon_x} \underline{C}^0(\mathfrak{U}, \mathcal{F})_x \xrightarrow{d_x^0} \cdots$$

は完全となる． □

系 3.16. 一般に $\mathfrak{U}$ を X の開被覆，$\mathcal{F}$ を X 上の層とするとき，標準的準同形 (canonical homomorphism) $\check{H}^q(\mathfrak{U}, \mathcal{F}) \to H^q(X, \mathcal{F})$ が存在する．ここで "標準的 (canonical)" とは次の2条件が成立することをいう．

(1) 層の写像 $\mathcal{F} \xrightarrow{\varphi} \mathcal{G}$ が与えられたとき，次の図式が可換になる．

$$\begin{array}{ccc} \check{H}^q(\mathfrak{U}, \mathcal{F}) & \longrightarrow & H^q(X, \mathcal{F}) \\ \downarrow \check{H}^q(\mathfrak{U}, \varphi) & & \downarrow H^q(X, \varphi) \\ \check{H}^q(\mathfrak{U}, \mathcal{G}) & \longrightarrow & H^q(X, \mathcal{G}) \end{array}$$

(2) 開被覆 $\mathfrak{U} = \{U_\alpha\}_{\alpha \in A}$, $\mathfrak{V} = \{V_\beta\}_{\beta \in B}$ について $\mathfrak{V}$ が $\mathfrak{U}$ の細分である．すなわち任意の β について α で $U_\alpha \supset V_\beta$ なるものが存在するとき，補題 3.12 により誘導される写像 $\check{H}^q(\mathfrak{U}, \mathcal{F}) \to \check{H}^q(\mathfrak{V}, \mathcal{F})$ について次の図式が可換になる

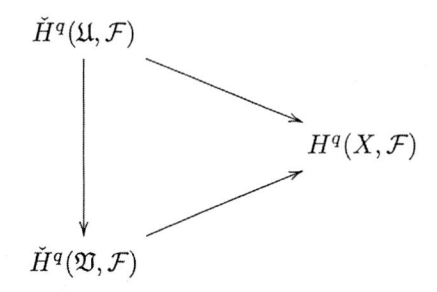

$$\begin{array}{ccc} \check{H}^q(\mathfrak{U}, \mathcal{F}) & & \\ & \searrow & \\ \downarrow & & H^q(X, \mathcal{F}) \\ & \nearrow & \\ \check{H}^q(\mathfrak{V}, \mathcal{F}) & & \end{array}$$

証明： 演習とする． □

次に $\check{H}^q(X, \mathcal{F})$ を $\check{H}^q(\mathfrak{U}, \mathcal{F})$ の帰納的極限として定義するのであるが，$\mathfrak{U}$ としては，$\{U_x\}_{x \in X}$ で $x \in U_x$ となる種類の開被覆のみを考えればよい．それは 任意の開被覆 $\mathfrak{U}$ について，上の種類の被覆 $\mathfrak{V}$ で，$\check{H}^q(\mathfrak{V}, \mathcal{F}) \cong \check{H}^q(\mathfrak{U}, \mathcal{F})$ となるものが存在するからである．($\mathfrak{V} = \{V_x\}_{x \in X}$ としては，各点 $x \in X$ に対して $x \in U_x$ なる U_x を1つ選び $V_x = U_x$ とおけば，補題 3.12 より上の同型が出る．) そこで，上の種類の開被覆

$\mathfrak{U} = \{U_x\}_{x \in X}$, $\mathfrak{V} = \{V_x\}_{x \in X}$ について $\mathfrak{U} < \mathfrak{V}$ を任意の $x \in X$ について $V_x \subset U_x$ であることと定義すると，補題 3.12 の $\theta = \mathrm{id}_x$ として写像 $\rho_{\mathfrak{V}}^{\mathfrak{U}} : \check{H}^q(\mathfrak{U}, \mathcal{F}) \to \check{H}^q(\mathfrak{V}, \mathcal{F})$ が定まり，$(\mathfrak{U}, \rho_{\mathfrak{V}}^{\mathfrak{U}})$ が帰納的系をなすことは明らかである．この帰納的極限を $\check{H}^q(X, \mathcal{F})$ と定義する．

定義 3.17. $\check{H}^q(X, \mathcal{F}) \underset{\text{def.}}{=} \varinjlim_{\mathfrak{U}} \check{H}^q(\mathfrak{U}, \mathcal{F})$

註 3.18. 一般に開被覆 $\mathfrak{U}$ について系 3.16 の標準写像によって次の図式が可換になるような γ_q の存在がわかる．

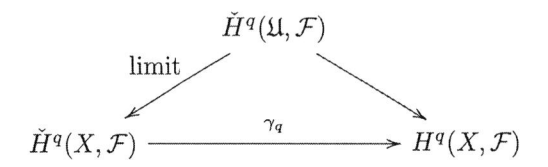

$$\begin{array}{ccc} & \check{H}^q(\mathfrak{U}, \mathcal{F}) & \\ \text{limit} \swarrow & & \searrow \\ \check{H}^q(X, \mathcal{F}) & \xrightarrow{\gamma_q} & H^q(X, \mathcal{F}) \end{array}$$

例 3.19. 上の γ_q は必ずしも同型にはならない．$X = \mathbb{C}^2$ にザリスキ位相をいれ，X の中に 2 つの既約な複素曲線 Γ_1, Γ_2 を $\Gamma_1 \cap \Gamma_2 = \{P_1, P_2\}$ (P_1, P_2 は $\mathbb{C}^2$ の異なる 2 点) となるようにとる．

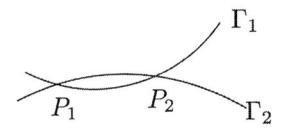

そして $\Gamma = \Gamma_1 \cup \Gamma_2$ にザリスキ位相を入れ，X 上の層 K を次のように定義する．開集合 U について

$$K(U) = \begin{cases} 0 & (U \cap \Gamma \neq \emptyset) \\ \mathbb{Z} & (U \cap \Gamma = \emptyset) \end{cases}$$

$U \supset V$ (開集合) について $K(U) = 0$ なら零写像，$K(U) = K(V) = \mathbb{Z}$ なら恒等写像で res_V^U を定義すると，実際 K は層になる．この K について

$$\begin{array}{ccc} \check{H}^2(X, K) & \xrightarrow[\text{can.}]{\gamma_2} & H^2(X, K) \\ \wr \| & & \wr \| \\ 0 & & \mathbb{Z} \end{array}$$

が示される．(Grothendieck [4] p.177 参照．)

註 3.20. γ_q が同型になるものとして,例えば X が分離的スキーム (Grothendieck [3] p.277 参照) で $\mathcal{F}$ が準連接層の場合がある.分離的スキーム X については,"U_1, U_2 が X のアフィン開集合のとき,すなわち $i = 1, 2$ について $(U_i, \mathcal{O}_x|_{U_i})$ がアフィンスキームのとき,$U_1 \cap U_2$ も X のアフィン開集合ある" という性質があるので,後で示される次の 2 つの補題を認めれば,任意の $q \geq 0$ について $\check{H}^q(X, \mathcal{F}) \xrightarrow{\approx} H^q(X, \mathcal{F})$ となることは明らかである.(補題 3.22 で Φ として X のアフィン開集合の全体をとればよい.)

補題 3.21 (補題 4.7). $X = \mathrm{Spec}(A)$ としたとき,X 上の任意の準連接層 $\mathcal{F}$ について次の事実が成立する.

(1) $\check{H}^0(X, \mathcal{F}) = \mathcal{F}(X)$ が $\mathcal{F}$ を生成する.すなわち,任意の $x \in X$ に対して,写像 $\mathcal{F}(X) \xrightarrow{\mathrm{nat.}} \mathcal{F}_x$ の像が $\mathcal{O}_{X,x}$ 加群として $\mathcal{F}_x$ を生成する.

(2) 任意の $q > 0$ について $\check{H}^q(X, \mathcal{F}) = 0$ (§4 参照).

補題 3.22 (カルタンの補題 (Cartan's lemma)). X を位相空間,$\mathcal{F}$ を X 上のアーベル群の層とし,次の 3 つの条件を満たす X の開部分集合の族 $\{U_\varphi\}_{\varphi \in \Phi}$ が存在するとする.

(1) $\{U_\varphi\}_{\varphi \in \Phi}$ が X の開集合の基をなす.
(2) 任意の $\varphi, \varphi' \in \Phi$ について,$\psi \in \Phi$ が存在して $U_\varphi \cap U_{\varphi'} = U_\psi$.
(3) 任意の $q > 0$ と任意の $\varphi \in \Phi$ について $\check{H}^q(U_\varphi, \mathcal{F}|_{U_\varphi}) = 0$.

このとき,任意の $q \geq 0$ について,$\check{H}^q(X, \mathcal{F}) \xrightarrow{\approx} H^q(X, \mathcal{F})$ (§7 参照).

4. 連接層と準連接層

X を環つき空間とするとき,X 上のアーベル群の層 $\mathcal{F}$ が $\mathcal{O}_X$-加群 ($\mathcal{O}_X$-module) であるというのは,任意の開集合 U について $\mathcal{F}(U)$ が $\mathcal{O}_X(U)$-加群で,$\mathcal{O}_X(U) \times \mathcal{F}(U) \xrightarrow{m(U)} \mathcal{F}_X(U)$ をそのスカラー倍を定義する写像とするとき,任意の開集合 $U \supset V$ について,次の図式が可換になることである.

$$\begin{array}{ccc} \mathcal{O}_X(U) \times \mathcal{F}(U) & \xrightarrow{m(U)} & \mathcal{F}_X(U) \\ {\scriptstyle \mathrm{res}_V^U \times \mathrm{res}_V^U} \downarrow & & \downarrow {\scriptstyle \mathrm{res}_V^U} \\ \mathcal{O}_X(V) \times \mathcal{F}(V) & \xrightarrow{m(V)} & \mathcal{F}_X(V) \end{array}$$

以下では,X をスキームとして話を進める.

註 4.1 (層の直和 (direct sum) の定義). $(\mathcal{F}_\lambda)_{\lambda \in A}$ を X 上のアーベル群の層の族としたとき,層 $\bigoplus_{\lambda \in A} \mathcal{F}_\lambda$ を,次のようにして定義される前層 $\mathcal{F}^\circ$ の層化として定義

する．

$$\mathcal{F}^\circ : \begin{cases} 任意の開集合\ U\ に対し,\ \mathcal{F}^\circ(U) = \underset{\lambda \in A}{\oplus}(\mathcal{F}_\lambda(U)). \\ 制限写像は自然に定義する． \end{cases}$$

従って，特に任意の $x \in X$ について $(\underset{\lambda \in A}{\oplus}\mathcal{F}_\lambda)_x = \underset{\lambda \in A}{\oplus}(\mathcal{F}_\lambda)_x$ が成立する．

定義 4.2. $\mathcal{O}_X$-加群 $\mathcal{F}$ が準連接 (quasi-coherent) であるとは，任意の $x \in X$ について，x の開近傍 U と $\oplus^I \mathcal{O}_X|_U \xrightarrow{\lambda} \oplus^J \mathcal{O}_X|_U \to \mathcal{F}|_U \to 0$ なる層の完全列が存在することである．ここで I, J は有限とは限らない集合である．

定義 4.3. $\mathcal{O}_X$-加群が連接 (coherent) であるとは，定義 4.2 の完全列として，特に I, J が有限集合であるような完全列が存在することである．

例 4.4. $X = \mathrm{Spec}(A)$ とし，F を任意の A-加群としたとき，X 上の層 $\widetilde{F}$ を，次のように定義された T° 上の前層 F° の層化として，定義する．

$$F^\circ : \begin{cases} 開集合\ U_f\ に対して\ F^\circ(U_f) = F_f = F \otimes_A A_f. \\ U_f \supset U_g\ のとき,\ 自然に決まる写像\ \varphi : A_f \to A_g\ によって \\ \mathrm{res}^{U_f}_{U_g} : F^\circ(U_f) \to F^\circ(U_g)\ を\ \mathrm{id} \otimes \varphi\ と定義する． \end{cases}$$

この $\widetilde{F}$ は準連接になる．実際 $\oplus^I A \to \oplus^J A \to F \to 0$ を A-加群の完全列とするとき，$\oplus^I \mathcal{O}_X \to \oplus^J \mathcal{O}_X \to \widetilde{F} \to 0$ は層の完全列になる．

証明： 任意の $x \in X$ について次の図式の上の行が完全であることを示せばよい．

$$\begin{array}{ccccccc} (\oplus^I \mathcal{O}_X)_x & \to & (\oplus^J \mathcal{O}_X)_x & \to & \widetilde{F}_x & \to & 0 \\ \wr\|① & & \wr\|② & & \wr\|③ & & \\ \oplus^I A_\mathfrak{p} & \to & \oplus^J A_\mathfrak{p} & \to & F \otimes A_\mathfrak{p} & \to & 0 \end{array}$$

x に対応する A の素イデアルを $\mathfrak{p}$ とするとき，①, ② の同型は註 4.1 及び $(\mathcal{O}_X)_x = A_\mathfrak{p}$ から示され，③ の同型は $\widetilde{F}$ の定義及び "帰納的極限とテンソル積の可換性" から得られる．下の所の完全性は "$A_\mathfrak{p}$ が A-加群として平坦である" (Northcott [6] p.170 参照) ことから明らかである．従って上の行も完全であることを知る． □

註 4.5. $X = \mathrm{Spec}(A)$ は準コンパクト，すなわち $X = \underset{\lambda \in \Lambda}{\bigcup} U_\lambda$ なる開被覆があるとき，有限個の $\lambda_1, \ldots, \lambda_s \in \Lambda$ で $X = U_{\lambda_1} \cup \cdots \cup U_{\lambda_s}$ なるものが存在する．

証明： $U_\lambda = U_{I_\lambda}$ なる A のイデアル I_λ をとると，$\underset{\lambda \in \Lambda}{\bigcup} U_{I_\lambda} = U_I$ である．ただし，$I = \underset{\lambda \in \Lambda}{\sum} I_\lambda$. $X = U_I$ ということは，I を含む素イデアルがない，すなわち $I = A$ を意味する．従って $1 \in I$．これにより $\lambda_1, \ldots, \lambda_s \in \Lambda$ で $1 \in I_{\lambda_1} + \cdots + I_{\lambda_s}$ となるも

のが存在する．ゆえに $A = I_{\lambda_1} + \cdots + I_{\lambda_s}$. 従って，$\bigcup_{i=1}^{s} U_{\lambda_i} = \bigcup_{i=1}^{s} U_{I_{\lambda_i}} = U_A = X$ となる． □

補題 4.6. $X = \mathrm{Spec}(A)$ とし，F は A-加群とする．このとき，任意の $f \in A$ について $\widetilde{F}(U_f) = F_f = F \otimes A_f$.

証明： まず $f = 1$ と仮定しても差し支えない．それは $(U_f, \mathcal{O}_X|_{U_f}) \cong \mathrm{Spec}(A_f)$ なる同一視の下に，$\widetilde{F}|_{U_f} \cong (\widetilde{F_f})$ において U_f-切断をとれば $\widetilde{F}(U_f) \cong (\widetilde{F_f})(U_1)$. 従って $(\widetilde{F_f})(U_1) = F_f$ を認めれば $\widetilde{F}(U_f) = F_f$. まず，層化によって決まる自然な写像 $\varphi : F^\circ(X) = F \to \widetilde{F}(X)$ を考える．

Step 1. (φ が単射であること)
$a \in F$ について $\varphi(a) = 0$ とする．すなわち任意の $x \in X$ について $a_x = 0$. 従って $U_f \ni x$ が存在して，a は写像 $A \to A_f$ によって 0 に移る．従って $n > 0$ が存在して $f^n a = 0$. しかも註 4.5 より X は準コンパクトだから，このような U_f の有限個で X を覆うことができる．すなわち $X = \bigcup_{i=1}^{s} U_{f_i}$. しかも n が存在して任意の i について $f_i^n a = 0$. $X = \bigcup_{i=1}^{s} U_{f_i} = \bigcup_{i=1}^{s} U_{f_i^n}$ より，註 4.5 と同様に $g_1, \ldots, g_s \in A$ で $1 = f_1^n g_1 + \cdots + f_s^n g_s$ となるものが存在する．従って $a = (f_1^n g_1 + \cdots + f_s^n g_s)a = 0$.

Step 2. (φ が全射であること)
$\widetilde{F}(X) \ni \xi$ をとると，任意の $x \in X$ について $x \in U_f$ なる $f \in A$ と $a \in F^\circ(U_f) = F_f$ が存在して $x \in U_f, \xi|_{U_f} = \varphi(U_f)(a)$. ただし，$\varphi(U_f)$ は $F^\circ(U_f) \to \widetilde{F}(U_f)$ なる自然な写像である．X は準コンパクトであることから，このような U_f の有限個で X を覆うことができる．つまり

$$X = \bigcup_{i=1}^{s} U_{f_i}, \quad \exists a_i \in A_{f_i} \quad (i = 1, \ldots, s), \quad \xi|_{U_{f_i}} = \varphi(U_{f_i})(a_i).$$

となる $f_1, \ldots, f_s \in A$ が存在する．ここで，$N \in \mathbb{N}$ を十分大きくとると，$b_i \in A$ で $a_i = \frac{b_i}{f_i^N}$ なるものが存在する．また，任意の i, j について

$$\begin{array}{ccc}
\mathrm{res}^{U_{f_i}}_{U_{f_i f_j}} \varphi(U_{f_i})(a_i) & = & \mathrm{res}^{U_{f_j}}_{U_{f_i f_j}} \varphi(U_{f_j})(a_j) \\
\| & & \| \\
\varphi(U_{f_i f_j})(\mathrm{res}^{U_{f_i}}_{U_{f_i f_j}}(a_i)) & & \varphi(U_{f_i f_j})(\mathrm{res}^{U_{f_j}}_{U_{f_i f_j}}(a_j))
\end{array}$$

である．従って Step 1 により $A_{f_i f_j}$ においては $a_i = a_j$. よって上に述べた N を更に十分大きくとって，任意の i, j について $(f_i f_j)^N (b_i f_j^N - b_j f_i^N) = 0 \in A$. つまり A の中で

$$f_i^N b_i f_j^{2N} = f_i^{2N} b_j f_j^N. \qquad (*)_{ij}$$

次に $X = \bigcup_{i=1}^{s} U_{f_i} = \bigcup_{i=1}^{s} U_{f_i^{2N}}$ より $g_1, \ldots, g_s \in A$ で $1 = \sum_{i=1}^{s} g_i f_i^{2N}$ となるものが存在する. そこで i を固定して $\sum_j (*)_{ij} \times g_j$ を考えると

$$f_i^N b_i = f_i^{2N} \sum_{j=1}^{s} b_j f_j^N g_j. \quad (**)$$

$\sum_{j=1}^{s} b_j f_j^N g_j = a \in A$ とおくと $(**)$ より A_{f_i} の元として $a_i = \frac{b_i}{f_i^N} = a$.

従って ξ と $\varphi(X)(a)$ は,層の等式条件によって一致する.つまり $\xi = (\varphi(X))(a)$.
□

これで第 3 節で述べた補題 3.21 を証明できる.

補題 4.7 (⊃ 補題 3.21). $X = \mathrm{Spec}(A)$ としたとき,X 上の任意の準連接層 $\mathcal{F}$ について次の事実が成立する.

(1) $\check{H}^0(X, \mathcal{F}) = \mathcal{F}(X)$ が $\mathcal{F}$ を生成する.すなわち任意の $x \in X$ に対して写像 $\mathcal{F}(X) \overset{nat.}{\to} \mathcal{F}_x$ の像が $\mathcal{O}_{X,x}$-加群として $\mathcal{F}_x$ を生成する.
(2) $\mathcal{F}(X) \ni \xi, g \in A$ について $\xi|_{U_g} = 0$ なら $n > 0$ が存在して $g^n \xi = 0 \in \mathcal{F}(X)$.
(3) 任意の $q > 0$ について $\check{H}^q(X, \mathcal{F}) = 0$.

証明: **Step 1.** X の有限な開被覆 $\mathfrak{U}_0 = \{U_{f_i}\}_{i \in I_0}$ (I_0 は有限集合) が存在して,A_{f_i}-加群 F_i が存在して $\mathcal{F}|_{U_{f_i}} = \widetilde{F_i}$ とできることを示す.

$\mathcal{F}$ が準連接だから,任意の $x \in X$ について $f \in A$ が存在して $U_f \ni x$ かつ $\bigoplus^I \mathcal{O}_X|_{U_f} \overset{\lambda}{\to} \bigoplus^J \mathcal{O}_X|_{U_f} \to \mathcal{F}|_{U_f} \to 0$ なる完全列が存在する.そこで A_f-加群 F を $\mathrm{Coker}[\lambda(U_f)]$ と定義する.すなわち補題 4.6 より

$$\bigoplus^I A_f \overset{\lambda(U_f)}{\to} \bigoplus^J A_f \to F \to 0$$

が完全になる.従って例 4.4 により

$$\bigoplus^I \mathcal{O}_X|_{U_f} \overset{\widetilde{\lambda(U_f)}}{\to} \bigoplus^J \mathcal{O}_X|_{U_f} \to \widetilde{F} \to 0$$

は層の完全列である.ところが $\lambda = \widetilde{\lambda(U_f)}$ が成り立つ.なぜなら任意の $U_g \subset U_f$ について,次の図式で $(*)$ の所に $\lambda(U_g)$ を入れても $\widetilde{\lambda(U_f)}(U_g)$ を入れても図式は可換になる.しかるにそのような A_{fg}-加群準同形はただ 1 つしかない (何故か? 演習とする).従って $\lambda = \widetilde{\lambda(U_f)}$ であり,$\mathcal{F}|_{U_f} = \widetilde{F}$ となる.さてこのような U_j で X を覆

うと X が準コンパクトであることから，求める被覆の存在がわかる．

$$\begin{array}{ccc} \bigoplus^I A_f & \xrightarrow{\lambda(U_f)} & \bigoplus^J A_f \\ {\scriptstyle \text{res}}\downarrow & & \downarrow {\scriptstyle \text{res}} \\ (\bigoplus^I A_f)_g & \xrightarrow{(*)} & (\bigoplus^J A_f)_g \end{array}$$

Step 2. Step 1 で与えた被覆 $\mathfrak{U}_0$ をとる．さて，(1) を証明するには次の命題 $(**)$ を示せば十分である．

$$\text{任意の } g \in A \text{ と任意の } \xi \in \mathcal{F}(U_g) \text{ について，} N > 0 \text{ と} \quad (**)$$
$$\eta \in \mathcal{F}(X) \text{ で } g^N \xi = \text{res}(\eta) \text{ となるものが存在する．}$$

証明： 任意の i について $\mathcal{F}|_{U_{f_i}} = \widetilde{F}_i$ だから補題 4.6 により $\mathcal{F}(U_{f_i} \cap U_g) = \mathcal{F}(U_{f_ig}) = [\mathcal{F}(U_{f_i})]_g$ であることを用いれば，$n > 0$ と $\eta_i \in \mathcal{F}(U_{f_i})$ が存在して $g^n \xi = \text{res}(\eta_i)$ が成り立つ．しかも I_0 は有限集合だから，この n は i に無関係にとれる．このように定めた η_i は，例えば図の斜線部では互いに一致するとは言えないので，次のように修正する．任意の i, j について

$$g^n \xi|_{U_{f_i f_j g}} = \eta_i|_{U_{f_i f_j g}} = \eta_j|_{U_{f_i f_j g}}$$

しかも補題 4.6 により $\mathcal{F}(U_{f_i f_j g}) = [\mathcal{F}(U_{f_i f_j})]_g$．従って $\ell > 0$ が存在して $g^\ell \eta_i|_{U_{f_i f_j}} = g^\ell \eta_j|_{U_{f_i f_j}}$．$I_0$ が有限集合だから，この ℓ は i, j に無関係にとれる．よって層の貼り合わせ条件によって，$\eta \in \mathcal{F}(X)$ が存在して任意の i, j について $\eta|_{U_{f_i f_j}} = g^\ell \eta_i|_{U_{f_i f_j}} = g^{\ell+n} \xi|_{U_{f_i f_j}}$ が成り立つ．よって $N = \ell + n$ とおけばよい． □

Step 3. (2) の証明： Step 1 で与えた被覆 $\mathfrak{U}_0$ をとる．$\mathcal{F}|_{U_{f_i}} = \widetilde{F}_i$ だから補題 4.6 により

$$\mathcal{F}(U_{f_i} \cap U_g) = \mathcal{F}(U_{f_ig}) = [\mathcal{F}(U_{f_i})]_g.$$

よって $\xi|_{U_{f_i} \cap U_g} = 0$ より n が存在して $g^n \xi|_{U_{f_i}} = 0$ である．I_0 は有限だから n は i に無関係に定められる．よって層の等式条件より $g^n \xi = 0$ in $\mathcal{F}(X)$．

Step 4. (3) の証明： 任意の $q > 0$ について $\check{H}^q(X, \mathcal{F}) = 0$ を示すには，任意の開被覆 $\mathfrak{U} = \{U_i\}_{i \in I}$ で $\mathfrak{U}$ は $\mathfrak{U}_0$ の細分，I が有限，各 i について $f_i \in A$ が存在して

$U_i = U_{f_i}$ となっているようなものに対して,任意の $q > 0$ について $\check{H}^q(\mathfrak{U}, \mathcal{F}) = 0$ を示せばよい.

(それは任意の開被覆 $\mathfrak{V}$ に対して,上の性質をもつ被覆 $\mathfrak{U}$ で $\mathfrak{V}$ の細分になっているものが存在することから明らかである.)

すると $\mathfrak{U}$ が $\mathfrak{U}_0$ の細分であることにより,任意の i について A_{f_i}-加群 F_i が存在して $\mathcal{F}|_{U_i} \cong \widetilde{F_i}$. さて $\check{H}^q(\mathfrak{U}, \mathcal{F}) = 0$ を示すには,次の命題 (***) を示せばよい.

$$\text{任意の } \xi = (\xi_{i_0\cdots i_q}) \in C^q(\mathfrak{U}, \mathcal{F}), q \geq 1 \text{ について } \partial \xi = 0 \text{ ならば,} \quad (***)$$
$$\zeta \in C^{q-1}(\mathfrak{U}, \mathcal{F}) \text{ が存在して } \partial \zeta = \xi.$$

証明: 任意の $(i_0, \cdots, i_q) \in I^{q+1}$ に対して $\mathcal{F}|_{U_{i_0}} = \widetilde{F_{i_0}}$ だから補題 4.6 により $n > 0$ と $\eta^{i_0}_{i_1\cdots i_q} \in \mathcal{F}(U_{i_1} \cap \cdots \cap U_{i_q})$ が存在して $f_{i_0}^n \cdot \xi_{i_0\cdots i_q} = \text{res}(\eta^{i_0}_{i_1\cdots i_q})$. しかも n を十分大きくとれば $\eta^{i_0}_{i_1\cdots i_q}$ は $i_1, \ldots, i_q$ について交代的にとれる.しかも I は有限だから n は $(i_0, \ldots, i_q)$ に無関係にとれる.

また $\partial \xi = 0$ より,任意の $i \in I$ と任意の $(i_0, \ldots, i_q) \in I^{q+1}$ について $(\partial \xi)_{ii_0\cdots i_q} = 0$ だから

$$\xi_{i_0 i_1 \cdots i_q} = \sum_{\lambda=0}^{q} (-1)^\lambda \xi_{i i_0 \cdots \check{i}_\lambda \cdots i_q} \quad \text{in } U_i \cap U_{i_0} \cap \ldots \cap U_{i_q}$$

である.よって

$$f_i^n \xi_{i_0 i_1 \cdots i_q} = \sum_{\lambda=0}^{q} (-1)^\lambda \text{res}(\eta^i_{i_0\cdots \check{i}_\lambda \cdots i_q}) \quad \text{in } U_i \cap U_{i_0} \cap \cdots \cap U_{i_q}$$

となる.従って I が有限集合,$\mathcal{F}|_{U_i} \cong \widetilde{F_i}$ であることにより上と同様に,i と無関係に $\ell > 0$ をとり

$$f_i^{n+\ell} \xi_{i_0 i_1 \cdots i_q} = \sum_{\lambda=0}^{q} (-1)^\lambda \text{res}(f_i^\ell \eta^i_{i_0\cdots \check{i}_\lambda \cdots i_q}) \quad \text{in } U_{i_0} \cap \cdots \cap U_{i_q}.$$

がわかる.結局 $n + \ell$ を改めて n,$f_i^\ell \eta^i_{i_0\cdots \check{i}_\lambda \cdots i_q}$ を改めて $\eta^i_{i_1\cdots \check{i}_\lambda \cdots i_q}$ とおけば

$$f_i^n \xi_{i_0 \cdots i_q} = \sum_{\lambda=0}^{q} (-1)^\lambda \text{res}(\eta^i_{i_0\cdots \check{i}_\lambda \cdots i_q}) \quad \text{in } U_{i_0} \cap \cdots \cap U_{i_q} \qquad (****)^i_{i_0 i_1 \cdots i_q}$$

となる.$X = \bigcup_{i \in I} U_{f_i} = \bigcup_{i \in I} U_{f_i^n}$ より註 4.5 と同様にして任意の $i \in I$ について $g_i \in A$ が存在して $\sum_{i \in I} f_i^n g_i = 1$. そこで任意の $(j_0, \cdots, j_{q-1}) \in I^q$ について $\zeta_{j_0\cdots j_{q-1}} = \sum_{i \in I} g_i \eta^i_{j_0\cdots j_{q-1}} \in \mathcal{F}(U_{j_0} \cap \cdots \cap U_{j_{q-1}})$ とおけば,$\zeta = (\zeta_{j_0\cdots j_{q-1}}) \in C^{q-1}(\mathfrak{U}, \mathcal{F})$ かつ $\sum_{i \in I} g_i \times (****)^i_{i_0\cdots i_q}$ より $\partial \zeta = \xi$ である.

補題 4.7 によって $X = \text{Spec}(A)$ の場合には準連接層というのは例 4.4 で定義されたものしかないことがわかる.

系 4.8 (補題 4.7 の系). A-加群の圏から $X = \mathrm{Spec}(A)$ 上の準連接層の圏への関手は圏の同値を与える. すなわち準連接層 $\mathcal{F}$ に A-加群 $\mathcal{F}(X)$ を対応させる関手を Γ とおくと,

(1) 任意の A-加群 F について標準的な同型 $F \xrightarrow{\alpha} \Gamma(\widetilde{F})$ がある.
(2) $\mathcal{F}$: 準連接層について標準的な同型 $\widetilde{\Gamma(\mathcal{F})} \xrightarrow{\beta} \mathcal{F}$ がある.

証明: (1) 補題 4.6 より明らかである.

(2) 補題 4.7 の (1) より β は全射である. β が単射であることを示すには,"任意の $g \in A$ について $\beta(U_g)$ が単射"を示せばよい. まず, 次の可換な図式において $\beta(X)$ が同型であることは補題 4.6 より明らかである.

$$\begin{array}{ccc} \widetilde{\Gamma(\mathcal{F})}(X) & \xrightarrow[\approx]{\beta(X)} & \mathcal{F}(X) \\ {\scriptstyle \mathrm{res}}\downarrow & & \downarrow{\scriptstyle \mathrm{res}} \\ \widetilde{\Gamma(\mathcal{F})}(U_g) & \xrightarrow[\beta(U_g)]{} & \mathcal{F}(U_g) \end{array}$$

そこで任意の $\xi \in \mathrm{Ker}\, \beta(U_g)$ とすると $n > 0$ が存在して

$$g^n \xi = \mathrm{res}(\eta), \quad \eta \in \widetilde{\Gamma(\mathcal{F})}(X).$$

従って $\beta(X)(\eta)|_{U_g} = 0$ である. 補題 4.7 の (2) により $m > 0$ が存在して $g^m \beta(X)(\eta) = \beta(X)(g^m \eta) = 0$ である. ゆえに $g^m \eta = 0$ だから, $0 = \mathrm{res}(g^m \eta) = g^{m+n}\xi$ となる. $g^{-1} \in \mathcal{O}_X(U_g)$ より $\xi = 0$. 従って $\beta(U_g)$ は単射である. □

5. スペクトル系列

§3 で述べたカルタンの補題の証明等によく用いられるスペクトル系列 (spectral sequence) を説明する.

定義 5.1. 2 重複体 (double complex) とは $K = \{K^{p,q}, d'^{p,q}, d''^{p,q}\}_{p,q \in \mathbb{Z}}$ からなり, 任意の $p, q \in \mathbb{Z}$ について $K^{p,q}$ はアーベル群であり, 群準同型

$$d'^{p,q} : K^{p,q} \longrightarrow K^{p+1,q}, \quad d''^{p,q} : K^{p,q} \longrightarrow K^{p,q+1}$$

は次の条件を満たしているものである:

$$d'd' = 0, \quad d''d'' = 0, \quad d'd'' + d''d' = 0.$$

ここで $d'd' = 0$ は, 任意の $p, q \in \mathbb{Z}$ に対して $d'^{p+1,q} \circ d'^{p,q} = 0$ が成り立つことを意味する. $d''d'' = 0, d'd'' + d''d' = 0$ についても同様である.

この 2 重複体から次のようにして複体 $\{K^n, d^n\}_{n \in \mathbb{Z}}$ が定義される．
$$K^n = \bigoplus_{p+q=n} K^{p,q}.$$
全微分作用素 $d : K^n \to K^{n+1}$ を $d = d' + d''$ で定義する．

定義 5.2. 2 重複体 K に対して，任意の $n \in \mathbb{Z}$ について K の n 次のコホモロジー (n-th cohomology) を
$$H^n(K) = \frac{\mathrm{Ker}(K^n \xrightarrow{d^n} K^{n+1})}{\mathrm{Im}(K^{n-1} \xrightarrow{d^{n+1}} K^n)}$$
と定義する．このコホモロジーが自然なフィルター付け (filtration) をもつことを示そう．まず複体 K にフィルター付けを与える．
$$F(p) = \bigoplus_{\substack{p' \geq p \\ q' \in \mathbb{Z}}} K^{p', q'}.$$
すると，
$$K^n \supset \cdots \supset K^n \cap F(p) \supset K^n \cap F(p+1) \supset \cdots \supset 0$$
なるフィルター付けが定まる．

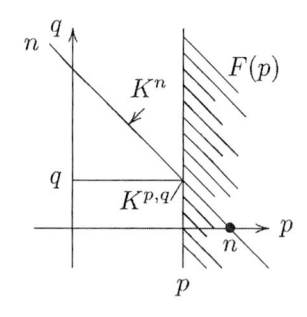

このとき
$$H^n_{(p)}(K) = \{H^n(K) \text{ の元で } K^n \cap F(p) \text{ の元で代表されるもの}\}$$
と定義するとコホモロジー $H^n(K)$ のフィルター付け
$$H^n(K) \supset \cdots \supset H^n_{(p)}(K) \supset H^n_{(p+1)}(K) \supset \cdots \supset 0$$
が定まる．

定義 5.3.
$$E^{p,q}_\infty = H^{p+q}_{(p)} / H^{p+q}_{(p+1)} \quad (p, q \in \mathbb{Z}).$$
特に "$K^{p,q} = 0 (\forall p < 0 \text{ または } \forall q < 0)$" の場合を考えると，スペクトル系列 (spectral sequence) とは次のようなものである．

(1) $(0) = H^n_{(n+1)} \subset H^n_{(n)} \subset \cdots \subset H^n_{(0)} = H^n$ によって H^n を $(E^{n,0}_\infty, E^{n-1,1}_\infty, \cdots, E^{0,n}_\infty)$ と分解する.

(2) 各 $E^{p,q}_\infty$ を段階的に近似する. すなわち, 各 (p,q) に対して以下の如く定義されるアーベル群の列 $E^{p,q}_1, E^{p,q}_2, \cdots, E^{p,q}_r, \cdots$ で $E^{p,q}_\infty$ に "収束" するものを作るのである.

註 5.4. "$K^{p,q} = 0(\forall p < 0$ または $\forall q < 0)$" という条件の下では, 収束という意味は非常に単純なものになる. すなわち, 各 (p,q) について $((p,q)$ に依存して) 自然数 N が定まり

$$E^{p,q}_N = E^{p,q}_{N+1} = \cdots = E^{p,q}_\infty.$$

さて, $E^{p,q}_r$ はつぎのように定義される. (定義には "$K^{p,q} = 0 (p < 0$ または $q < 0)$" の条件は不要である.)

$$Z^{p,q}_\infty = \{\xi \in K^{p+q} \cap F(p) \mid d\xi = 0\},$$
$$B^{p,q}_\infty = \{d\eta \mid \eta \in K^{p+q-1}, d\eta \in F(p)\}$$

とおくと, 定義より

$$E^{p,q}_\infty = Z^{p,q}_\infty / B^{p,q}_\infty + Z^{p+1,q-1}_\infty$$

であることがわかる.

そこで, $F_{(p-r+1)}/F_{(p+r)}$ の中でコホモロジーを考え, その複体の中で E_∞ を考え, それを E_r と呼ぶ. すなわち

$$Z^{p,q}_r = \{\xi \in K^{p+q} \cap F(p) \mid d\xi \in F(p+r)\},$$
$$B^{p,q}_r = \{d\eta \mid \eta \in K^{p+q-1} \cap F(p-r+1), d\eta \in F(p)\}$$

としたとき

$$E^{p,q}_r = \frac{Z^{p,q}_r}{B^{p,q}_r + Z^{p+1,q-1}_{r-1}} \quad (r = 1, 2, \cdots)$$

とおく.

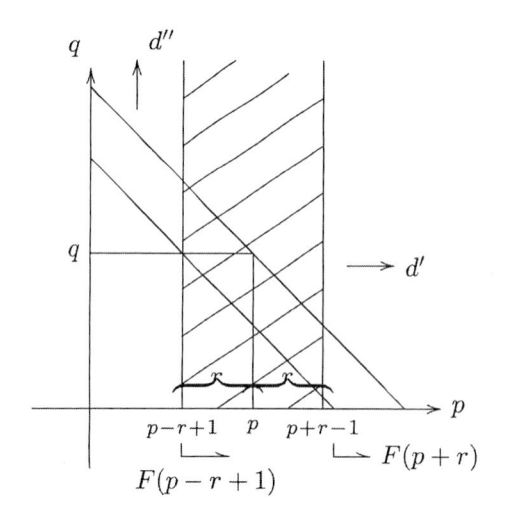

註 5.5. 固定された p に対して，$(K^{p,\bullet}, d'')$ なる複体をアーベル群 $\{K^{p,q}\}_{q\in\mathbb{Z}}$ と微分作用素 d'' によって定義すると，$r=1$ のとき $E_1^{p,q} = H^q(K^{p,\bullet}, d'')$ である.

定理 5.6 (基本定理). (1) 各 r について $\{E_r^{p,q}\}_{p,q\in\mathbb{Z}}$ には d によって写像 $E_r^{p,q} \xrightarrow{d_r^{p,q}} E_r^{p+r,q-r+1}$ がひきおこされ，$d_r \cdot d_r = 0$ が成立する.

(2) 各 r について
$$E_{r+1}^{p,q} = \frac{\mathrm{Ker}(d_r^{p,q})}{\mathrm{Im}(d_r^{p-r,q+r-1})}.$$

証明: (1) $d(Z_r^{p,q}) = B_{r+1}^{p+r,q-r+1} \subset Z_r^{p+r,q-r+1}$. 更に $d(B_r^{p,q} + Z_{r-1}^{p+1,q-1}) = B_r^{p+r,q-r+1}$. よって d は

$$E_r^{p,q} = \frac{Z_r^{p,q}}{B_r^{p,q} + Z_{r-1}^{p+1,q-1}} \xrightarrow{d_r^{p,q}} \frac{Z_r^{p+r,q-r+1}}{B_r^{p+r,q-r+1} + Z_{r-1}^{p+r+1,q-r}}$$

をひきおこす.

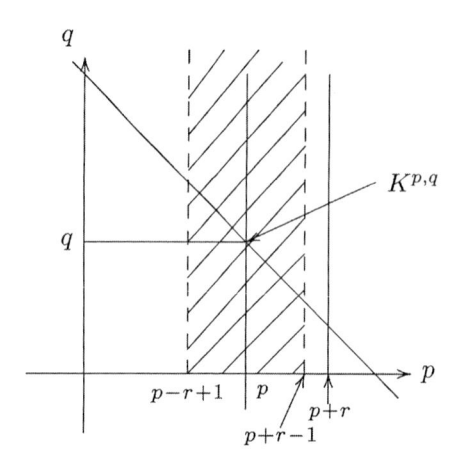

(2) $\mathrm{Ker}(d_r^{p,q}) = Z_{r+1}^{p,q} \mod (B_r^{p,q} + Z_{r-1}^{p+1,q-1})$ だから

$$\mathrm{Ker}(d_r^{p,q}) = \frac{Z_{r+1}^{p,q} + Z_{r-1}^{p+1,q-1}}{B_r^{p,q} + Z_{r-1}^{p+1,q-1}} = \frac{Z_{r+1}^{p,q}}{B_r^{p,q} + (Z_{r+1}^{p,q} \cap Z_{r-1}^{p+1,q-1})}$$

となる. $Z_{r+1}^{p,q} \cap Z_{r-1}^{p+1,q-1} = Z_r^{p+1,q-1}$ であるから

$$\mathrm{Ker}(d_r^{p,q}) = \frac{Z_{r+1}^{p,q}}{B_r^{p,q} + Z_r^{p+1,q-1}}$$

であり, また,

$$\begin{aligned}\mathrm{Im}(d_r^{p-r,q+r-1}) &= dZ_r^{p-r,q+r-1} \mod (B_r^{p,q} + Z_{r-1}^{p+1,q-1}) \\ &= B_{r+1}^{p,q} \mod (B_r^{p,q} + Z_{r-1}^{p+1,q-1}).\end{aligned}$$

である. よって

$$\frac{\mathrm{Ker}(d_r^{p,q})}{\mathrm{Im}(d_r^{p-r,q+r-1})} = \frac{Z_{r+1}^{p,q}}{B_{r+1}^{p,q} + Z_r^{p+1,q-1}} = E_{r+1}^{p,q}$$

が成り立つ. □

註 5.7. 任意の $p < 0$ または任意の $q < 0$ について $K^{p,q} = 0$ であるような 2 重複体 $(K^{\bullet\bullet}, d', d'')$ が与えられたとき, 各 p について $C^p = \mathrm{Ker}(K^{p,0} \xrightarrow{d''} K^{p,1}) = E_1^{p,0}$ と定義すると, d も d' も同じ写像 $d' : C^p \longrightarrow C^{p+1}$ をひきおこす. これによって, $C = (C, d')$ が複体をなす.

上記 C によって $H^p(C)$ をつくると, $H^p(C) = E_2^{p,0}$ になる. また $C^p \hookrightarrow K^{p,0}$ によって自然な写像 $H^p(C) \xrightarrow{\alpha^p} H^p(K)$ が定まる. このとき, $E_\infty^{p,0} \hookrightarrow H^p(K)$ で,

(1) $H^p(C) = E_2^{p,0} \twoheadrightarrow E_3^{p,0} \twoheadrightarrow \cdots \twoheadrightarrow E_\infty^{p,0} \hookrightarrow H^p(K)$ なる列がある.

証明: $r \geq 2$ のとき $d(E_r^{p,0}) = 0$ から, $E_{r+1}^{p,0}$ は $E_r^{p,0}$ の剰余群になっている. □

(2) $E_1^{0,q} \hookleftarrow E_2^{0,q} \hookleftarrow E_3^{0,q} \hookleftarrow \cdots \hookleftarrow E_\infty^{0,q} \hookleftarrow H^q(K)$ なる列がある.

証明: $r \geq 1$ のとき $K^{-r,q+r-1} = 0$ により, $\mathrm{Im}(d_r^{-r,q+r-1}) = 0$. これから $E_{r+1}^{0,q}$ は $E_r^{0,q}$ の部分群になっている. □

(3) 一般に

$$\begin{array}{ccccccccc} 0 & \longrightarrow & H^1(C) & \xrightarrow{\alpha^1} & H^1(K) & \xrightarrow{(2)\text{の写像}} & E_2^{0,1} & \longrightarrow & H^2(C) & \xrightarrow{\alpha^2} & H^2(K) \\ & & \| \wr & & & & \searrow{\scriptstyle G} & & \| \wr & & \\ & & E_2^{1,0} & & & & \scriptstyle{d_2^{0,1}} & & E_2^{2,0} & & \end{array}$$

なる完全列がある.

証明: $H^1(C) \cong E_2^{1,0}$. 下図と定理 5.6 から $E_2^{1,0} \cong E_\infty^{1,0}$.

$$H^1(K) = H^1_{(0)}(K) \supset H^1_{(1)}(K) \supset H^1_{(2)}(K) = 0$$

より，E_∞ の定義にもどれば

$$0 \longrightarrow E_\infty^{1,0} \longrightarrow H^1(K) \longrightarrow E_\infty^{0,1} \longrightarrow 0$$

が完全である．下図と定理 5.6 から $E_\infty^{0,1} \cong E_3^{0,1}, E_\infty^{2,0} \cong E_3^{2,0}$. 定理 5.6 により

$$0 \longrightarrow E_3^{0,1} \longrightarrow E_2^{0,1} \xrightarrow{d_2} E_2^{2,0} \longrightarrow E_3^{2,0} \longrightarrow 0$$

が完全となる．また，下図及び定理 5.6 から $E_3^{2,0} \cong E_\infty^{2,0} \hookrightarrow H^2(K)$. 以上をあわせて

$$0 \longrightarrow H^1(C) \longrightarrow H^1(K) \longrightarrow E_2^{0,1} \longrightarrow H^2(C) \longrightarrow H^2(K)$$

が完全.

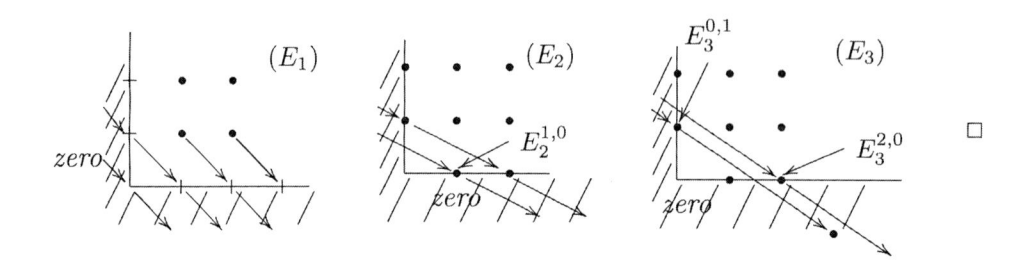

従って特に $E_2^{0,1} = 0$ ならば $H^1(C) \cong H^1(K), H^2(C) \hookrightarrow H^2(K)$.

註 5.8. $\{B^{p,q}\}_{p,q \in \mathbb{Z}}$ と，$\{D^n\}_{n \in \mathbb{Z}}$ なるアーベル群の族について

$$B^{p,q} \underset{p}{\Longrightarrow} D^n$$

というのを次のように定義する．(ただしこれは，一般的な定義より強い条件が加わっている．詳しくは，Cartan & Eilenberg [1] p.330 参照.) 定義 5.1 にあげたような2重複体 K が与えられていて，$K^{p,q} = 0(^\forall p < 0$ または $^\forall q < 0)$ が成立するとする．そして，任意の $p,q \in \mathbb{Z}$ について $B^{p,q} \cong E_2^{p,q}$, 任意の $n \in \mathbb{Z}$ について $D^n \cong H^n(K)$.

6. スペクトル系列の応用 I

まず，関手が与えられたとき，その導来関手 (derived functor) なるものを定義しよう．$\mathcal{C}, \mathcal{C}'$ をアーベル圏 (この言葉がわからなければ，例えば，アーベル群の圏，アーベル群の層の圏などと考えればよい)，そして $\mathcal{C} \xrightarrow{r} \mathcal{C}'$ を共変な (covariant) 加法的左完全関手 (additive left exact functor) とする．

ただし，共変な加法的関手 (covariant additive functor) Γ というのは，次のようなものである．

$A \in \mathrm{ob}\,\mathcal{C}$ に対して $\Gamma(A) \in \mathrm{ob}\,\mathcal{C}'$ を対応させ $A, B \in \mathrm{ob}\,\mathcal{C},\, f \in \mathrm{Hom}(A,B)$ に対して $\Gamma(f) \in \mathrm{Hom}(\Gamma(A), \Gamma(B))$ を対応させ，それらが次の2条件をみたす．

(1) $A, B, C \in \mathrm{ob}\,\mathcal{C},\, f \in \mathrm{Hom}(A,B),\, g \in \mathrm{Hom}(B,C)$ について

$$\Gamma(g \circ f) = \Gamma(g) \circ \Gamma(f) \in \mathrm{Hom}(\Gamma(A), \Gamma(C)),$$

$$\Gamma(\mathrm{id}) = \mathrm{id}.$$

(2) $A, B \in \mathrm{ob}\,\mathcal{C},\, f, g \in \mathrm{Hom}(A,B)$ について

$$\Gamma(f+g) = \Gamma(f) + \Gamma(g) \in \mathrm{Hom}(\Gamma(A), \Gamma(B)).$$

そして，共変な加法的関手 Γ が左完全 (left exact) というのは次のように定義する．$\mathcal{C}$ の完全列 $0 \longrightarrow A \xrightarrow{\alpha} B \xrightarrow{\beta} C$ に対して，$0 \longrightarrow \Gamma(A) \xrightarrow{\Gamma(\alpha)} \Gamma(B) \xrightarrow{\Gamma(\beta)} \Gamma(C)$ が $\mathcal{C}'$ の完全列になる．

ここで次の仮定を設ける．

仮定： $\mathcal{C}$ は "十分に多くの移入的対象 (sufficiently many injectives) をもつ"（定義 3.2，註 3.5 参照）．

この仮定の下に Γ の i 次の右導来関手 $\mathcal{R}^i\Gamma : \mathcal{C} \longrightarrow \mathcal{C}'$ なる共変な加法的関手を次のように定義する．

任意の $\mathcal{F} \in \mathrm{ob}\,\mathcal{C}$ に対して，その移入的分解

$$0 \longrightarrow \mathcal{F} \longrightarrow \mathcal{I}^0 \xrightarrow{d^0} \mathcal{I}^1 \xrightarrow{d^1} \mathcal{I}^2 \xrightarrow{d^2} \cdots$$

(註 3.5 参照) をとると，複体

$$\Gamma(\mathcal{I}^0) \xrightarrow{\Gamma(d^0)} \Gamma(\mathcal{I}^1) \xrightarrow{\Gamma(d^1)} \Gamma(\mathcal{I}^2) \xrightarrow{\Gamma(d^2)} \cdots$$

が定まる．これにより

$$\mathcal{R}^i\Gamma(\mathcal{F}) = \mathrm{Ker}(\Gamma(d^i))/\mathrm{Im}(\Gamma(d^{i-1}))$$

(ただし $d^{-1} = 0$) と定義する．

この定義により，$\mathcal{R}^i\Gamma(\mathcal{F})$ が，移入的分解のとり方に無関係に，同型を除いて一意に定まり，かつ共変な加法的関手を定義することは，命題 3.7 から容易にわかる．すると，直ちに，次のような問題が起こる．

問題： $\mathcal{C}, \mathcal{C}', \mathcal{C}''$ をアーベル圏とし，$\mathcal{C} \xrightarrow{T} \mathcal{C}',\, \mathcal{C}' \xrightarrow{S} \mathcal{C}''$ を共変な加法的左完全関手とするとき，$\mathcal{C} \xrightarrow{ST} \mathcal{C}''$ も共変な加法的左完全関手になるが，このとき，$\mathcal{R}^i T, \mathcal{R}^j S,$

$\mathcal{R}^k(ST)$ はどのような関係にあるか？($\mathcal{C}$ と $\mathcal{C}'$ は "十分に多くの移入的対象をもつ" とする.)

これに対してスペクトル列の言葉を用いて，次のような (部分的) 解答が得られる.

定理 6.1. "問題" の仮定に，さらに次のような仮定をつけ加える.

仮定: 任意の移入的対象 $\mathcal{I} \in \mathrm{ob}\,\mathcal{C}$ に対して，$T(\mathcal{I}) \in \mathrm{ob}\,\mathcal{C}'$ は S についてコホモロジー的に自明 (S-cohomologically trivial) [2]，すなわち任意の $i > 0$ について $\mathcal{R}^i S(T(\mathcal{I})) = 0$.

結論: このとき，任意の対象 $\mathcal{F} \in \mathrm{ob}\,\mathcal{C}$ について，次のスペクトル列が存在する:

$$\mathcal{R}^p S(\mathcal{R}^q T(\mathcal{F})) \underset{p}{\Longrightarrow} \mathcal{R}^n (ST)(\mathcal{F})$$

(註 5.8 参照).

定理に述べられたスペクトル系列を与えるために，2 つの補題を証明する.

補題 6.2. $\mathcal{C}, \mathcal{C}'$ をアーベル圏とし，$\mathcal{C} \xrightarrow{\Gamma} \mathcal{C}'$ を共変な加法的関手とするとき，$0 \to A \to B \to C \to 0$ なる $\mathcal{C}$ の分裂完全列 (split exact sequence) に対して，$0 \to \Gamma(A) \to \Gamma(B) \to \Gamma(C) \to 0$ も $\mathcal{C}'$ の分裂完全列. 従って，特に，完全列になる.

ただし，$0 \to A \to B \to C \to 0$ が分裂完全列であるとは，可換図式

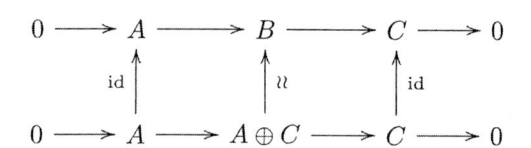

$$\begin{array}{ccccccccc} 0 & \longrightarrow & A & \longrightarrow & B & \longrightarrow & C & \longrightarrow & 0 \\ & & \uparrow \mathrm{id} & & \uparrow u & & \uparrow \mathrm{id} & & \\ 0 & \longrightarrow & A & \longrightarrow & A \oplus C & \longrightarrow & C & \longrightarrow & 0 \end{array}$$

が存在することである.

証明: "$0 \longrightarrow A \xrightarrow{\iota_1} B \xrightarrow{p_2} C \longrightarrow 0$ が分裂完全列であるためには，ある $p_1 : B \longrightarrow A, \iota_2 : C \longrightarrow B$ が存在して，$p_2 \iota_1 = 0, p_1 \iota_2 = 0, p_1 \iota_1 = \mathrm{id}_A, p_2 \iota_2 = \mathrm{id}_C$, $\iota_1 p_1 + \iota_2 p_2 = \mathrm{id}_B$ が成立することが必要十分である." (証明は簡単，わからなければ Northcott [6] p.14 Prop.2 参照.) この状態は共変な加法的関手で保存される. □

補題 6.3. $\mathcal{C}$ をアーベル圏とし，$0 \to A \to B \to C \to 0$ を $\mathcal{C}$ の完全列とする. A の移入的分解 $0 \to A \to I^0 \to I^1 \to I^2 \to \cdots$ と C の移入的分解 $0 \to C \to J^0 \to J^1 \to J^2 \to \cdots$ が与えられたとき，B の移入的分解 $0 \to B \to K^0 \to K^1 \to K^2 \to \cdots$ と次のような可換図式が存在する. しかも任意の $p \geq 0$ について，$0 \to I^p \to K^p \to J^p \to 0$

---

[2] $T(\mathcal{I}) \in \mathrm{ob}\,\mathcal{C}'$ は S-非輪状 (S-acyclic) であるともいう.

は分裂完全列である.(証明は簡単,わからなければ Northcott [6] p.84 Th.17 参照.)

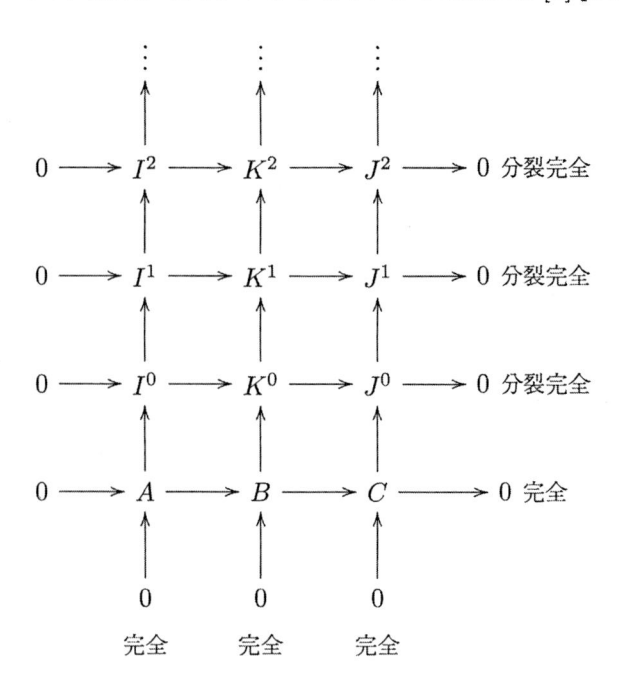

$$
\begin{array}{ccccccccc}
& \vdots & & \vdots & & \vdots & & & \\
& \uparrow & & \uparrow & & \uparrow & & & \\
0 \longrightarrow & I^2 & \longrightarrow & K^2 & \longrightarrow & J^2 & \longrightarrow & 0 & \text{分裂完全} \\
& \uparrow & & \uparrow & & \uparrow & & & \\
0 \longrightarrow & I^1 & \longrightarrow & K^1 & \longrightarrow & J^1 & \longrightarrow & 0 & \text{分裂完全} \\
& \uparrow & & \uparrow & & \uparrow & & & \\
0 \longrightarrow & I^0 & \longrightarrow & K^0 & \longrightarrow & J^0 & \longrightarrow & 0 & \text{分裂完全} \\
& \uparrow & & \uparrow & & \uparrow & & & \\
0 \longrightarrow & A & \longrightarrow & B & \longrightarrow & C & \longrightarrow & 0 & \text{完全} \\
& \uparrow & & \uparrow & & \uparrow & & & \\
& 0 & & 0 & & 0 & & & \\
& \text{完全} & & \text{完全} & & \text{完全} & & &
\end{array}
$$

註 6.4. 記号を簡単にするために補題 6.3 の状態を,

$$I^0 \to I^1 \to I^2 \to \cdots$$

を $\mathcal{J}[A]$,

$$K^0 \to K^1 \to K^2 \to \cdots$$

を $\mathcal{J}[B]$,

$$J^0 \to J^1 \to J^2 \to \cdots$$

を $\mathcal{J}[C]$ と略記することによって

$$0 \longrightarrow A \longrightarrow \mathcal{J}[A],$$

$$
\begin{array}{ccccccccc}
0 \longrightarrow & \mathcal{J}[A] & \longrightarrow & \mathcal{J}[B] & \longrightarrow & \mathcal{J}[C] & \longrightarrow & 0 & \text{分裂完全} \\
& \uparrow & & \uparrow & & \uparrow & & & \\
0 \longrightarrow & A & \longrightarrow & B & \longrightarrow & C & \longrightarrow & 0 & \text{完全} \\
& \uparrow & & \uparrow & & \uparrow & & & \\
& 0 & & 0 & & 0 & & & \\
& \text{完全} & & \text{完全} & & \text{完全} & & &
\end{array}
$$

と表す.

[定理 6.1 の証明]

Step 1. (定理のスペクトル系列を与える 2 重複体の構成)

$\mathrm{ob}\,\mathcal{C} \ni \mathcal{F}$ の移入的分解 $0 \longrightarrow \mathcal{F} \xrightarrow{\varepsilon} \mathcal{L}^0 \xrightarrow{d^0} \mathcal{L}^1 \xrightarrow{d^1} \mathcal{L}^2 \xrightarrow{d^2} \cdots$ に T を作用させて，複体 $0 \longrightarrow T(\mathcal{F}) \xrightarrow{T(\varepsilon)} T(\mathcal{L}^0) \xrightarrow{T(d^0)} T(\mathcal{L}^1) \xrightarrow{T(d^1)} T(\mathcal{L}^2) \xrightarrow{T(d^2)} \cdots$ を得るが，T が左完全だから $0 \to T(\mathcal{F}) \to T(\mathcal{L}^0) \to T(\mathcal{L}^1)$ の部分は完全．そこで $i \geq 1$ に対して

$$\begin{cases} C^i = \mathrm{Ker}(T(\mathcal{L}^i) \to T(\mathcal{L}^{i+1})) \\ B^i = \mathrm{Im}(T(\mathcal{L}^{i-1}) \to T(\mathcal{L}^i)) \end{cases}$$

とおくと，次の短完全列を得る．

$$\begin{cases} 0 \longrightarrow T(\mathcal{F}) \longrightarrow T(\mathcal{L}^0) \longrightarrow B^1 \longrightarrow 0 \quad \text{完全} \\ 0 \longrightarrow C^i \longrightarrow T(\mathcal{L}^i) \longrightarrow B^{i+1} \longrightarrow 0 \quad \text{完全} \quad (^\forall i \geq 1) \\ 0 \longrightarrow B^i \longrightarrow C^i \longrightarrow \mathcal{R}^i T(\mathcal{F}) \longrightarrow 0 \quad \text{完全} \quad (^\forall i \geq 1) \end{cases} \quad \text{(I)}$$

そこで $T(\mathcal{F}), B^i, \mathcal{R}^i T(\mathcal{F})$ $(i \geq 1)$ のおのおのの移入的分解を註 6.4 の記号を用いて $0 \to T(\mathcal{F}) \to \mathcal{J}[T(\mathcal{F})]$, $0 \to B^i \to \mathcal{J}[B^i]$, $0 \to \mathcal{R}^i T(\mathcal{F}) \to \mathcal{J}[\mathcal{R}^i T(\mathcal{F})]$ と表すと，補題 6.3 及び (I) によって $T(\mathcal{L}^i)(i \geq 0), C^i(i \geq 1)$ の移入的分解 $0 \to T(\mathcal{L}^i) \to \mathcal{J}[T(\mathcal{L}^i)]$, $0 \to C^i \to \mathcal{J}[C^i]$ を，次の図式が存在するようにつくることができる．

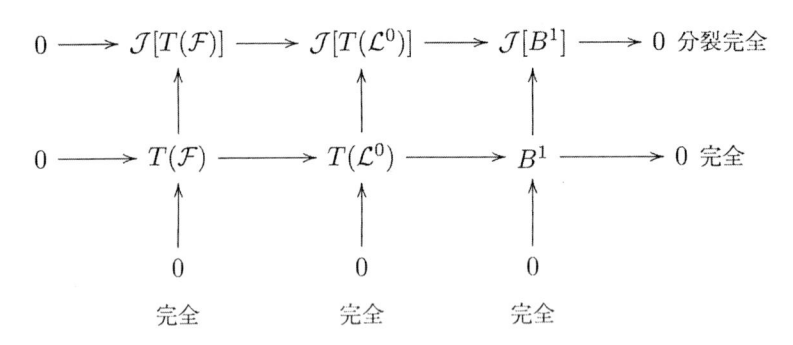

(II)

$$\begin{array}{ccccccccc} 0 & \longrightarrow & \mathcal{J}[T(\mathcal{F})] & \longrightarrow & \mathcal{J}[T(\mathcal{L}^0)] & \longrightarrow & \mathcal{J}[B^1] & \longrightarrow & 0 \quad \text{分裂完全} \\ & & \uparrow & & \uparrow & & \uparrow & & \\ 0 & \longrightarrow & T(\mathcal{F}) & \longrightarrow & T(\mathcal{L}^0) & \longrightarrow & B^1 & \longrightarrow & 0 \quad \text{完全} \\ & & \uparrow & & \uparrow & & \uparrow & & \\ & & 0 & & 0 & & 0 & & \\ & & \text{完全} & & \text{完全} & & \text{完全} & & \end{array}$$

$$\begin{array}{ccccccccc} 0 & \longrightarrow & \mathcal{J}[C^i] & \longrightarrow & \mathcal{J}[T(\mathcal{L}^i)] & \longrightarrow & \mathcal{J}[B^{i+1}] & \longrightarrow & 0 \quad \text{分裂完全} \\ & & \uparrow & & \uparrow & & \uparrow & & \\ 0 & \longrightarrow & C^i & \longrightarrow & T(\mathcal{L}^i) & \longrightarrow & B^{i+1} & \longrightarrow & 0 \quad \text{完全} \\ & & \uparrow & & \uparrow & & \uparrow & & \\ & & 0 & & 0 & & 0 & & \\ & & \text{完全} & & \text{完全} & & \text{完全} & & \end{array}$$

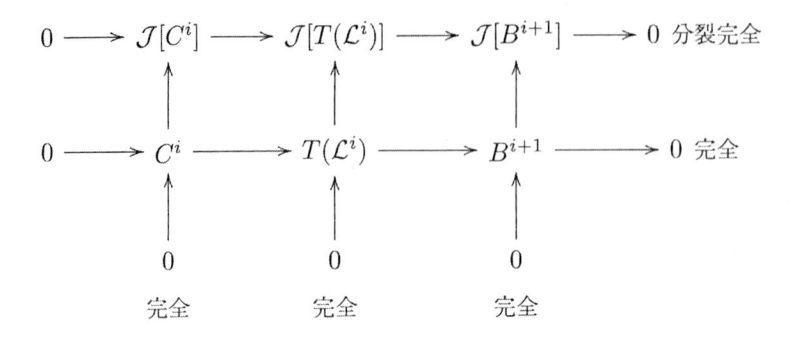

$$
\begin{array}{ccccccccc}
0 & \longrightarrow & \mathcal{J}[B^i] & \longrightarrow & \mathcal{J}[C^i] & \longrightarrow & \mathcal{J}[\mathcal{R}^i T(\mathcal{F})] & \longrightarrow & 0 \quad \text{分裂完全} \\
& & \uparrow & & \uparrow & & \uparrow & & \\
0 & \longrightarrow & B^i & \longrightarrow & C^i & \longrightarrow & \mathcal{R}^i T(\mathcal{F}) & \longrightarrow & 0 \quad \text{完全} \\
& & \uparrow & & \uparrow & & \uparrow & & \\
& & 0 & & 0 & & 0 & & \\
& & \text{完全} & & \text{完全} & & \text{完全} & &
\end{array}
$$

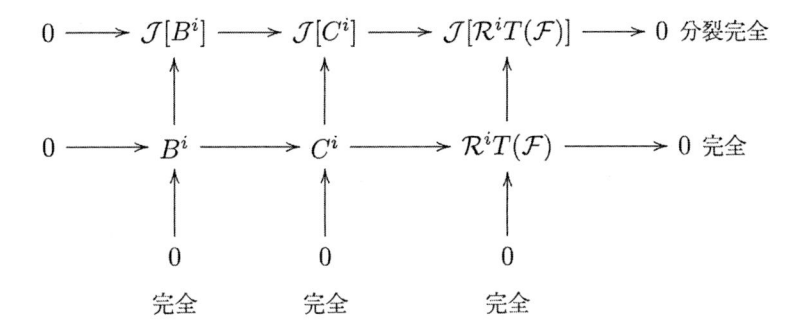

$\mathcal{J}[T(\mathcal{L}^i)]$ を $\overline{L}^{0,i} \to \overline{L}^{1,i} \to \overline{L}^{2,i} \to \cdots$ とおき, $\mathcal{J}[T(\mathcal{L}^i)] \to \mathcal{J}[T(\mathcal{L}^{i+1})]$ なる射を $\mathcal{J}[T(\mathcal{L}^i)] \to \mathcal{J}[T(B^{i+1})] \to \mathcal{J}[T(C^{i+1})] \to \mathcal{J}[T(\mathcal{L}^{i+1})]$ によって定義すると, それらにより下図のような可換図式 (III) が得られる. (III) に S を作用させることによって可換図式 (IV) を得る.

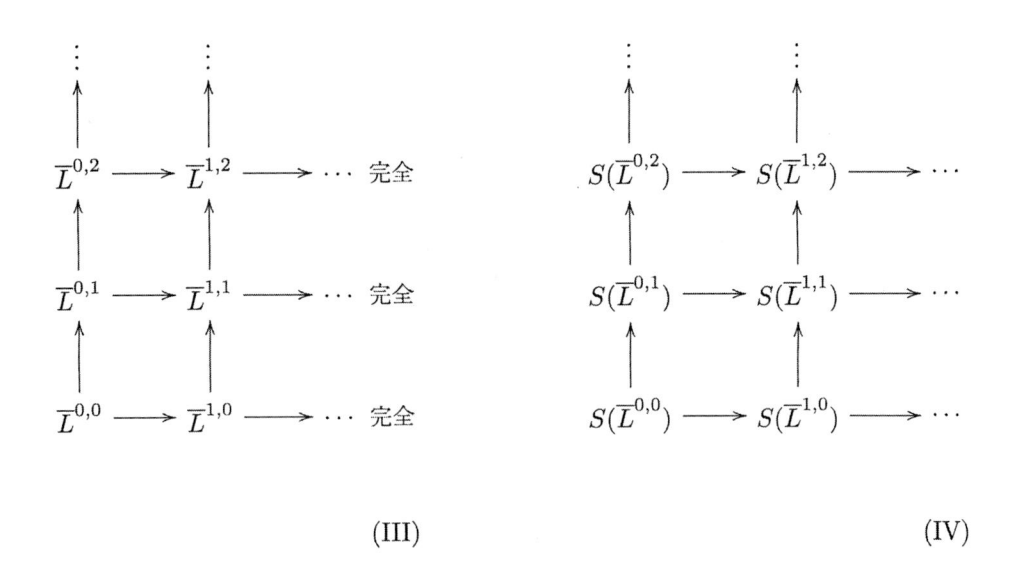

$$
\begin{array}{ccccc}
\vdots & & \vdots & & \\
\uparrow & & \uparrow & & \\
\overline{L}^{0,2} & \longrightarrow & \overline{L}^{1,2} & \longrightarrow & \cdots \quad \text{完全} \\
\uparrow & & \uparrow & & \\
\overline{L}^{0,1} & \longrightarrow & \overline{L}^{1,1} & \longrightarrow & \cdots \quad \text{完全} \\
\uparrow & & \uparrow & & \\
\overline{L}^{0,0} & \longrightarrow & \overline{L}^{1,0} & \longrightarrow & \cdots \quad \text{完全}
\end{array}
\qquad
\begin{array}{ccccc}
\vdots & & \vdots & & \\
\uparrow & & \uparrow & & \\
S(\overline{L}^{0,2}) & \longrightarrow & S(\overline{L}^{1,2}) & \longrightarrow & \cdots \\
\uparrow & & \uparrow & & \\
S(\overline{L}^{0,1}) & \longrightarrow & S(\overline{L}^{1,1}) & \longrightarrow & \cdots \\
\uparrow & & \uparrow & & \\
S(\overline{L}^{0,0}) & \longrightarrow & S(\overline{L}^{1,0}) & \longrightarrow & \cdots
\end{array}
$$

$$\qquad\qquad\qquad\text{(III)} \qquad\qquad\qquad\qquad\qquad\qquad \text{(IV)}$$

(IV) の各行, 各列はそれぞれ複体をなすから, 横向きの微分作用素を d', 上向きの微分作用素を $d''_\circ$ とおくとき, 2重複体 K を $K^{p,q} = S(\overline{L}^{p,q})$, $d' : K^{p,q} \to K^{p+1,q}$, $d'' = (-1)^p d''_\circ : K^{p,q} \to K^{p,q+1}$ によって定義する. (実際, (K, d', d'') は2重複体になる.)

Step 2. ($E_2^{p,q} = \mathcal{R}^p S(\mathcal{R}^q T(\mathcal{F}))$ の証明)

$\mathcal{J}[T(\mathcal{F})], \mathcal{J}[B^i], \mathcal{J}[C^i], \mathcal{J}[\mathcal{R}^i T(\mathcal{F})]$ の j 次成分を $\overline{F}^j, \overline{B}^{j,i}, \overline{C}^{j,i}, \overline{R}^{j,i}$ とおくと, 補

題 6.2 及び図式 (II) により任意の $p \geq 0, q \geq 1$ について次の完全列を得る.

$$0 \longrightarrow S(\overline{F}^p) \longrightarrow K^{p,0} \longrightarrow S(\overline{B}^{p,1}) \longrightarrow 0 \qquad \text{完全}$$

$$0 \longrightarrow S(\overline{C}^{p,q}) \longrightarrow K^{p,q} \longrightarrow S(\overline{B}^{p,q+1}) \longrightarrow 0 \qquad \text{完全}$$

$$0 \longrightarrow S(\overline{B}^{p,q}) \longrightarrow S(\overline{C}^{p,q}) \longrightarrow S(\overline{\mathcal{R}}^{p,q}) \longrightarrow 0 \qquad \text{完全}$$

しかも $\pm d''$ は $K^{p,q} \longrightarrow S(\overline{B}^{p,q+1}) \longrightarrow S(\overline{C}^{p,q+1}) \longrightarrow K^{p,q+1}$ により定義されているから, 任意の $p \geq 0, q \geq 1$ について $\mathrm{Ker}(d''^{p,q}) = S(\overline{C}^{p,q})$, $\mathrm{Im}(d''^{p,q-1}) = S(\overline{B}^{p,q})$, $\mathrm{Ker}(d''^{p,q})/\mathrm{Im}(d''^{p,q-1}) = S(\overline{\mathcal{R}}^{p,q})$.

任意の $p \geq 0, q = 0$ について

$$\mathrm{Ker}(d''^{p,0}) = S(\overline{F}^p), \quad \mathrm{Im}(d''^{p,-1}) = 0, \quad \mathrm{Ker}(d''^{p,0})/\mathrm{Im}(d''^{p,-1}) = S(\overline{F}^p).$$

従って任意の $p \geq 0, q \geq 0$ について

$$E_1^{p,q} = \begin{cases} S(\overline{\mathcal{R}}^{p,q}) & (q > 0) \\ S(\overline{F}^p) & (q = 0). \end{cases}$$

$$\begin{array}{ccccc}
& \vdots & & \vdots & \\
& \uparrow & & \uparrow & \\
0 \longrightarrow & S(\overline{R}^{0,2}) & \longrightarrow & S(\overline{R}^{1,2}) & \longrightarrow \cdots \\
& \uparrow & & \uparrow & \\
0 \longrightarrow & S(\overline{R}^{0,1}) & \longrightarrow & S(\overline{R}^{1,1}) & \longrightarrow \cdots \\
& \uparrow & & \uparrow & \\
0 \longrightarrow & S(\overline{F}^0) & \longrightarrow & S(\overline{F}^1) & \longrightarrow \cdots \\
& \uparrow & & \uparrow & \\
& 0 & & 0 &
\end{array} \qquad (E_1)$$

$d_1^{p,q}$ は $\mathcal{J}[T(\mathcal{F})], \mathcal{J}[\mathcal{R}^i T(\mathcal{F})]$ の微分作用素から誘導されたものと一致するから, 導来関手の定義にもどれば, 任意の $p \geq 0, q \geq 0$ について $E_2^{p,q} = \mathcal{R}^p S(\mathcal{R}^q T(\mathcal{F}))$ を得る.

Step 3. ($H^n(K) = \mathcal{R}^n(ST)(\mathcal{F})$ の証明)

2重複体 K を対角線のまわりで一回転したものを考える. すなわち, $\hat{K}^{p,q} = K^{q,p}$, $\partial' = d''$, $\partial'' = d'$. これについてのスペクトル系列を考える. 定理 6.1 の仮定により任意の $p \geq 0$ について $0 \to ST(\mathcal{L}^p) \to S(\mathcal{J}[T(\mathcal{L}^p)])$ は完全である. すなわち次のよ

うな図式を得る．

$$
\begin{array}{ccc}
\vdots & \vdots & \\
\uparrow & \uparrow & \\
\hat{K}^{0,2} \longrightarrow & \hat{K}^{1,2} \longrightarrow & \cdots \\
\uparrow & \uparrow & \\
\hat{K}^{0,1} \longrightarrow & \hat{K}^{1,1} \longrightarrow & \cdots \\
\uparrow & \uparrow & \\
\hat{K}^{0,0} \longrightarrow & \hat{K}^{1,0} \longrightarrow & \cdots \\
\uparrow & \uparrow & \\
ST(\mathcal{L}^0) \twoheadrightarrow & ST(\mathcal{L}^1) \twoheadrightarrow & \cdots \\
\uparrow & \uparrow & \\
0 & 0 &
\end{array}
$$

任意の $p \geq 0, q \geq 0$ について

$$\hat{E}_1^{p,q} = \begin{cases} 0 & (q > 0) \\ ST(\mathcal{L}^p) & (q = 0). \end{cases}$$

しかも $\pm d_1^{p,0}$ は $\mathcal{L}^p \to \mathcal{L}^{p+1}$ によって定まる

$$ST(\mathcal{L}^p) \longrightarrow ST(\mathcal{L}^{p+1})$$

と一致する．

よって基本定理 5.6 より

$$\hat{E}_2^{p,q} = \begin{cases} 0 & (q > 0) \\ \mathcal{R}^p(ST)(\mathcal{F}) & (q = 0). \end{cases}$$

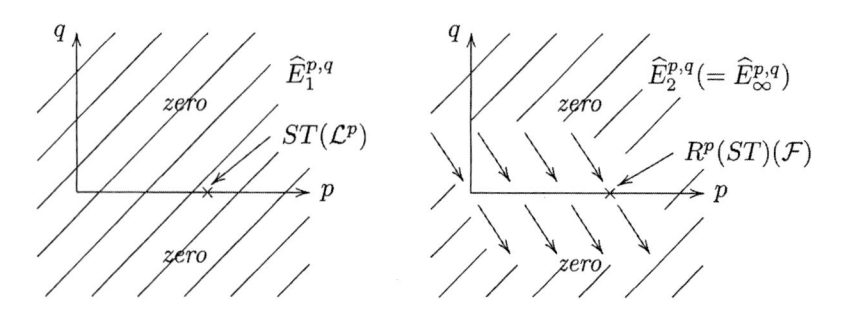

上図及び基本定理 5.6 により $\hat{E}_\infty^{p,q} = \hat{E}_2^{p,q}$. $\hat{E}_\infty^{p,q}$ の定義にもどれば $H^n(\hat{K}) = \hat{E}_\infty^{n,0} = \mathcal{R}^n(ST)(\mathcal{F})$. しかも $H^n(K) = H^n(\hat{K})$ は明らかだから $H^n(K) = \mathcal{R}^n(ST)(\mathcal{F})$. □

例をあげる前に，層の順像を定義しなければならない．

6. スペクトル系列の応用 I

定義 6.5. X, Y を位相空間，$f: X \to Y$ を連続写像とするとき，X 上のアーベル群の層 $\mathcal{F}$ に対して $f_*\mathcal{F}$ なる Y 上の層を次のように定義する．任意の開集合 $U \subset Y$ について，$(f_*\mathcal{F})(U) = \mathcal{F}(f^{-1}(U))$．任意の開集合 $V \subset U \subset Y$ について，res : $(f_*\mathcal{F})(U) \to (f_*\mathcal{F})(V)$ は $f^{-1}(U) \supset f^{-1}(V)$ によって定まる res : $\mathcal{F}(f^{-1}(U)) \to \mathcal{F}(f^{-1}(V))$ と定義する．この $f_*\mathcal{F}$ が実際，層になることは容易に確かめられる．

註 6.6. X 上のアーベル群の層の圏から Y 上のアーベル群の層の圏への関手 f_* は共変な加法的左完全関手である．(証明は演習とする．)

註 6.7. $\mathcal{C}$ を X 上のアーベル群の層の圏，$\mathcal{C}'$ を Y 上のアーベル群の層の圏，$\mathcal{C}''$ をアーベル群の圏とおき，$\mathcal{C} \xrightarrow{T} \mathcal{C}'$ を $T = f_*$，$\mathcal{C}' \xrightarrow{S} \mathcal{C}''$ を任意の $\mathcal{G} \in \mathrm{ob}\mathcal{C}'$ に対して，$S(\mathcal{G}) = \mathcal{G}(Y)$ によって定義すると，$\mathcal{C} \xrightarrow{ST} \mathcal{C}''$ は任意の $\mathcal{F} \in \mathrm{ob}\mathcal{C}$ について $(ST)(\mathcal{F}) = \mathcal{F}(X)$ となる．

註 6.8. $\mathrm{ob}\mathcal{C} \ni \mathcal{I}$ を，X 上の移入的層とすると，註 3.3 より $\mathcal{I}$ は軟弱層である．従って $f_*(\mathcal{I})$ も軟弱層になる (証明は演習とする)．従って命題 1.22 より，$T(\mathcal{I})$ は S についてコホモロジー的に自明である．従って定理 6.1 より，次の定理 6.9 が得られる．

定理 6.9.[3] X, Y を位相空間，$f: X \to Y$ を連続写像としたとき，X 上のアーベル群の層 $\mathcal{F}$ について
$$H^p(Y, R^q f_*(\mathcal{F})) \underset{p}{\Longrightarrow} H^n(X, \mathcal{F}).$$

註 6.10. $R^q f_*(\mathcal{F})$ は Y の任意の開集合 U に $H^q(f^{-1}(U), \mathcal{F}|_{f^{-1}(U)})$ を対応させる前層の層化である．

証明： $\mathcal{F}$ の移入的分解 $0 \to \mathcal{F} \to \mathcal{I}^0 \xrightarrow{d^0} \mathcal{I}^1 \xrightarrow{d^1} \cdots$ をとると
$$R^q f_*(\mathcal{F}) = \frac{\mathrm{Ker}[f_*(d^q)]}{\mathrm{Im}[f_*(d^{q-1})]}$$
(ただし $d^{-1} = 0$)．従って $R^q f_*(\mathcal{F})$ は
$$Y \supset {}^\forall U \mapsto \frac{\mathrm{Ker}[f_*(d^q)(U)]}{\mathrm{Im}[f_*(d^{q-1})(U)]}$$
なる前層の層化になる．ところが
$$\frac{\mathrm{Ker}[f_*(d^q)(U)]}{\mathrm{Im}[f_*(d^{q-1})(U)]} = \frac{\mathrm{Ker}[d^q(f^{-1}(U))]}{\mathrm{Im}[d^{q-1}(f^{-1}(U))]}$$
だから
$$\frac{\mathrm{Ker}[d^q(f^{-1}(U))]}{\mathrm{Im}[d^{q-1}(f^{-1}(U))]} = H^q(f^{-1}(U), \mathcal{F}|_{f^{-1}(U)}).$$
□

---

[3] Leray のスペクトル系列とよばれる．

7. スペクトル系列の応用 II

この節では，第 3 節で述べたカルタンの補題の証明をする．

定理 7.1 (カルタンの補題). X を位相空間，$\mathcal{F}$ を X 上のアーベル群の層とし，次の 3 つの条件をみたす X の開集合の族 $\{U_\varphi\}_{\varphi \in \Phi}$ が存在するとする．

(1) $\{U_\varphi\}_{\varphi \in \Phi}$ が X の開集合の基になっている．
(2) 任意の $\varphi, \varphi' \in \Phi$ について，$\psi \in \Phi$ が存在して $U_\varphi \cap U_{\varphi'} = U_\psi$ となる．
(3) 任意の $q > 0$ と任意の $\varphi \in \Phi$ について，$\check{H}^q(U_\varphi, \mathcal{F}|_{U_\varphi}) = 0$ である．

このとき，任意の $q \geq 0$ について，
$$\check{H}^q(X, \mathcal{F}) \xrightarrow{\approx} H^q(X, \mathcal{F}).$$

註 7.2. $q = 0$ については無条件に $\check{H}^0(X, \mathcal{F}) = H^0(X, \mathcal{F}) = \mathcal{F}(X)$ が成り立つ．

さて定義 3.17 で述べたように，$\mathfrak{U} = \{U_x\}_{x \in X}, \mathfrak{V} = \{V_x\}_{x \in X}$ について，$\mathfrak{U} < \mathfrak{V}$ を任意の $x \in X$ について $U_x \supset V_x$ と定義する．そして，$\mathcal{F}$ の標準分解 $0 \to \mathcal{F} \xrightarrow{\varepsilon} \mathcal{L}^0 \xrightarrow{d^0} \mathcal{L}^1 \xrightarrow{d^1} \mathcal{L}^2 \xrightarrow{d^2} \cdots$ をとり，$\mathcal{L}^q$ についてのチェック微分作用素 $C^p(\mathfrak{U}, \mathcal{L}^q) \to C^{p+1}(\mathfrak{U}, \mathcal{L}^q)$ (定義 3.10 参照) を $\delta^{p,q}$ とおき，2 重複体 $K(\mathfrak{U}, \mathcal{F})$ を次のように定義する．

$$K^{p,q}(\mathfrak{U}, \mathcal{F}) = C^p(\mathfrak{U}, \mathcal{L}^q),$$
$$\partial' : \partial'^{p,q} = \delta^{p,q} \quad \text{横向きの微分},$$
$$\partial'' : \partial''^{p,q} = (-1)^p d^q \quad \text{上向きの微分}.$$

これらについて $\partial'^2 = 0, \partial''^2 = 0, \partial'\partial'' + \partial''\partial' = 0$ が成り立つ．そこで $\partial = \partial' + \partial''$ とおくと $\partial^2 = 0$ となる．

補題 7.3. $K^{\bullet\bullet}(\mathfrak{U}, \mathcal{F})$ の全コホモロジーについて，
$$H^n(X, \mathcal{F}) \cong H^n(K^{\bullet\bullet})$$

証明： $\mathcal{L}^i$ は軟弱層だから補題 7.4 で示す事実 "どんな開被覆 $\mathfrak{U}$ についても任意の $q > 0$ について $\check{H}^q(\mathfrak{U}, \mathcal{L}^i) = 0$" を用いる．そこで，2 重複体 L を $L^{p,q} = K^{q,p}$, 2 つの微分 ∂', ∂'' をそのまま用いて定義すると任意の $q > 0$ について，

$$E_1^{p,q}(L^{\bullet\bullet}) = \frac{\operatorname{Ker}(K^{q,p} \to K^{q+1,p})}{\operatorname{Im}(K^{q-1,p} \to K^{q,p})} = \check{H}^q(\mathfrak{U}, \mathcal{L}^p) = 0,$$
$$E_1^{p,0}(L^{\bullet\bullet}) = \operatorname{Ker}(K^{0,p} \to K^{1,p}) = \mathcal{L}^p(X).$$

従って，基本定理 5.6 より任意の $p \geq 0, q \geq 0$ について
$$E_2^{p,q} = \begin{cases} 0 & (q > 0) \\ H^p(X, \mathcal{F}) & (q = 0). \end{cases}$$

従って基本定理 5.6 により $E_\infty^{p,q} = E_2^{p,q}$ となる．故に定義 5.2, 定義 5.3 の言葉を用いて，
$$H^n(L) = H^n_{(n)}(L) = E_\infty^{n,0} = H^n(X, \mathcal{F})$$
が成り立つ．従って
$$H^n(K) = H^n(L) = H^n(X, \mathcal{F}).$$

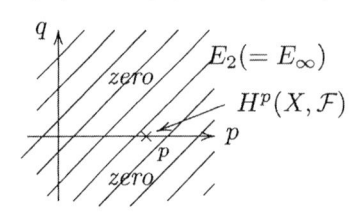

□

補題 7.4. $\mathcal{F}$ を軟弱層とすると，どんな開被覆 $\mathfrak{U}$ についても任意の $q > 0$ について
$$\check{H}^q(\mathfrak{U}, \mathcal{F}) = 0.$$

証明： $\mathfrak{U} = (U_\alpha)_{\alpha \in A}$ とし，A に線型順序 (linear order) を入れておくとチェック分解 $\underline{C}^q(\mathfrak{U}, \mathcal{F})$ は開集合 U に対して
$$\underline{C}^q(\mathfrak{U}, \mathcal{F})(U) = C^q(\mathfrak{U}|_U, \mathcal{F}|_U) \cong \prod_{\alpha_0 < \cdots < \alpha_q} \mathcal{F}(U_{\alpha_0} \cap \cdots \cap U_{\alpha_q} \cap U)$$
となる．従って，$\mathcal{F}$ が軟弱であることから，$\underline{C}^q(\mathfrak{U}, \mathcal{F})$ も軟弱であることがわかる．従って，Čech 分解を $0 \to \mathcal{F} \xrightarrow{\varepsilon} \underline{C}^0(\mathfrak{U}, \mathcal{F}) \xrightarrow{\underline{d}^0} \cdots$ とするとき，命題 1.22 により任意の $q > 0$ について
$$0 = H^q(X, \mathcal{F}) = \mathrm{Ker}(\underline{d}^q(X))/\mathrm{Im}(\underline{d}^{q-1}(X))$$
($\underline{d}^{-1} = 0$)．しかるに，系 3.15 によれば
$$\check{H}^q(\mathfrak{U}, \mathcal{F}) = \frac{\mathrm{Ker}(\underline{d}^q(X))}{\mathrm{Im}(\underline{d}^{q-1}(X))}$$
($\underline{d}^{-1} = 0$) である．従って任意の $q > 0$ について
$$\check{H}^q(\mathfrak{U}, \mathcal{F}) = 0.$$

□

さて定義 3.17 の帰納的極限と同様にして，複体 $K(X, \mathcal{F})$ を
$$K^{\bullet\bullet}(X, \mathcal{F}) = \varinjlim_{\mathfrak{U}} K^{\bullet\bullet}(\mathfrak{U}, \mathcal{F}),$$

微分作用素を $\partial' = \varinjlim_{\mathfrak{U}} \partial'_{\mathfrak{U}}$, $\partial'' = \varinjlim_{\mathfrak{U}} \partial''_{\mathfrak{U}}$, $\partial = \varinjlim_{\mathfrak{U}} \partial_{\mathfrak{U}}$ と定義する.

K の全コホモロジーを計算するために, 帰納的極限に関する, よく知られた次の補題を用いる.

補題 7.5. 3 つのアーベル群の帰納的系 $(A_\alpha)_{\alpha \in A}$, $(B_\alpha)_{\alpha \in A}$, $(C_\alpha)_{\alpha \in A}$ と写像 $(\lambda_\alpha)_{\alpha \in A}$, $(\mu_\alpha)_{\alpha \in A}$ が任意の $\beta > \alpha$ について次の図式が可換になるように与えられているとする.

$$\begin{array}{ccccc} A_\alpha & \xrightarrow{\lambda_\alpha} & B_\alpha & \xrightarrow{\mu_\alpha} & C_\alpha \\ \downarrow & & \downarrow & & \downarrow \\ A_\beta & \xrightarrow{\lambda_\beta} & B_\beta & \xrightarrow{\mu_\beta} & C_\beta \end{array}$$

このとき, もし任意の α について $A_\alpha \xrightarrow{\lambda_\alpha} B_\alpha \xrightarrow{\mu_\alpha} C_\alpha$ が完全ならば $A \xrightarrow{\lambda} B \xrightarrow{\mu} C$ も完全になる. ただし $A = \varinjlim_\alpha A_\alpha$, $B = \varinjlim_\alpha B_\alpha$, $C = \varinjlim_\alpha C_\alpha$, $\lambda = \varinjlim_\alpha \lambda_\alpha$, $\mu = \varinjlim_\alpha \mu_\alpha$ である.

証明: (略) □

註 7.6. 射影的系についてはこの様な定理はない. $p \in \mathbb{Z}$ を素数とするとき, 任意の $l \in \mathbb{N}$ について, $\mathbb{Z} \xrightarrow[\lambda_l]{nat.} \mathbb{Z}/p^l\mathbb{Z} \xrightarrow{\mu_l} 0$ は完全である. そして射影的系 $(\mathbb{Z})_{l\in\mathbb{N}}$, $(\mathbb{Z}/p^l\mathbb{Z})_{l\in\mathbb{N}}$ を任意の $l \in \mathbb{N}$ について $\mathbb{Z} \xleftarrow{id} \mathbb{Z}$, $\mathbb{Z}/p^l\mathbb{Z} \xleftarrow{nat.} \mathbb{Z}/p^{l+1}\mathbb{Z}$ によって定義すると $\varprojlim_l \mathbb{Z} = \mathbb{Z}$, $\varprojlim_l \mathbb{Z}/p^l\mathbb{Z} = \mathbb{Z}_p$ (p-進整数環) となり, $\mathbb{Z} \xrightarrow{\lambda} \mathbb{Z}_p \xrightarrow{\mu} 0$ は完全でない.

補題 7.7. $H^q(X, \mathcal{F}) \xrightarrow{\sim} H^q(K^{\bullet\bullet}(X, \mathcal{F}))$.

証明: 補題 7.5 により, 帰納的極限と H^q (コホモロジーをとる操作) が可能である. 従って, 補題 7.3 により証明を得る. □

補題 7.8. $K^{\bullet\bullet}(X, \mathcal{F})$ について, 任意の $q > 0$ について $E_1^{0,q} = 0$.

証明: $K^{0,q}(X, \mathcal{F}) = \varinjlim_{\mathfrak{U}} K^{0,q}(\mathfrak{U}, \mathcal{F}) = \varinjlim_{\mathfrak{U}} C^0(\mathfrak{U}, \mathcal{L}^q)$. 従って, $\mathfrak{U} = \{U_x\}_{x \in X}$ とおくと

$$K^{0,q}(X, \mathcal{F}) = \varinjlim_{x \in X} \prod_{x \in X} \mathcal{L}^q(U_x) = \prod_{x \in X} \mathcal{L}^q_x.$$

従って, $E_1^{0,q}$ は複体

$$\prod_{x \in X} \mathcal{L}^0_x \to \prod_{x \in X} \mathcal{L}^1_x \to \prod_{x \in X} \mathcal{L}^2_x \to \cdots$$

のコホモロジーとして計算されるが,

$$\mathcal{L}^0 \to \mathcal{L}^1 \to \mathcal{L}^2 \to \cdots$$

は層の完全列であるから, 任意の $x \in X$ について

$$\mathcal{L}^0_x \to \mathcal{L}^1_x \to \mathcal{L}^2_x \to \cdots$$

は完全である. 従って任意の $q > 0$ について $E_1^{0,q} = 0$ となる. □

$K^{\bullet\bullet}(\mathfrak{U}, \mathcal{F})$ のスペクトル系列について, 次のことが容易に計算される.

註 7.9.

$$E_1^{p,q}(\mathfrak{U}, \mathcal{F}) = \prod_{i_0 < \cdots < i_p} H^q(U_{i_0} \cap \cdots \cap U_{i_p}, \mathcal{F}|_{U_{i_0} \cap \cdots \cap U_{i_p}}).$$

特に $E_1^{p,0}(\mathfrak{U}, \mathcal{F}) = C^p(\mathfrak{U}, \mathcal{F})$, 従って $E_2^{p,0}(\mathfrak{U}, \mathcal{F}) = \check{H}^p(\mathfrak{U}, \mathcal{F})$. 従って補題 7.5 により帰納的極限をとると $E_2^{p,0}(X, \mathcal{F}) = \check{H}^p(X, \mathcal{F})$.

以上の準備の下にカルタンの補題が証明されるが, その前に, 無条件に成立する次の事実を証明しよう.

命題 7.10. X を位相空間, $\mathcal{F}$ を X 上のアーベル群の層とするとき, 自然な準同型

$$\check{H}^1(X, \mathcal{F}) \underset{\text{isom.}}{\to} H^1(X, \mathcal{F})$$

は同型であり,

$$\check{H}^2(X, \mathcal{F}) \underset{\text{inj.}}{\hookrightarrow} H^2(X, \mathcal{F})$$

は単射である.

証明: $K^{\bullet\bullet}(X, \mathcal{F})$ のスペクトル系列について補題 7.8 により, 任意の $q > 0$ について $E_1^{0,q} = 0$. よって任意の $q > 0, r \geq 1$ について $E_r^{0,q} = 0$. 従って註 5.7 の (3) により, 完全列

$$0 \longrightarrow E_2^{1,0} \longrightarrow H^1(K) \longrightarrow E_2^{0,1} \longrightarrow E_2^{2,0} \longrightarrow H^2(K)$$
$$\wr \Big\| \text{①} \qquad \wr \Big\| \text{②} \qquad \Big\| \qquad \wr \Big\| \text{③} \qquad \wr \Big\| \text{④}$$
$$\check{H}^1(X, \mathcal{F}) \qquad H^1(X, \mathcal{F}) \qquad 0 \qquad \check{H}^2(X, \mathcal{F}) \qquad H^2(X, \mathcal{F})$$

を得る. ①, ③ は註 7.9 より, ②, ④ は補題 7.7 より明らかである. □

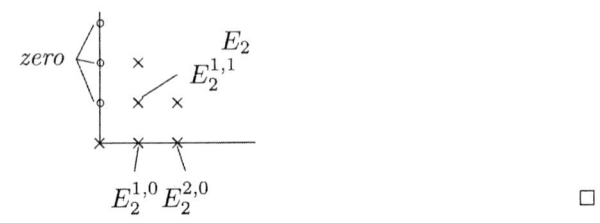

□

定理 7.1(カルタンの補題) の証明： $\check{H}^q(X,\mathcal{F}) \xrightarrow{\approx} H^q(X,\mathcal{F})$ を q に関する帰納法で証明する．

$q = 0, 1$ については既に示された．$\bar{q} > 1$ をとり，定理が $q < \bar{q}$ なる任意の q については成立すると仮定する．$\mathfrak{U} = \{U_x\}_{x \in X}(U_x$ は x の開近傍$)$ を $U_x \in \Phi$ であるように任意にとる．$K^{\bullet\bullet}(\mathfrak{U}, \mathcal{F})$ のスペクトル系列に関して註 7.9 により

$$E_1^{p,q}(\mathfrak{U},\mathcal{F}) = \prod_{i_0 < \cdots < i_q} H^q(U_{i_0} \cap \cdots \cap U_{i_q}, \mathcal{F}|_{U_{i_0} \cap \cdots \cap U_{i_q}})$$

$0 < q < \bar{q}$ なる任意の q について，定理の条件は，X を $U_{i_0} \cap \cdots \cap U_{i_q}$，$\Phi$ を $\Phi|_{U_{i_0} \cap \cdots \cap U_{i_q}}$，$\mathcal{F}$ を $\mathcal{F}|_{U_{i_0} \cap \cdots \cap U_{i_q}}$ でおきかえても成立するから，帰納法の仮定により，

$$H^q(U_{i_0} \cap \cdots \cap U_{i_q}, \mathcal{F}|_{U_{i_0} \cap \cdots \cap U_{i_q}}) = \check{H}^q(U_{i_0} \cap \cdots \cap U_{i_q}, \mathcal{F}|_{U_{i_0} \cap \cdots \cap U_{i_q}}) = 0$$

従って任意の p と $0 < q < \bar{q}$ なる任意の q について $E_1^{p,q}(\mathfrak{U},\mathcal{F}) = 0$．補題 7.5 により帰納的極限をとると，任意の p と $0 < q < \bar{q}$ なる任意の q について $E_1^{p,q}(X,\mathcal{F}) = 0$．従って任意の p と $0 < q < \bar{q}$ なる任意の q について $E_2^{p,q}(X,\mathcal{F}) = 0$．補題 7.8 により，次図のように E_2 について零になる部分がわかる．

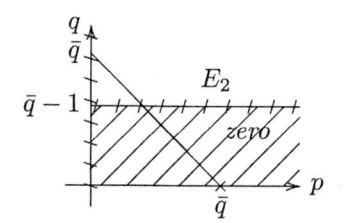

従って基本定理 5.6 により

$$\check{H}^{\bar{q}} = E_2^{\bar{q},0} = E_3^{\bar{q},0} = \cdots = E_\infty^{\bar{q},0}.$$

また $a + b = \bar{q}, b \neq 0$ なる任意の整数 a, b について $E_2^{a,b} = 0$，従って $E_\infty^{a,b} = 0$．

従って定義 5.3 の言葉を用いれば

$$E_\infty^{\bar{q},0} = H^{\bar{q}}_{(\bar{q})}(K(X,\mathcal{F})) = H^{\bar{q}}(K(X,\mathcal{F})).$$

よって補題 7.7 により

$$\check{H}^{\bar{q}}(X,\mathcal{F}) = H^{\bar{q}}(X,\mathcal{F}).$$

□

附録A
可換環

　この講義録の中で使われている可換環とその上の加群について，必要と思われる事項をまとめておこう．本文中と重複している部分もあるが，独立に読めるように配慮したと理解してほしい．

1. 可換環の基礎

　整数の全体 $\mathbb{Z}$ には加法と乗法が定義されていて，それぞれの結合律，0 の存在，分配律など自然な演算のできる体系になっている．このような系を抽象化したのが可換環であり，代数学の中で最も基本的な研究対象になっており，代数幾何学における局所理論の多くは可換環論に帰着される．

定義 1.1. 空でない集合 R に加法（和）
$$R \times R \ni (a,b) \longmapsto a+b \in R$$
と，乗法（積）
$$R \times R \ni (a,b) \longmapsto ab \in R$$
が定義されていて，次の性質を持つとき，R は（1 を持つ）可換環であるという：

(1)（加法の結合律）$a,b,c \in R$ ならば
$$(a+b)+c = a+(b+c).$$

(2) R の元 0 で，R のすべての元 a について
$$a+0 = a$$
となるものが存在する．

(3) R の各元 a に対して, $a' \in R$ で
$$a + a' = 0$$
となるものが存在する.

(4) $a, b \in R$ ならば
$$a + b = b + a.$$

(5) (乗法の結合律) $a, b, c \in R$ ならば
$$(ab)c = a(bc).$$

(6) $a, b \in R$ ならば
$$ab = ba.$$

(7) R の元 1 で, R のすべての元 a について
$$1a = a$$
となるものが存在する.

(8) (分配律) $a, b, c \in R$ ならば
$$a(b + c) = ab + ac.$$

可換環の定義から直接従う事柄をまとめておこう.

命題 1.2. R は (1 を持つ) 可換環とする.
(1) 定義の (2) の 0 は一意的である. この元を R の零と呼ぶ.
(2) 定義の (3) の a' は a によって一意的に決まる. これを $-a$ で表し, $b - a$ で $b + (-a)$ を意味する.
(3) 定義の (7) の 1 は一意的である.
(4) 任意の $a \in R$ について, $0a = 0$, $(-1)a = -a$ となる.
(5) R の元 $a_1, a_2, \ldots, a_n$ をどこからまとめて 2 項ずつ和をとっても, 積をとっても結果は同じである.

証明の前に, 上の命題の意味を注意しておこう.

註 1.3. 0 と a' の一意性を定義そのものは主張していない. 従って, それを特定して零と呼んだり, $-a$ と書いたりはできない. また, 可換環における 2 つの演算はあくまで 2 つの元にのみ定義されている (2 項演算といわれる) が, 定義の性質 (1) と (5) は, 3 元の場合それをどのように繰り返しても結果が同じであることを意味する. 命題の (5) は任意個の元についての演算をどのようにして 2 元の演算に帰着させても結果が変わらないことを主張している.

命題 1.2 の証明： $0'$ が性質 (2) の 0 と同じ性質を持ったとする．性質 (2) の a に 0 を代入して，性質 (4) を使うと

$$0 = 0 + 0' = 0' + 0$$

を得る．最後の式は 0 の性質 (2) により $0'$ に等しい．(3) の証明は，(1) の証明の 0 を 1 に置き換え，加法を乗法に変えればよい．(2) を示すために，a'' が性質 (3) の a' と同じ条件を満たしたとする．このとき

$$a' = a' + 0 = a' + (a + a'')$$
$$= (a' + a) + a'' = (a + a') + a'' = 0 + a'' = a'' + 0 = a''$$

となり，求める結果を得る．$0 + 0 = 0$ だから，分配律を使って

$$0a = (0+0)a = 0a + 0a$$

となる．この式の両辺に $-(0a)$ を加えれば

$$0 = 0a + (-(0a)) = (0a + 0a) + (-(0a)) = 0a + (0a - 0a) = 0a + 0 = 0a$$

を得る．(4) の後半は

$$a + (-1)a = 1a + (-1)a = (1-1)a = 0a = 0$$

から明らかである．(5) の証明は和についても積についても本質的に同じなので和についてのみ示す．$a_1, a_2, \ldots, a_n$ を左から順に 2 項ずつ和をとった

$$((\cdots((a_1 + a_2) + a_3) + \cdots) + a_n)$$

を $a_1 + a_2 + \cdots + a_n$ と書くことにしよう．主張を n についての帰納法で証明する．$n=3$ のときは可換環の定義における性質 (1) に他ならない．$n \geq 4$ として，順次和をとって最後に和をとる 2 項を b, c としよう．b は $a_1, \ldots, a_r$，c は $a_{r+1}, \ldots, a_n$ の和である．帰納法の仮定により

$$b = a_1 + a_2 + \cdots + a_r$$
$$c = a_{r+1} + \cdots + a_n = (a_{r+1} + \cdots + a_{n-1}) + a_n$$

であるから

$$b + c = (a_1 + \cdots + a_r) + ((a_{r+1} + \cdots + a_{n-1}) + a_n)$$
$$= ((a_1 + \cdots + a_r) + (a_{r+1} + \cdots + a_{n-1})) + a_n$$
$$= (a_1 + \cdots + a_r + a_{r+1} + \cdots + a_{n-1}) + a_n$$
$$= a_1 + a_2 + \cdots + a_n$$

となり，求める結果を得る．ここで，上式の 2 番目の等式で定義の性質 (2) を使い，3 番目の等式で帰納法の仮定を使っていることに注意しよう． □

整数全体 $\mathbb{Z}$ が普通の和と積について可換環となることは既に述べたが，ここでは一般に（余りのない）割り算ができない．0 以外の元で割ることがいつも可能な可換環を体と呼ぶ．正確な定義をしよう．

定義 1.4. R は可換環とする．

(1) R の元 a について，$aa' = 1$ となる $a' \in R$ が存在するとき，a は単元 (unit) であるといい，a' を a の逆元という．

(2) $R^* = R \setminus \{0\}$ の元すべてが単元であるとき，R は体であるという．

命題 1.2, (2) と同様にして，単元 a の逆元は a によって一意的に定まることがわかる．従って，この逆元を a^{-1} と書く．

註 1.5. 可換環 R で（余りのない）割り算をするとは，R の 2 元 a, b に対して，x についての方程式 $ax = b$ の解を R で見つけることである．a が単元であれば $a^{-1}b$ がこの方程式の解である．従って，R が体であるための必要十分条件は $a \neq 0$ ならば方程式 $ax = b$ が常に解を持つことである．

体 k と文字（変数）$x_1, x_2, \ldots, x_n$ を用意する．順序づけられた負でない整数の組の集合

$$\mathbb{Z}_{\geq 0}^n = \{(\alpha_1, \alpha_2, \ldots, \alpha_n) \mid \alpha_i \in \mathbb{Z}, \alpha_i \geq 0\}$$

と全単射対応のついた（文字の）集合

$$\mathbb{M} = \{x^\alpha = x_1^{\alpha_1} x_2^{\alpha_2} \cdots x_n^{\alpha_n} \mid \alpha = (\alpha_1, \alpha_2, \ldots, \alpha_n) \in \mathbb{Z}_{\geq 0}^n\}$$

を基底とするベクトル空間 $k[x_1, x_2, \ldots, x_n]$ を考える．$k[x_1, x_2, \ldots, x_n]$ の元 f は形式的な有限和で

$$f = \sum_{\alpha \in A} a_\alpha x^\alpha, \quad A \text{ は } \mathbb{Z}_{\geq 0}^n \text{ の有限部分集合}, a_\alpha \in k$$

と書ける．$\mathbb{Z}_{\geq 0}^n$ の 2 元 $\alpha = (\alpha_1, \ldots, \alpha_n), \beta = (\beta_1, \ldots, \beta_n)$ の和を

$$\alpha + \beta = (\alpha_1 + \beta_1, \ldots, \alpha_n + \beta_n)$$

で定義して，$\mathbb{M}$ の元の積を

$$x^\alpha x^\beta = x^{\alpha + \beta}$$

と定める．$k[x_1, x_2, \ldots, x_n]$ における加法はベクトル空間としてのそれと考え，乗法は積の結合律と分配律が成り立つように定義すれば

$$\left(\sum_{\alpha \in A} a_\alpha x^\alpha\right)\left(\sum_{\beta \in B} b_\beta x^\beta\right) = \sum_\gamma \left(\sum_{\alpha+\beta=\gamma} a_\alpha b_\beta\right) x^\gamma$$

とならざるを得ない．$\mathbb{Z}_{\geq 0}^n$ の元 $0 = (0, \ldots, 0)$ について

$$x^0 \left(\sum_{\alpha \in A} a_\alpha x^\alpha\right) = \sum_{\alpha \in A} a_\alpha x^\alpha$$

となるから，この乗法に関して $x^0 = 1$ となる．以上のように加法と乗法を定義すれば $k[x_1, x_2, \ldots, x_n]$ は可換環になる．

定義 1.6. 可換環 $k[x_1, x_2, \ldots, x_n]$ を体 k 上の n 変数多項式環という．

可換環相互の関係を記述する基本的な概念として可換環の準同型がある．

定義 1.7. A, B は可換環とする．A から B への写像 $f: A \to B$ が（可換環の）準同型（homomorphism）であるとは，

(1) 任意の $a, b \in A$ について，$f(a+b) = f(a) + f(b)$,
(2) 任意の $a, b \in A$ について，$f(ab) = f(a)f(b)$,
(3) $f(1) = 1$

が成り立つときにいう．準同型が全単射のとき同型といい，A から B への同型が存在するとき，A と B は同型であるという．同型写像の逆写像も同型写像になる．

次は命題 1.2 と同様に証明できる．

補題 1.8. $f: A \to B$ は可換環の準同型とすると，

(1) $f(0) = 0$,
(2) 任意の $a \in A$ について，$f(-a) = -f(a)$

が成立する．

可換環の準同型 $f: A \to B$ の核（kernel）$\ker(f)$ を

$$\ker(f) = \{a \in A \mid f(a) = 0\}$$

と定義する．$a, b \in \ker(f)$ ならば $f(a+b) = f(a) + f(b) = 0$ であり，任意の $c \in A$ について $f(ca) = f(c)f(a) = f(c)0 = 0$ となる．従って，$a + b \in \ker(f)$ かつ $ca \in \ker(f)$. この性質を抽象化したのがイデアル（ideal）である．

定義 1.9. 可換環 A の空でない部分集合 I がイデアルであるとは，性質

(1) $a, b \in I$ ならば, $a + b \in I$,
(2) $a \in I$ ならば, 任意の $c \in A$ について $ca \in I$

を持つときにいう.

実は, すべてのイデアルはある準同型の核になる. このことを示すために同値関係を考える. 同値関係は射影空間の定義のところなど, 本文の至る所で使っているが, ここで厳密な定義とその基本的な性質を解説しよう. 集合 S の関係 $\sim$ とは, S の任意の 2 元 s, t について $s \sim t$ であるか, そうでない ($s \not\sim t$ と書く) かが定まっていることである. これは直積集合 $S \times S$ の部分集合 R が与えられていることと同じである. 実際

$$R = \{(s, t) \in S \times S \mid s \sim t\}$$

が関係 $\sim$ を定めている部分集合である.

定義 1.10. 集合 S の関係 $\sim$ が同値関係であるとは, 条件
(1) (反射律) 任意の $s \in S$ について $s \sim s$,
(2) (対称律) $s \sim t$ ならば $t \sim s$,
(3) (推移律) $s \sim t$ かつ $t \sim u$ ならば $s \sim u$

が成立するときにいう.

集合 S に同値関係 $\sim$ が与えられているとき, $a \in S$ について

$$C(a) = \{b \in S \mid a \sim b\}$$

と定義して, a の同値類と呼ぶ. 反射律により $a \in C(a)$ であるから, $C(a)$ は空集合ではないが, $C(a)$ のある元 (例えば, a) を同値類 $C(a)$ の代表元という.

$C(a) \cap C(b) \neq \emptyset$ と仮定して, $c \in C(a) \cap C(b)$ をとる. $b \sim c$ だから, 対象律により $c \sim b$. これと $a \sim c$ と併せて, 推移律により $a \sim b$ を得る. 他方, 任意の $d \in C(b)$ について $b \sim d$ だから, $a \sim d$ すなわち $d \in C(a)$ である. 故に, $C(b) \subset C(a)$ となるが, a と b の役割を換えて $C(a) \subset C(b)$ を得る. 結局

$$C(a) \cap C(b) \neq \emptyset \iff C(a) = C(b).$$

以上をまとめると

定理 1.11. 集合 S に同値関係 $\sim$ を入れることと, S をその部分集合の直和 $S = \coprod_{\lambda \in \Lambda} S_\lambda$ に分割して, $a \sim b$ を

$$\exists \lambda \in \Lambda, \quad a, b \in S_\lambda$$

と定義することは同値である.

証明： 定理の前に示したように，S に同値関係が入れば，S は同値類の直和に分割される．逆は，定理の中で定義した関係が同値関係であることを見ればよいが，それは明らかであろう． □

可換環 A のイデアル I を取る．A の元 a,b について，$a-b \in I$ のとき $a \sim b$ と定義する．I は空集合でないから $c \in I$ が存在し，$-c = (-1)c \in I$ である．従って，$0 = c - c \in I$ となり，A の任意の元 a について，$a - a = 0 \in I$．すなわち，反射律 $a \sim a$ がわかる．対象律，推移律についても，イデアルの性質を使えば同様にわかる．故に，この関係 $\sim$ は同値関係である．b が a の同値類 $C(a)$ の元であることは，I の元 c が存在して $a - b = c$ となることであるから

$$C(a) = a + I = \{a + c \mid c \in I\}$$

となる．

この同値関係による同値類の集合を A/I で表す．$a \in A$ を含む同値類 $C(a)$ を A/I の元と見るとき $\bar{a}$ で表す．自然な写像

$$\pi : A \ni a \longmapsto \bar{a} \in A/I$$

が全射であることは定義から明らかである．

定理 1.12. π を準同型とする可換環の構造が A/I に一意的に入る．この構造について $\ker(\pi) = I$ である．この可換環 A/I を A の I による剰余環と呼ぶ．

証明： π が準同型であるためには，A/I の元 $\bar{a}, \bar{b}$ の和と積は

$$\bar{a} + \bar{b} = \pi(a) + \pi(b) = \pi(a+b) = \overline{a+b}$$
$$\bar{a}\bar{b} = \pi(a)\pi(b) = \pi(ab) = \overline{ab}$$

でなければならない．π が全射であることを考慮すれば，これは A/I の可換環の構造が（入るとすれば）一意的であることを示している．可換環の構造が入ることを見るためには，上の定義が A/I の演算になっていること，すなわち $\bar{a} = \overline{a'}, \bar{b} = \overline{b'}$ ならば

$$\overline{a+b} = \overline{a'+b'}$$
$$\overline{ab} = \overline{a'b'}$$

であることを示さなければならない．仮定により，$c, d \in I$ が存在して，$a' = a + c$, $b' = b + d$ であるから

$$a' + b' = (a+b) + (c+d) \in (a+b) + I$$
$$a'b' = (a+c)(b+d) = ab + (ad+bc+cd) \in ab + I$$

となり，求める結果を得る．$\bar{0}$ を $0, \bar{1}$ を 1 として A/I が可換環になることは，π が加法，乗法と可換な全射であることを考慮すれば，A で成立する等式が A/I でも成り立つことになるから明らかである．$a \in \ker(\pi)$ と $\bar{a} = \bar{0}$ は同値であり，これは $a \in 0 + I = I$ と同じことであるから，最後の主張を得る． □

次は可換環の準同型に関する基本定理であり，準同型定理と呼ばれる．

定理 1.13. 可換環の準同型 $f : A \to B$ について $I = \ker(f)$ とおくと，単射準同型 $\bar{f} : A/I \to B$ で $f = \bar{f}\pi$ となるものが一意的に存在する．ここで，$\pi : A \to A/I$ は自然な準同型である．

証明： もし $\bar{f}$ が存在したとすれば，任意の $a \in A$ に対して，$\bar{f}(\bar{a}) = \bar{f}\pi(a) = f(a)$ であるから $\bar{f}$ は f によって一意的に決まる．存在のためには $\bar{f}(\bar{a}) = f(a)$ と定めたときに $\bar{f}$ が写像になるかが問題である．$\bar{a} = \bar{b}$ とすると，$b = a + c$ となる $c \in I$ があるから，$f(b) = f(a + c) = f(a) + f(c) = f(a)$ となり $\bar{f}$ は写像であることがわかる．$\bar{f}$ が準同型であることは自明である．$\bar{f}(\bar{a}) = \bar{f}(\bar{b})$ ならば $f(a) = f(b)$，従って $f(a - b) = 0$．これは $a - b \in \ker f = I$ を意味するから，$\bar{a} = \bar{b}$．故に，$\bar{f}$ は単射である． □

系 1.14. 上の定理で f が全射ならば，$\bar{f}$ は同型，すなわち A/I と B は同型である．

体の作用を持った加法群がベクトル空間であるが，可換環 A の作用を持った加法群を A-加群という．

定義 1.15. A は可換環とする．空でない集合 M に加法

$$M \times M \ni (m, n) \longmapsto m + n \in M$$

と A の作用

$$A \times M \ni (a, m) \longmapsto M$$

が定義されていて，次の性質を持つとき，M は A-加群であるという：

(1) M は加法群である，すなわち
   (i) $m_1, m_2, m_3 \in M$ ならば $m_1 + (m_2 + m_3) = (m_1 + m_2) + m_3$,
   (ii) $m_1, m_2 \in M$ ならば $m_1 + m_2 = m_2 + m_1$,
   (iii) M の元 0 で，すべての $m \in M$ について $m + 0 = m$ となるものが存在する，
   (iv) M の各元 m に対して，$m + m' = 0$ となる $m' \in M$ が存在する．

(2) $a, b \in A$, $m \in M$ ならば $(ab)m = a(bm)$.
(3) $a, b \in A$, $m \in M$ ならば $(a+b)m = am + bm$.
(4) $a \in A$, $m, n \in M$ ならば $a(m+n) = am + an$.
(5) 任意の $m \in M$ について, $1m = m$

命題 1.2 と同様にして次が証明できる.

命題 1.16. M は A-加群とする.

(1) 定義の (iii) の 0 は一意的である. この元を M の零と呼ぶ.
(2) 定義の (iv) の m' は m によって一意的に決まる. これを $-m$ で表し, $n-m$ で $n+(-m)$ を意味する.
(3) 任意の $a \in A$ について, $a0 = 0$ となる.
(4) 任意の $m \in M$ について, $0m = 0$, $(-1)m = -m$ となる.
(5) M の元 $m_1, m_2, \ldots, m_t$ をどこからまとめて 2 項ずつ和をとっても結果は同じである.

部分ベクトル空間を一般化すれば, 部分加群の概念を得る.

定義 1.17. A-加群 M の空でない部分集合 N が次の性質を持つとき, 部分 A-加群という:

(1) $m_1, m_2 \in N$ ならば $m_1 + m_2 \in N$.
(2) $a \in A$, $m \in N$ ならば $am \in N$.

上の性質 (1) により M の加法が N における加法を導き, (2) は N に A の作用が定まることを意味している. M の 0 は N の元であり, $m \in N$ ならば $-m \in N$ となるから, N はこの加法と作用について A-加群である.

可換環 A はその加法を加法として, 乗法を作用とみなして A-加群となる. このように A 自身を A-加群とみなしたとき, その部分加群はイデアルに他ならない. A のイデアル I による剰余環 A/I と同様に, A-加群 M の部分 A-加群 N による剰余加群 M/N を構成しよう. $m_1, m_2 \in M$ について $m_1 - m_2 \in N$ のとき $m_1 \sim m_2$ と定義すれば, これが同値関係であることは剰余環の場合と同様に容易にわかる. この同値関係による同値類の集合を M/N で表し, $m \in M$ を含む同値類を $\bar{m}$ とおく.

定義 1.18. A-加群 M_1, M_2 の間の写像 $f : M_1 \to M_2$ が A-加群の準同型であるとは

(1) $m_1, m_2 \in M_1$ ならば $f(m_1 + m_2) = f(m_1) + f(m_2)$,
(2) $a \in A$, $m \in M_1$ ならば $f(am) = af(m)$

が成り立つときにいう．準同型 f が全単射のとき同型という．準同型 f について $\ker(f) = \{m \in M_1 \mid f(m) = 0\}$ は M_1 の部分加群 であるが，これを f の核という．

自然な全射
$$\rho : M \ni m \longmapsto \bar{m} \in M/N$$
について可換環とイデアルの場合と同様な定理が成立する．

定理 1.19. ρ を準同型とする A-加群の構造が M/N に一意的に入る．この構造について $\ker(\rho) = N$ である．この A-加群 M/N を M の N による剰余加群と呼ぶ．

準同型定理も可換環の場合と同様に成り立つ．証明は全く同じである．

定理 1.20. A-加群の準同型 $f : M_1 \to M_2$ について，$N = \ker(f)$ とおく．A-加群の単射準同型 $\bar{f} : M_1/N \to M_2$ で $f = \bar{f}\rho$ となるものが一意的に存在する．ここで $\rho : M_1 \to M_1/N$ は自然な全射準同型である．f が全射ならば M_2 は M_1/N に同型である．

A-加群の族 $\{M_\lambda\}_{\lambda \in \Lambda}$ から別の A-加群を構成しよう．$\{M_\lambda\}_{\lambda \in \Lambda}$ の直積集合 $\prod_{\lambda \in \Lambda} M_\lambda$ の部分集合
$$\bigoplus_{\lambda \in \Lambda} M_\lambda = \left\{ (\ldots, m_\lambda, \ldots) \in \prod_{\lambda \in \Lambda} M_\lambda \mid \text{有限個の } \lambda \text{ を除いて } m_\lambda = 0 \right\}$$
における加法と A の作用を
$$(\ldots, m_\lambda, \ldots, m_\mu, \ldots) + (\ldots, m'_\lambda, \ldots, m'_\mu, \ldots) = (\ldots, m_\lambda + m'_\lambda, \ldots, m_\mu + m'_\mu, \ldots)$$
$$a(\ldots, m_\lambda, \ldots, m_\mu, \ldots) = (\ldots, am_\lambda, \ldots, am_\mu, \ldots)$$
と定義する．このとき $\bigoplus_{\lambda \in \Lambda} M_\lambda$ は A-加群になる．これを $\{M_\lambda\}_{\lambda \in \Lambda}$ の直和という．すべての λ について M_λ が A のとき $\bigoplus_{\lambda \in \Lambda} M_\lambda$ を $A^{\oplus \Lambda}$ で表す．特に Λ が n 個の元からなる有限集合ならば $A^{\oplus n}$ と書く．

定義 1.21. $A^{\oplus \Lambda}$ に同型な A-加群を自由 A-加群という．

補題 1.22. A-加群 M が自由 A-加群であるための必要十分条件は次の性質を持つ M の元の集合 $\{e_\lambda\}_{\lambda \in \Lambda}$ が存在することである：

(1) 任意の $m \in M$ に対して，有限個の $\lambda_1, \ldots, \lambda_r \in \Lambda$ と $a_1, \ldots, a_r \in A$ が存在して，$m = a_1 e_{\lambda_1} + \cdots + a_r e_{\lambda_r}$ となる．
(2) $b_1 e_{\mu_1} + \cdots + b_s e_{\mu_s} = 0$ ならば $b_1 = \cdots = b_s = 0$ である．

この $\{e_\lambda\}_{\lambda \in \Lambda}$ を M の自由基底という．

証明: (1) により M の各元 m が $m = a_1 e_{\lambda_1} + \cdots + a_r e_{\lambda_r}$ と書けるが, (2) によりこの書き方は一意的である. 従って, m に $\lambda_1, \ldots, \lambda_r$ の位置にそれぞれ $a_1, \ldots, a_r$ を, それ以外のところには 0 をおいた $A^{\oplus \Lambda}$ の元 $(\ldots, 0, a_1, 0, \ldots, 0, a_r, 0, \ldots)$ を対応させれば, 写像 $f: M \to A^{\oplus \Lambda}$ が定まる. $A^{\oplus \Lambda}$ の元 $n = (\ldots, 0, b_{\mu_1}, 0, \ldots, 0, b_{\mu_s}, 0, \ldots)$ に対して, $p = b_{\mu_1} e_{\mu_1} + \cdots + b_{\mu_s} e_{\mu_s} \in M$ をとれば $f(p) = n$ となるから, f は全射である. (2) により $\ker(f) = \{0\}$ であるから, 準同型定理から f は同型である. □

A-加群 M の元の集合 $\{m_\lambda\}_{\lambda \in \Lambda}$ が与えられたとする. 自由加群 $A^{\oplus \Lambda}$ の自由基底 $\{e_\lambda\}_{\lambda \in \Lambda}$ を固定すると, 上の補題により $A^{\oplus \Lambda}$ の各元は有限和 $\sum_{i=1}^r a_i e_{\lambda_i}$ で一意的に表せる. この元に M の元 $\sum_{i=1}^r a_i m_{\lambda_i}$ を対応させれば, A^Λ から M への写像が定まる. この写像が A-加群の準同型であることは明らかであろう.

定義 1.23. 上の写像が全射のとき, $\{m_\lambda\}_{\lambda \in \Lambda}$ は M の生成元であるという. 有限個の元からなる生成元が存在するとき M は有限生成であるという.

体 k 上の多項式環 $k[x_1, x_2, \ldots, x_n]$ を, k 上の $\mathbb{M}$ を基底とするベクトル空間に乗法を定めて定義した (定義 1.6). 可換環 A を固定し, $\mathbb{M}$ を自由基底とする自由 A-加群 $A[x_1, x_2, \ldots, x_n]$ を $k[x_1, x_2, \ldots, x_n]$ の代わりにとり, 体上の多項式環と同様に乗法を定義すれば, $A[x_1, x_2, \ldots, x_n]$ は可換環になる. これを A 上の (n 変数) 多項式環という. 集合としては

$$A[x_1, x_2, \ldots, x_n] = \left\{ \sum_{\text{有限和}} a_\alpha x^\alpha \;\middle|\; a_\alpha \in A \right\}$$

ただし $\sum_{\text{有限和}} a_\alpha x^\alpha = \sum_{\text{有限和}} b_\alpha x^\alpha \iff {}^\forall \alpha,\, a_\alpha = b_\alpha$

であり, 乗法は定義 4.6 の直前と同じ形で書ける.

定義 1.24. A, B は可換環とする. 可換環の準同型 $\varphi: A \to B$ があるとき B を, より正確には B と φ の組を A-代数という. $(B, \varphi), (C, \psi)$ が A-代数の準同型とは, 可換環の準同型 $f: B \to C$ で $f\varphi = \psi$ となるものをいう.

$A \ni a \longmapsto ax^0 \in A[x_1, x_2, \ldots, x_n]$ は可換環の単射準同型 (x^0 は多項式環の 1 であることに注意) であるから, $A[x_1, x_2, \ldots, x_n]$ は A-代数である.

定理 1.25. A-代数 B の元の任意の組 $b_1, \ldots, b_n$ に対して, $A[x_1, x_2, \ldots, x_n]$ から B への A-代数の準同型 f で $f(x_1) = b_1, \ldots, f(x_n) = b_n$ となるものが一意的に存在する.

証明： A-代数 (B,φ) の元 b と $a \in A$ について，$\varphi(a)b$ を簡単のために ab で表す．また $\alpha = (\alpha_1,\ldots,\alpha_n) \in \mathbb{Z}_{\geq 0}^n$ について，b^α で $b_1^{\alpha_1}\cdots b_n^{\alpha_n}$ を意味することにする．f が $f(x_1) = b_1,\ldots, f(x_n) = b_n$ となる A-代数の準同型であるならば，

$$f\left(\sum_\alpha a_\alpha x^\alpha\right) = \sum_\alpha a_\alpha b^\alpha$$

でなければならないから，f は一意的である．$A[x_1,x_2,\ldots,x_n]$ の元は $\sum_\alpha a_\alpha x^\alpha$ という形に一意的に書けるから，これを $\sum_\alpha a_\alpha b^\alpha$ に対応させれば，$A[x_1,x_2,\ldots,x_n]$ から B への写像が定まる．この写像が A-代数の準同型になるのは，多項式環の加法，乗法の定義から明らかである． □

定義 1.26. A-代数 B は $A[x_1,x_2,\ldots,x_n]$ から A-代数の全射準同型 f が存在するとき，有限生成 A-代数といい，$b_1 = f(x_1),\ldots, b_n = f(x_n)$ を生成元とよぶ．このとき B を $A[b_1,b_2,\ldots,b_n]$ で表す．

有限生成 A-代数 B に対して，全射準同型 $f: A[x_1,x_2,\ldots,x_n] \to B$ があるが，可換環の準同型定理により $I = \ker(f)$ を使って，B は $A[x_1,x_2,\ldots,x_n]/I$ と表せる．すなわち，有限生成 A-代数は A 上の多項式環のイデアルで決まることになる．

定義 1.27. R は可換環とする．

(1) R において $b \neq 0$ が存在して，$ab = 0$ となるとき $a = 0$ は零因子であるという．

(2) R の零因子が 0 のみであるとき，すなわち R において $ab = 0$ ならば，$a = 0$ または $b = 0$ となるとき，R は整域であるという．

(3) R のイデアル P について $P \neq R$ かつ R/P が整域であるとき，P は素イデアルであるという．

イデアル $P \subsetneq R$ が素イデアルであるためには「$ab \in P$ ならば $a \in P$ または $b \in P$」が成り立つことが必要十分である．

定義 1.28. 可換環 R のイデアル $\mathfrak{M} \subsetneq R$ を含むイデアルが $\mathfrak{M}$ か R しかないとき，$\mathfrak{M}$ は極大イデアルであるという．

極大イデアルは体と深い関係にある．

命題 1.29. $I \neq R$ を可換環 R のイデアルとする．I 含む極大イデアルが存在する．R/I が体であることと I が極大であることは同値である．従って，極大イデアルは素イデアルである．

証明： I を含むイデアル全体 $\mathcal{F} = \{J \mid I \subset J \neq R\}$ 内の上昇列 $\{J_\lambda\}_{\lambda \in \Lambda}$ をとる.

$$J = \bigcup_{\lambda \in \Lambda} J_\lambda$$

とおいて, $a, b \in J$ をとる. $\lambda, \mu \in \Lambda$ が存在して, $a \in J_\lambda$, $b \in J_\mu$ であるが, $J_\lambda \subset J_\mu$ としてよい. 故に, $a + b \in J_\mu \subset J$. さらに, 任意の $c \in R$ について $ca \in J_\lambda \subset J$. これにより, J はイデアルであることがわかる. $J = R$ ならば $1 \in J$ となり, 従って $\nu \in \Lambda$ が存在して $1 \in J_\nu$ である. これは $J_\nu = R$ を意味するから, $J_\nu \in \mathcal{F}$ に反する. 以上で, $J \in \mathcal{F}$ が示せた, すなわち $\mathcal{F}$ は帰納的である. ツォルンの補題により $\mathcal{F}$ に極大元があり, それが求める極大イデアルである. 体 K のイデアル J が 0 以外の元 a を含めば $1 = a^{-1}a \in J$ であるから, $J = K$ となる. 逆に, 可換環 K のイデアルが $\{0\}$ と K 自身しかないとする. $a \in K$ が 0 でなければ, イデアル aK は K でなければならない. 故に $b \in K$ で $ab = 1$ となるものがある, すなわち a は単元であり K は体になる. R/I のイデアル J の R への逆像 $\tilde{J}$ は I を含むイデアルである. $Q \subset R$ が I を含むイデアルであれば, R-加群としての剰余 Q/I は R/I のイデアルになる. これらの対応は互いに可逆であり, R/I のイデアルの集合と I を含む R のイデアル間の 1 対 1 対応を導く. この事実と上の体の特徴付けを併せて後半の主張を得る. □

極大イデアルに関わる重要な概念を導入しよう.

定義 1.30. 可換環 R のすべての極大イデアルの共通部分 $J(R)$ を R のジャコブソン根基という.

どの極大イデアルにも含まれないことが単元の特徴づけであることに注意すれば, 次の補題は自明である.

補題 1.31. 可換環 R の元 a がジャコブソン根基 $J(R)$ の元であれば, $1 + a$ は単元である.

可換環論で最もよく使われる結果の 1 つを証明しておこう.

補題 1.32 (中山の補題). R は可換環, $J(R)$ はそのジャコブソン根基とする. 有限生成 R-加群 M とその部分加群 N について

$$M = N + J(R)M$$

ならば, $M = N$ である.

証明： M を剰余加群 M/N で置き換えて考えれば，$M = J(R)M$ ならば $M = \{0\}$ を示せばよいことがわかる．M の生成元 $m_1, \ldots, m_r$ を取る．仮定により，$J(R)$ 元 $\{a_{ij} \mid 1 \leq i, j \leq r\}$ が存在して

$$m_i = a_{i1}m_1 + a_{i2}m_2 + \cdots + a_{ir}m_r$$

と書ける．r 次正方行列 $A = (a_{ij}) - E_r$ の (i,j)-余因子を Δ_{ij} と置こう．j を固定して

$$a_{i1}m_1 + \cdots + a_{ii-1}m_{i-1} + (a_{ii} - 1)m_i + a_{ii+1}m_{i+1} + \cdots + a_{ir}m_r = 0$$

の両辺に Δ_{ij} を掛けて i について足し合わせれば，$(\det A)m_j = 0$ を得る (定理 8.2 の証明を参照)．一方，$J(R)$ はイデアルであるから，$J(R)$ の元 a が存在して $\det A = a + (-1)^r$ となる．上の補題により $\det A$ は単元になる．故に，任意の j について $m_j = 0$ になるから，$M = \{0\}$. □

2. 局所化とテンソル積

整数環から有理数体を構成する方法を一般化して，可換環の部分集合の元の逆元を付加して可換環を拡大することを考えよう．

定義 2.1. 可換環 R の空でない部分集合 S について，$s, t \in S$ ならばその積 st も S の元となるとき，S は積閉集合であるという．

よく使う典型的な例を挙げよう．

例 2.2. (1) 可換環 R の元 f について，$S = \{f^n \mid n \geq 0\}$ は積閉集合である．
(2) $\mathfrak{p}$ が可換環 R の素イデアルであれば，その補集合 $S = R \setminus \mathfrak{p}$ は積閉集合である．これは，素イデアルの定義の対偶に他ならない．
(3) 可換環 R の非零因子（零因子でない元）の全体は積閉集合である．特に，R が整域ならば，$R^* = R \setminus \{0\}$ が積閉集合になる．

商環を定義しよう．

定義 2.3. S は可換環 R の積閉集合とする．可換環 R' と可換環の準同型 $\varphi : R \to R'$ の組が次の性質を持つとき，R の S に関する商環 (ring of quotients) という：
(1) $\varphi(S)$ のすべての元は R' の単元である，

(2) 可換環の準同型 $\psi: R \to T$ について $\psi(S)$ の元がすべて T の単元ならば, 可換環の準同型 $\theta: R' \to T$ で $\psi = \theta\varphi$ となるものが一意的に存在する.

$$\begin{array}{ccc} R & \xrightarrow{\varphi} & R' \\ & \searrow{\psi} & \downarrow{\theta} \\ & & T \end{array}$$

商環は一意的な同型を除いて一意的に存在する.

定理 2.4. S が可換環 R の積閉集合とすると, R の S に関する商環 (R', φ) が存在する. (R'', η) も R の S に関する商環であるとするならば, 可換環の同型 $\alpha: R' \to R''$ で $\eta = \alpha\varphi$ となるものが一意的に存在する.

証明: まず一意性を示そう. (R'', η) を定義の (2) における (T, ψ) とみなせば, 可換環の準同型 $\alpha: R' \to R''$ で $\eta = \alpha\varphi$ となるものが一意的に存在する. R' と R'' を取り替えれば, $\beta: R'' \to R'$ で $\varphi = \beta\eta$ となるものが一意的に存在する. このとき, $\varphi = \beta\alpha\varphi$ であるが, (R', φ) についての定義における (T, ψ) を (R', φ) 自身にとると $\theta = \mathrm{id}$ としてよい. θ の一意性により, $\beta\alpha = \mathrm{id}_{R'}$. 同様にして, $\alpha\beta = \mathrm{id}_{R''}$ を得る. 従って, α が求める一意的な同型である.

存在を示すために集合 $R \times S$ における関係 $\sim$ を

$$(a, s) \sim (b, t) \iff u \in S \text{ が存在して } u(at - bs) = 0$$

と定義する. これが反射律, 対称律を満たすのは明らかである. $(a, s) \sim (b, t)$ かつ $(b, t) \sim (c, r)$ とすると, S の元 u, v が存在して $u(at - bs) = 0, v(br - ct) = 0$. このとき, $uvt(ar - cs) = vrubs - usvbr = 0$ であり, $uvt \in S$ であるから, $(a, s) \sim (c, r)$ となる. 従って, この関係は同値関係である. この関係による同値類の集合を R' とおき, (a, s) を含む同値類を a/s または $\frac{a}{s}$ で表す. R' における和と積を

$$\frac{a}{s} + \frac{b}{t} = \frac{at + bs}{st}$$

$$\frac{a}{s}\frac{b}{t} = \frac{ab}{st}$$

と定める. 示すべきことは, この定義が代表元の取り方によらないことである.

$$\frac{a}{s} = \frac{a'}{s'}, \quad \frac{b}{t} = \frac{b'}{t'} \quad \text{すなわち}$$
$$\exists u, v \in S, \quad u(as' - a's) = 0, \quad v(bt' - b't) = 0$$

と仮定しよう. このとき

$$uv\{(at + bs)s't' - (a't' + b's')st\} = vtt'\{u(as' - a's)\} + uss'\{v(bt' - b't)\} = 0$$

2. 局所化とテンソル積 | 153

であり，$uv \in S$ だから
$$\frac{at+bs}{st} = \frac{a't'+b's'}{s't'}$$
となる．積についても同様に代表元の取り方によらないことがわかる．$s \in S$ について R' の元 $0/s$ と s/s は s の取り方によらないが，これらを 0 と 1 として R' は可換環になる．この事実は R が可換環であることと和，積の定義から容易に証明できる．

S の元 s を取って，写像 $\varphi : R \to R'$ を $\varphi(a) = sa/s$ と定義する．この写像が s の選び方によらないことは自明である．

$$\varphi(a) + \varphi(b) = \frac{sa}{s} + \frac{sb}{s} = \frac{s^2a + s^2b}{s^2} = \frac{s(a+b)}{s} = \varphi(a+b)$$

$$\varphi(a)\varphi(b) = \frac{sa}{s}\frac{sb}{s} = \frac{sasb}{s^2} = \frac{s(ab)}{s} = \varphi(ab)$$

となるから，φ は可換環の準同型である．任意の $t \in S$ に対して，$\varphi(t) = st/s$ の逆元 s/st が R' に存在する．$s, t \in S$ ならば，R' において

$$\varphi(t)\frac{a}{t} = \frac{st}{s}\frac{a}{t} = \frac{sa}{s} = \varphi(a)$$

であるから，定義 2.3 の (T, ψ) に対して θ が存在したとすれば

$$\psi(t)\theta\left(\frac{a}{t}\right) = \theta\left(\varphi(t)\frac{a}{t}\right) = \theta(\varphi(a)) = \psi(a)$$

となる．$\psi(t)$ は単元であるゆえ，

$$\theta\left(\frac{a}{t}\right) = \psi(t)^{-1}\psi(a)$$

でなければならない．従って，θ は存在したとすれば一意的である．逆に，θ を上のように定義すれば，$u, v \in S$ に対して，

$$\psi(u)\psi(v)\theta\left(\frac{a}{u} + \frac{b}{v}\right) = \psi(uv)\theta\left(\frac{av+bu}{uv}\right) = \psi(av+bu) = \psi(a)\psi(v) + \psi(b)\psi(u)$$

となり，従って両辺に $\psi(u)^{-1}\psi(v)^{-1}$ を掛けて

$$\theta\left(\frac{a}{u} + \frac{b}{v}\right) = \psi(u)^{-1}\psi(v)^{-1}\{\psi(a)\psi(v) + \psi(b)\psi(u)\}$$
$$= \psi(u)^{-1}\psi(a) + \psi(v)^{-1}\psi(b) = \theta\left(\frac{a}{u}\right) + \theta\left(\frac{b}{v}\right)$$

を得る．積と写像 θ が可換であることも同様である．故に，θ は可換環の準同型である．　□

定義 2.5. 可換環 R の積閉集合 S から一意的な同型を除いて一意的に定まる商環を R_S または $S^{-1}R$ で表す．特に，S が例 2.2 の (1), (2), (3) のとき，R_S をそれぞれ R_f, $R_\mathfrak{p}$, $Q(R)$ と表す．$Q(R)$ を全商環と呼ぶ．

例 2.6. R が整域のとき，全商環 $Q(R)$ は体になるが，それを R の商体という．R が整数全体のなす可換環 $\mathbb{Z}$ のときその商体は有理数体である．R が体 k 上の多項式環 $k[x_1,\ldots,x_n]$ のとき，その商体を有理関数体といい，$k(x_1,\ldots,x_n)$ で表す．

R から R_S への自然な準同型 φ は必ずしも単射ではない．上の証明の中での商環の構成法を見れば
$$\ker(\varphi) = \{a \in R \mid {}^\exists s \in S, as = 0\}$$
であることがわかる．

次は商環に関する最も重要な結果の 1 つであり，可換環論，代数幾何学で日常的に使われるものである．

命題 2.7. S は可換環 R の積閉集合とする．
(1) R の素イデアル $\mathfrak{p}$ について $\mathfrak{p} \cap S = \emptyset$ ならば $\mathfrak{p}$（の R_S への像）が R_S で生成するイデアル $\mathfrak{p}R_S$ は素イデアルである．($\mathfrak{p}R_S$ の R への逆像）$\mathfrak{p}R_S \cap R$ は $\mathfrak{p}$ に一致する．
(2) 上の対応 $\mathfrak{p} \longmapsto \mathfrak{p}R_S$ は $\mathfrak{p} \cap S = \emptyset$ である R の素イデアルの集合と R_S の素イデアルの集合の間の一対一対応である．

証明： 容易にわかるように
$$\mathfrak{p}R_S = \left\{ \frac{a}{s} \;\middle|\; a \in \mathfrak{p}, s \in S \right\}$$
である．$\mathfrak{p} \subset \mathfrak{p}R_S \cap R$ は明らかである．$a \in R$ が $\mathfrak{p}R_S \cap R$ の元であるとすると，$t \in S$ について $at/t \in \mathfrak{p}R_S$. 上の事実から，これは $u \in S$ が存在して $au \in \mathfrak{p}$ を意味する．$u \notin \mathfrak{p}$ だから $a \in \mathfrak{p}$ がわかる．故に，$\mathfrak{p} = \mathfrak{p}R_S \cap R$ となり，特に $\mathfrak{p}R_S \neq R_S$ を得る．R_S の元 $b/u, c/v$ について，$(b/u)(c/v) \in \mathfrak{p}R_S$ とする．$s,t \in S$ と $a \in \mathfrak{p}$ が存在して，R の元として $t(sbc - auv) = 0$ だから $tsbc \in \mathfrak{p}$. 仮定により $ts \notin \mathfrak{p}$ であり，$\mathfrak{p}$ が素イデアルだから $bc \in \mathfrak{p}$ を知る．故に，$b \in \mathfrak{p}$ または $c \in \mathfrak{p}$ となる．これは $b/u \in \mathfrak{p}R_S$ または $c/v \in \mathfrak{p}R_S$ を意味する．すなわち $\mathfrak{p}R_S$ は素イデアルである．(2) を示すためには，R_S の素イデアル $\mathfrak{P}$ に対して $\mathfrak{q} = \mathfrak{P} \cap R$ とおくと，$\mathfrak{q}$ は R の素イデアルであり $\mathfrak{P} = \mathfrak{q}R_S$ となることを言えばよい．$\mathfrak{q}$ が素イデアルであることと $\mathfrak{q}R_S \subset \mathfrak{P}$ は明らかである．$a/s \in \mathfrak{P}$ を取ると sa/s は $\mathfrak{P}$ の元であり，$a \in R$ の R_S への像である．従って，$a \in \mathfrak{q}$ である．これは $a/s \in \mathfrak{q}R_S$ を主張する．　□

局所環は可換環論と代数幾何学でよく使う可換環である．

定義 2.8. 可換環 R が極大イデアルを 1 つしか持たないとき，R は局所環であるという．局所環 R の極大イデアルが $\mathfrak{m}$ のとき，体 $R/\mathfrak{m}$ を R の剰余体という．

次はよく使う局所環の特徴づけである．

補題 2.9. 可換環 R が局所環であるための必要十分条件は

$$\mathfrak{m} = \{a \in R \mid a \text{ は } R \text{ の単元でない}\}$$

が R のイデアルになることである．このとき $\mathfrak{m}$ が R の唯一の極大イデアルである．

証明： R の元 a が単元でないことと，a が R のある極大イデアルに含まれることが同値であることに注意すれば，証明は自明である． □

可換環 R の素イデアル $\mathfrak{p}$ について，$R_\mathfrak{p}$ を考えよう．この商環に上の命題と補題を適用すれば，$R_\mathfrak{p}$ が $\mathfrak{p}R_\mathfrak{p}$ を極大イデアルとする局所環であることがわかる．

本文の第1章，定理 8.8 を少し違った視点から証明しよう．

補題 2.10. S を可換環 R の積閉集合とし，R のイデアル I で $I \cap S = \emptyset$ となるものを取る．イデアルの集合

$$\mathcal{I} = \{J \mid J \text{ は } R \text{ のイデアル}, I \subset J, J \cap S = \emptyset\}$$

の（含む含まれるによる順序で）極大元（S に関する極大イデアルという）は素イデアルである．

証明： $\mathfrak{P}$ が $\mathcal{I}$ の極大元とする．$a_1 a_2 \in \mathfrak{P}$ であるが a_1, a_2 共に $\mathfrak{P}$ の元でないとすると，イデアル $\mathfrak{Q}_i = \mathfrak{P} + a_i R$ は $\mathcal{I}$ の元ではない．両イデアルとも I を含んでいるから，これは $c_i \in \mathfrak{Q}_i \cap S$ が存在することを意味する．$\mathfrak{P}$ の元 p_i と $d_i \in R$ によって $c_i = p_i + a_i d_i$ と書ける．S が積閉集合だから

$$c_1 c_2 = p_1 p_2 + (p_1 a_2 d_2 + p_2 a_1 d_1) + a_1 a_2 d_1 d_2$$

は S の元であるが，仮定により右辺は $\mathfrak{P}$ の元になる．これは $\mathfrak{P} \cap S = \emptyset$ に反する．故に，$\mathfrak{P}$ は素イデアルである． □

定理 2.11. 可換環 T がその部分環 R（R は T の部分集合で，集合の埋め込みが可換環の準同型になっている）の整拡大とする．R の素イデアル $\mathfrak{p}$ に対して，T の素イデアル $\mathfrak{P}$ で $\mathfrak{P} \cap R = \mathfrak{p}$ となるものが存在する．

証明： $S = R \setminus \mathfrak{p}$ とおき，商環 R_S と T_S を考える．R_S は T_S の部分環であり，T_S は R_S の整拡大である．T_S の素イデアル $\mathfrak{Q}$ で $\mathfrak{Q} \cap R_S = \mathfrak{p} R_S$ となるものが存在すれば，命題 2.7 により $(\mathfrak{Q} \cap T) \cap R = (\mathfrak{Q} \cap R_S) \cap R = \mathfrak{p}$ となる．故に，$\mathfrak{P} = \mathfrak{Q} \cap T$ が求める素イデアルである．従って，R は $\mathfrak{p}$ を極大イデアルとする局所環としてよい．$S \cap \mathfrak{p}T = \emptyset$ であれば，$\mathfrak{p}T$ を含む S に関する極大イデアル $\mathfrak{P}$ は素イデアルであ

り，$\mathfrak{P} \cap R$ は極大イデアル $\mathfrak{p}$ を含むから，$\mathfrak{P} \cap R = \mathfrak{p}$ となる．S の元は T で単元であるから，$S \cap \mathfrak{p}T \neq \emptyset$ とすると $\mathfrak{p}T = T$ であり，従って T の元 $a_1, \ldots, a_r$ と $\mathfrak{p}$ の元 $p_1, \ldots, p_r$ で
$$a_1 p_1 + \cdots + a_r p_r = 1$$
となるものが存在する．$a_1, \ldots, a_r$ が生成する T の部分 R-代数 $B = R[a_1, \ldots, a_r]$ を考えよう．B は R の整拡大であり，有限生成であるから R-加群として有限生成である．他方，$a_1, \ldots, a_r$ の取り方により $\mathfrak{p}B$ は 1 を含み，従って B になる．補題 1.31 により $B = \{0\}$ となり，これは矛盾である． □

A, B は可換環で，準同型 $\psi : A \to B$ により B を A-代数とみなす．B-加群 M は，$a \in A$ の $m \in M$ への作用を $am = \psi(a)m$ と定義して，A-加群と考えられる．

定理 2.12. S は可換環 R の積閉集合とする．R-加群 M について，次の性質を持つ R_S-加群 M' と R-加群の準同型 $f : M \to M'$ が，一意的な同型を除いて一意的に存在する：

R_S-加群 N と R-加群の準同型 $g : M \to N$ に対して，R_S-加群の準同型 $h : M' \to N$ で $hf = g$ となるものが一意的に存在する．

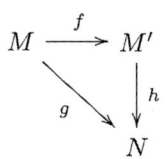

$$\begin{array}{ccc} M & \xrightarrow{f} & M' \\ & \searrow{g} & \downarrow{h} \\ & & N \end{array}$$

証明： M' が存在すれば一意的な同型を除いて一意的であることは商環の場合と同様である．商環の場合と同様に，集合 $M \times S$ に関係 $\sim$ を

$$(m_1, s_1) \sim (m_2, s_2) \iff S \text{ の元 } t \text{ が存在して } t(s_2 m_1 - s_1 m_2) = 0$$

と定義する．この関係が同値関係であることは商環の場合と全く同じ方法で証明できる．この同値関係による同値類の集合を M' と定義し，(m, s) が代表する同値類を m/s または $\frac{m}{s}$ で表す．M' における加法と R_S の M' への作用を

$$\frac{m_1}{s_1} + \frac{m_2}{s_2} = \frac{s_2 m_1 + s_1 m_2}{s_1 s_2}$$

$$\frac{a}{s} \frac{m}{t} = \frac{am}{st}$$

と定めれば，これらが代表元の取り方によらないことも商環の場合と同様である．この演算と作用について M' が R_S-加群になることは明らかである．S の元 s を取り，$m \in M$ について $f(m) = sm/s$ と定義すれば，明らかに R-加群の準同型であり，この写像は s の選び方によらない．$m/t = (s/st) f(m)$ であるから，$g : M \to N$ が与

えられたとき $h(m/t) = (s/st)g(m)$ でなければならず，こう定義すれば h は R_S-加群の準同型で $g = hf$ となる． □

定義 2.13. 上の定理で一意的な同型を除いて一意的に存在することが示された R_S-加群 M' を M_S で表す．S が R の素イデアル $\mathfrak{p}$ の補集合 $R \setminus \mathfrak{p}$ のとき，M_S を $M_\mathfrak{p}$ と書く．

R-加群 M, N の集合としての直積 $M \times N$ から加法群（$\mathbb{Z}$-加群）E への写像 f について，次の性質を考える：

(1) $m_1, m_2 \in M, \ n \in N$ ならば，
$$f((m_1 + m_2, n)) = f((m_1, n)) + f((m_2, n))$$

(2) $m \in M, \ n_1, n_2 \in N$ ならば，
$$f((m, n_1 + n_2)) = f((m, n_1)) + f((m, n_2))$$

(3) $m \in M, \ n \in N, \ a \in R$ ならば，
$$f((am, n)) = f((m, an))$$

これらの性質を持つ写像を R 上の双線型写像という．

定理 2.14. R, M, N は上記のとおりとして，次の性質を持つ加法群 T と R 上の双線型写像 $\theta \colon M \times N \to T$ が一意的な同型を除いて一意的に存在する：

任意の双線型写像 $f \colon M \times N \to E$ に対して，加法群の準同型 $g \colon T \to E$ で $g\theta = f$ となるものが一意的に存在する．

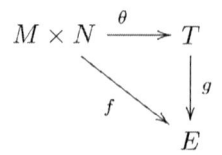

$$\begin{CD} M \times N @>\theta>> T \\ @. @VVgV \\ @. E \end{CD}$$

証明：　一意的な同型を除いて一意的であることは商環の場合の証明と同じである．存在を示すために $M \times N$ の元を自由基底とする自由 $\mathbb{Z}$-加群 $\tilde{T}$ を取る．$\tilde{T}$ の部分集合

$$\begin{aligned} K = & \{(m_1 + m_2, n) - (m_1, n) - (m_2, n) \mid m_1, m_2 \in M, n \in N\} \\ & \cup \{(m, n_1 + n_2) - (m, n_1) - (m, n_2) \mid m \in M, n_1, n_2 \in N\} \\ & \cup \{(am, n) - (m, an) \mid a \in R, m \in M, n \in N\} \end{aligned}$$

が生成する部分 $\mathbb{Z}$-加群を $\tilde{K}$ としよう．剰余加群 $\tilde{T}/\tilde{K}$ を T とし，(m,n) を含む同値類を $m \otimes n$ で表すと，T の元は有限和
$$m_1 \otimes n_1 + m_2 \otimes n_2 + \cdots + m_r \otimes n_r$$
で表せる．$\theta : M \times N \to T$ を $\theta((m,n)) = m \otimes n$ と定義すれば，$\mathrm{im}(\theta)$ が T を生成する．$\tilde{K}$ の取り方により
$$(m_1 + m_2) \otimes n = m_1 \otimes n + m_2 \otimes n$$
$$m \otimes (n_1 + n_2) = m \otimes n_1 + m \otimes n_2$$
$$am \otimes n = m \otimes an$$
であるから，θ は双線型である．

双線型写像 $f : M \times N \to E$ が与えられたとしよう．$g\theta = f$ となる g が存在したとすれば，$g(m \otimes n) = f((m,n))$ でなければならなく，$\mathrm{im}(\theta)$ が T を生成するから g は f によって一意的に決まる．$\tilde{T}$ は $M \times N$ が生成する自由 $\mathbb{Z}$-加群であったから，$\mathbb{Z}$-加群の準同型 $\tilde{g} : \tilde{T} \to E$ で $\tilde{g}((m,n)) = f((m,n))$ となるものが存在する．f は双線型であるから，$\tilde{g}(\tilde{K}) = \{0\}$ である．故に，$\tilde{g}$ は $\mathbb{Z}$-加群の準同型 $g : T \to E$ を導く．これが求める g であることは明らか． □

定義 2.15. 上の定理で一意的な同型を除いて一意的に存在することが示された T を M と N の R 上のテンソル積といい，$M \otimes_R N$ で表す．

テンソル積の性質を少し挙げておく．

補題 2.16. R は可換環とする．

(1) R-加群の準同型 $f_1 : M_1 \to M_2$, $g_1 : N_1 \to N_2$ について，$\mathbb{Z}$-加群の準同型 $f_1 \otimes g_1 : M_1 \otimes_R N_1 \to M_2 \otimes_R N_2$ で $f_1 \otimes g_1(m \otimes n) = f_1(m) \otimes g_1(n)$ となるものが存在する．さらに，R-加群の準同型 $f_2 : M_2 \to M_3$, $g_2 : N_2 \to N_3$ が与えられたとすれば，$(f_2 \otimes g_2)(f_1 \otimes g_1) = (f_2 f_1) \otimes (g_2 g_1)$，すなわちテンソル積は関手的である．

(2) $M \otimes_R N$ は $a \in R$ を $a(m \otimes n) = (am) \otimes n$ と作用させて R-加群になる．

(3) R-代数 A を R-加群とみなしたテンソル積 $A \otimes_R M$ は自然に A-加群になる．特に，$R \otimes_R M$ は自然に M に同型である．

証明： 自然な双線型写像 $\theta_2 : M_2 \times N_2 \to M_2 \otimes_R N_2$ を取り，写像 $f_1 \times g_1 : M_1 \times N_1 \to M_2 \times N_2$ と合成したものを h とおけば，h は双線型写像になる．従って，$\mathbb{Z}$-加群の準同型 $f_1 \otimes g_1 : M_1 \otimes_R N_1 \to M_2 \otimes_R N_2$ が定まる．これが求めるもの

であることは明らかである．(1) の後半は $M_1 \otimes_R N_1$ の生成元について成立することから明らかである．R の元 a について，写像

$$\mu_a : M \ni m \longmapsto am \in M$$

は R-加群の準同型である．(1) により $\mathbb{Z}$-加群の準同型 $\mu_a \otimes \mathrm{id}_N$ が定まるが，これが求める R の作用である．この作用について $M \otimes_R N$ が R-加群になることは容易にわかる．(3) の前半の証明は (2) と同様である．R-加群の定義により，R の M への作用は双線型であるから，$\mathbb{Z}$-加群の準同型 $R \otimes_R M \to M$ が存在する．この写像が $a \otimes m$ を am に写すことに注意すれば，写像

$$M \ni m \longmapsto 1 \otimes m \in R \otimes_R M$$

が逆写像になることは明らかである． $\square$

可換環 R 上の加群の列とは，R-加群を R-加群の準同型でつなげた

$$(\mathbb{M}) \quad \cdots \xrightarrow{f_{i-2}} M_{i-1} \xrightarrow{f_{i-1}} M_i \xrightarrow{f_i} M_{i+1} \xrightarrow{f_{i+1}} \cdots$$

をいう．

定義 2.17. 上の R-加群の列 $(\mathbb{M})$ を考える．

(1) すべての i について $f_i f_{i-1} = 0$，すなわち $\mathrm{im}\, f_{i-1} \subset \ker f_i$ ならば $(\mathbb{M})$ は複体であるという．

(2) すべての i について $\mathrm{im}\, f_{i-1} = \ker f_i$ ならば $(\mathbb{M})$ は完全列であるという．

(3) 0 を元 0 のみからなる R-加群とみて，列

$$0 \longrightarrow M' \xrightarrow{f} M \xrightarrow{g} M'' \longrightarrow 0$$

が完全なとき，この列を短完全列という．

上の短完全列は f が単射，$\mathrm{im}\, f = \ker g$ かつ g が全射であることを意味している．

定理 2.18. N は R-加群とする．R-加群の列

$$0 \longrightarrow M' \xrightarrow{f} M \xrightarrow{g} M'' \longrightarrow 0$$

が短完全列ならば，列

$$M' \otimes_R N \xrightarrow{f_N} M \otimes_R N \xrightarrow{g_N} M'' \otimes_R N \longrightarrow 0$$

は完全列である．ここで，$f_N = f \otimes \mathrm{id}_N$，$g_N = g \otimes \mathrm{id}_N$ とする．

証明：M'' の任意の元 m'' を取る．g が全射だから $g(m) = m''$ となる $m \in M$ が存在する．$g_N(m \otimes n) = m'' \otimes n$ であり，$m'' \otimes n$ という形の元が $M'' \otimes N$ を生成するから，g_N は全射である．補題 2.16 により，$g_N f_N = gf \otimes \mathrm{id}_N = 0$ であるから，$L = \mathrm{im}\, f_N \subset \ker g_N$. 従って，$g_N$ は準同型 $h : M \otimes_R N/L \to M'' \otimes_R N$ を導く．証明すべきことは h が単射ということである．g が全射であるから $m'' \in M''$ について $g(m) = m''$ となる $m \in M$ が存在する．$M'' \times N$ の元 (m'', n) に対して，$M \otimes_R N/L$ の元 $\overline{m \otimes n}$ を対応させる．m'' に写る M の元は $m + f(m')$ という形をしており，

$$(m + f(m')) \otimes n = m \otimes n + f(m') \otimes n = m \otimes n + f_N(m' \otimes n)$$

であるから $\overline{m \otimes n}$ は m の取り方によらず一意的に定まる．故に，写像 $\tilde{k} : M'' \times N \to M \otimes_R N/L$ が定まる．$\tilde{k}$ が双線型であることは明らかであり，従って $\tilde{k}$ は $\mathbb{Z}$-加群の準同型

$$k : M'' \otimes_R N \longrightarrow M \otimes_R N/L$$

を導く．容易に分かるように $kh = \mathrm{id}$ であるから，h は単射である． $\square$

f_N は必ずしも単射ではない．

例 2.19. n は 2 以上の整数として，$\mathbb{Z}$-加群の短完全列

$$0 \longrightarrow \mathbb{Z} \xrightarrow{\times n} \mathbb{Z} \longrightarrow \mathbb{Z}/n\mathbb{Z} \longrightarrow 0$$

を取る．この列と $\mathbb{Z}/n\mathbb{Z}$ のテンソル積を考えると，補題 2.16 により

$$0 \longrightarrow \mathbb{Z}/n\mathbb{Z} \xrightarrow{\times n} \mathbb{Z}/n\mathbb{Z} \longrightarrow \mathbb{Z}/n\mathbb{Z} \otimes_\mathbb{Z} \mathbb{Z}/n\mathbb{Z} \longrightarrow 0$$

となる．最初の写像は 0 写像になり，単射ではない．

f_N が常に単射となる N は，可換環論的にも代数幾何学的にも非常によい性質を持ったものである．

定義 2.20. N は可換環 R 上の加群とする．R-加群の任意の単射準同型 $f : M' \to M$ に対して，$f \otimes \mathrm{id}_N : M' \otimes_R N \to M \otimes_R N$ が単射になるとき，N は（R 上）平坦であるという．

可換環 R の積閉集合 S と R-加群 M について，補題 2.16 により $R_S \otimes_R M$ は R_S-加群になる．写像

$$\psi : M \ni m \longmapsto 1 \otimes m \in R_S \otimes_R M$$

は R-加群の準同型であるから，M_S の定義により R_S-加群の準同型

$$\tau : M_S \longrightarrow R_S \otimes_R M$$

が存在する．

定理 2.21. 上で定義した $\tau : M_S \to R_S \otimes_R M$ は同型である．

証明：$(R_S \otimes_R M, \psi)$ が定理 2.12 にある普遍的性質を持っていることを示そう．R_S-加群 N と R-加群の準同型 $\varphi : M \to N$ が与えられたとしよう．写像

$$\tilde{\varphi} : R_S \times M \ni (\frac{a}{s}, m) \longmapsto \frac{a}{s}\varphi(m) \in N$$

は，N が R_S-加群であることと φ が R-加群の準同型であることにより，双線型写像である．従って，$\mathbb{Z}$-加群の準同型 $\delta : R_S \otimes_R M \to N$ で $\delta((a/s) \otimes m) = (a/s)\varphi(m)$ となるものが存在する．δ は R_S-加群の準同型であり，$\varphi = \delta\psi$ となることは明らかである．また，δ の一意性も自明である．N として M_S を取れば，上の δ が τ の逆写像になる． □

定理 2.21 の系として次の重要な結果を得る．

系 2.22. S は可換環 R の積閉集合とする．R_S は R 上平坦である．

証明：R-加群の準同型 $f : M' \to M$ が単射とする．自然な準同型 $f_S : M'_S \to M_S$ で $m/s \in M'_S$ が 0 に写ったとすると，$t \in S$ が存在して $f(tm) = tf(m) = 0$ となる．f は単射だから tm は M' の元として 0 になる，すなわち M'_S の元として $m/s = 0$ となる．故に，定理 2.21 により R_S は R-加群として平坦である． □

附録B
圏と関手

本節では，圏と関手について触れられていないので，付録において簡単な解説をしておく．

1. 圏

まずは，圏の定義から始めよう．

定義 1.1. 圏 (category) $\mathcal{C}$ とは，対象と呼ばれるものの集まり $\mathrm{ob}(\mathcal{C})$ と各対象 $X, Y \in \mathrm{ob}(\mathcal{C})$ に対して X から Y への射と呼ばれる集合 $\mathrm{Hom}_\mathcal{C}(X, Y)$ (空集合も含む) から成り立っており以下の性質を持つものである．

(1) 任意の対象 $X, Y, Z \in \mathrm{ob}(\mathcal{C})$ と任意の射 $f \in \mathrm{Hom}_\mathcal{C}(X, Y)$ と $g \in \mathrm{Hom}_\mathcal{C}(Y, Z)$ に対して，射の合成 $g \circ f$ が定義されている．

$$X \xrightarrow{f} Y \xrightarrow{g} Z \quad (g \circ f)$$

(2) 上で定義されている射の合成は結合的である．すなわち，$\mathcal{C}$ の任意の対象 X, Y, Z, W と任意の射 $f \in \mathrm{Hom}_\mathcal{C}(X, Y), g \in \mathrm{Hom}_\mathcal{C}(Y, Z), h \in \mathrm{Hom}_\mathcal{C}(Z, W)$ に対して，$h \circ (g \circ f) = (h \circ g) \circ f$ が成立する．

$$X \xrightarrow{f} Y \xrightarrow{g} Z \xrightarrow{h} W$$

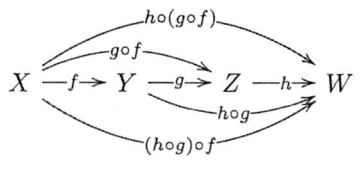

(3) 任意の対象 $X \in \mathrm{ob}(\mathcal{C})$ に対して，恒等射と呼ばれる特別の射 $\mathrm{id}_X \in \mathrm{Hom}_\mathcal{C}(X, X)$ が存在して，$f = \mathrm{id}_Y \circ f = f \circ \mathrm{id}_X$ が任意の $f \in \mathrm{Hom}_\mathcal{C}(X, Y)$ について成立する．

$$X \xrightarrow{\mathrm{id}_X} X \xrightarrow{f} Y \xrightarrow{\mathrm{id}_Y} Y$$

ここで，$f \in \mathrm{Hom}_{\mathcal{C}}(X,Y)$ であることを $f \colon X \to Y$，$X \xrightarrow{f} Y$，$X \relbar\joinrel\relbar f \to Y$ などと書くことに注意しておく．さらに，注意であるが，$\mathrm{Hom}_{\mathcal{C}}(-,-)$ は空集合であることもあり，その場合，上の (1), (2), (3) の条件は何もいっていない．さらに，少し難しいことを言うと，$\mathrm{ob}(\mathcal{C})$ は集合である必要がないが，$\mathrm{Hom}_{\mathcal{C}}(-,-)$ は集合でなければならない．$\mathrm{ob}(\mathcal{C})$ が集合になる圏を小さな圏 (small category) という．$f \in \mathrm{Hom}_{\mathcal{C}}(X,Y)$ に対して，$f \colon X \to Y$ が同型を与えるとは，ある $g \in \mathrm{Hom}_{\mathcal{C}}(Y,X)$ が存在して，$g \circ f = \mathrm{id}_X$ かつ $f \circ g = \mathrm{id}_Y$ が成り立つときにいう．すべての射が同型射である圏を亜群 (groupoid) という．

圏の例を考えよう．

例 1.2. (1.2.1) **Set**：集合からなる圏，つまり，対象は集合で二つの集合の間の射は集合間の写像と定める．

(1.2.2) **Top**：位相空間からなる圏，つまり，対象は位相空間で射は連続写像と定める．

(1.2.3) **Gr**： 群からなる圏，つまり，対象は群で射は群準同型と定める．

(1.2.4) **Ring**：環からなる圏，つまり，対象は環で射は環準同型である．

(1.2.5) **Sch**：スキームのなす圏，つまり，対象はスキームで射はスキームの間の射である．

上の例のような圏は小さな圏ではなく，基礎論的にも哲学的にもよく考えれば頭が痛くなる圏である．例えば，実数の集合 $\mathbb{R}$ は **Set**, **Top**, **Gr**, **Ring** 等の対象を定めていると言える．しかし，どの対象だろうか？ $\mathbb{R}$ の構成の方法として知られているものに，デデキントによるものとカントールによるものがあり，できたものは同型であることがわかるが，対象としては別ものと考えるべきだろう．また，集合の直和を考えるときにあらわれるコピーという考え方もあり，何が同じで何が違うのかというのは結構厄介な問題である．まして，哲学的な問いとして，「私の $\mathbb{R}$ とあなたの $\mathbb{R}$ は別ものか？」などということまで考えるとわけがわからなくなる．このようなわけのわからなさを排除したのが小さい圏というものである．わけがわからないが，上の例のような圏を考えることは，数学を記述する面において有用であるのでしばしば用いられる．

小さい圏の例をあげよう．X を集合とする．これから，次のようにして圏 $\tilde{X}$ を定義する．$\tilde{X}$ の対象は X の元である．つまり，$\mathrm{ob}(\tilde{X}) = X$ である．さらに，$x, y \in X$ に対して，

$$\mathrm{Hom}_{\tilde{X}}(x,y) = \begin{cases} \{\mathrm{id}_x\} & \text{もし } x = y \\ \emptyset & \text{もし } x \neq y \end{cases}$$

とする．この圏は亜群である．この例はもう少し一般的な亜群の例の特別な場合である．X は集合とし，群 G が X に作用しているとする（註1.8参照）．このとき，圏 $[X/G]$ を以下のように定める．$[X/G]$ の対象は X の元であり，$x, y \in X$ に対して，

$$\mathrm{Hom}_{[X/G]}(x, y) = \{g \in G \mid g \cdot x = y\}$$

と定める．$[X/G]$ を商亜群という．上の $\tilde{X}$ は自明な群 $\{e\}$ が X に自明に作用している場合である．つまり，$\tilde{X} = [X/\{e\}]$ である．第 2 章の 1 節に現れる $\mathrm{top}(X)$ も小さな圏である．

2. 関手

次に関手について考える．

定義 2.1. 二つの圏 $\mathcal{C}$ と $\mathcal{C}'$ に対して，$F : \mathcal{C} \to \mathcal{C}'$ が関手 (functor) であるとは，

(1) 圏 $\mathcal{C}$ のすべての対象 X に対して，圏 $\mathcal{C}'$ の対象 $F(X)$ が定まっている．
(2) 圏 $\mathcal{C}$ 内のすべての射 $f : X \to Y$ に対して，圏 $\mathcal{C}'$ 内の射 $F(f) : F(X) \to F(Y)$ が対応している．
(3) $F(\mathrm{id}_X) = \mathrm{id}_{F(X)}$ がすべての圏 $\mathcal{C}$ の対象 X について成立する．
(4) 圏 $\mathcal{C}$ 内の二つの射 $f : X \to Y$ と $g : Y \to Z$ に対して，$F(g \circ f) = F(g) \circ F(f)$ が成り立つ．

の 4 つの条件が成立するときにいう．上の (1) と (3) が成立して，(2) の代わりに次の (2)' が，(4) の代わりに次の (4)' が成立するとき，反変関手という．

(2)' 圏 $\mathcal{C}$ 内のすべての射 $f : X \to Y$ に対して，圏 $\mathcal{C}'$ 内の射 $F(f) : F(Y) \to F(X)$ が対応している．
(4)' 圏 $\mathcal{C}$ 内の二つの射 $f : X \to Y$ と $g : Y \to Z$ に対して，$F(g \circ f) = F(f) \circ F(g)$ が成り立つ．

関手を反変関手と区別するとき共変関手と呼ぶ．また，共変関手も反変関手も単に関手と呼ぶときがある．圏 $\mathcal{C}$ に対して，対象と射をそのまま写すことによる恒等関手 $\mathrm{id}_{\mathcal{C}} : \mathcal{C} \to \mathcal{C}$ が定まることに注意しておく．また，関手 $F : \mathcal{C} \to \mathcal{C}'$ と $G : \mathcal{C}' \to \mathcal{C}''$ があるとき，合成関手 $G \circ F : \mathcal{C} \to \mathcal{C}''$ は自然に定まる．

例えば，位相空間に対するホモロジーは共変関手で，コホモロジーは反変関手である．2 章にある前層は，位相空間 X の開集合からなる圏 $\mathrm{top}(X)$ から集合の圏 **Set** への反変関手である．このような難しいものではなくとも，X, X' を集合とし，群 G, G' がそれぞれ X, X' に作用しているとする．さらに，写像 $f : X \to X'$ と準同型 $\sigma : G \to G'$ が存在して，$f(g(x)) = \sigma(g)(f(x))$ が任意の $x \in X, g \in G$ で成立していると仮定する．このとき，自然に関手 $[f] : [X/G] \to [X'/G']$ が導かれる．

圏 $\mathcal{C}$ と $\mathcal{C}'$ があるとき，二つの圏が同型であることを定義しよう．

定義 2.2. 圏 $\mathcal{C}$ と $\mathcal{C}'$ が同型であるとは，関手 $F: \mathcal{C} \to \mathcal{C}'$ と $G: \mathcal{C}' \to \mathcal{C}$ が存在して，$F \circ G = \mathrm{id}_{\mathcal{C}}$ かつ $G \circ F = \mathrm{id}_{\mathcal{C}'}$ が成立するときにいう．

実は，この圏の同型というのはあまり意味がない．それよりも，これから説明する圏の同値性の方が圏論的に意味のある概念である．これを説明するために自然変換から始めよう．

定義 2.3. $F: \mathcal{C} \to \mathcal{C}'$ と $G: \mathcal{C} \to \mathcal{C}'$ を二つの関手とする．t が F から G への自然変換 (natural transformation) であるとは，任意の $x \in \mathrm{ob}(\mathcal{C})$ に対して，$t(x) \in \mathrm{Hom}_{\mathcal{C}'}(F(x), G(x))$ が定められており，任意の $f \in \mathrm{Hom}_{\mathcal{C}}(x, y)$ について，$t(y) \circ F(f) = G(f) \circ t(x)$ が $\mathcal{C}'$ で成り立つ，すなわち，図式

$$\begin{array}{ccc} F(x) & \xrightarrow{F(f)} & F(y) \\ t(x) \downarrow & & \downarrow t(y) \\ G(x) & \xrightarrow{G(f)} & G(y) \end{array}$$

が可換であるときにいう．F と G が反変関手の場合も，$F(f)$ と $G(f)$ の射の向きを逆にして，自然変換を考えることができる．圏 $\mathcal{C}$ から圏 $\mathcal{C}'$ への関手全体は，対象を関手に射を自然変換に選ぶことで，圏をなすことがわかる．この圏を $\mathcal{F}un(\mathcal{C}, \mathcal{C}')$ と表す．

さて，圏同値を定義しよう．

定義 2.4. 圏 $\mathcal{C}$ と圏 $\mathcal{C}'$ が同値であるとは，関手 $F: \mathcal{C} \to \mathcal{C}'$ と $G: \mathcal{C}' \to \mathcal{C}$ が存在して，$G \circ F \simeq \mathrm{id}_{\mathcal{C}}$ と $F \circ G \simeq \mathrm{id}_{\mathcal{C}'}$ がそれぞれ $\mathcal{F}un(\mathcal{C}, \mathcal{C})$ と $\mathcal{F}un(\mathcal{C}', \mathcal{C}')$ において成り立つときにいう．

実は圏同値については，もう少しやさしい判定法がある．

定理 2.5. 圏 $\mathcal{C}$ と圏 $\mathcal{C}'$ が同値であるための必要十分条件は，関手 $F: \mathcal{C} \to \mathcal{C}'$ が存在して，次が成立することである．

(1) 任意の $x, y \in \mathrm{ob}(\mathcal{C})$ に対して，自然な写像 $\mathrm{Hom}_{\mathcal{C}}(x, y) \to \mathrm{Hom}_{\mathcal{C}'}(F(x), F(y))$ は全単射である．

(2) 任意の $z \in \mathrm{ob}(\mathcal{C}')$ に対して，ある $x \in \mathrm{ob}(\mathcal{C})$ が存在して，$F(x) \simeq z$ が成立する．

なぜ圏論において，同型があまり重要ではなく，同値が重要であるかはこの附録の最初の部分で書いた哲学的な難しさを考えれば明白であろう．

3. サイトと層

本文では位相空間の開集合のなす圏からの反変関手として前層および層は捉えられたが，この考え方はさらに拡張される．これは，単なる"ジェネラル・ナンセンス"ではなく，エタールコホモロジー等の代数幾何学の基本概念と密接に関連する．ここではこれについて簡単に解説することにする．

まず，圏内でのファイバー積を定義する．

定義 3.1. 一つの圏を固定し，$f: X \to Z$ と $g: Y \to Z$ を圏での射とする．このとき，次の普遍性を満たす対象 P と射 $p: P \to X$ と $q: P \to Y$ が存在するとき，P を $f: X \to Z$ と $g: Y \to Z$ のファイバー積という．

(1) $f \circ p = g \circ q$.
(2) 任意の射 $p': P' \to X$ と $q': P' \to Y$ で $f \circ p' = g \circ q'$ を満たすとき，一意的に射 $h: P' \to P$ が存在して $p' = p \circ h, q' = q \circ h$ を満たす．

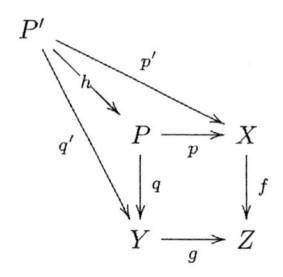

$$\begin{array}{ccc} P' & & \\ & \searrow^{p'} & \\ \downarrow^{h} & P \xrightarrow{p} & X \\ \searrow^{q'} & \downarrow^{q} & \downarrow^{f} \\ & Y \xrightarrow{g} & Z \end{array}$$

P は存在すれば，同型を除いて一意的に定まるので，$X \times_Z Y$ で表す．

さて，サイトの定義を行う．

定義 3.2. T がサイトとは，圏 $\mathrm{cat}(T)$ と被覆と呼ばれる $\mathrm{cat}(T)$ での射の族 $\{U_i \xrightarrow{\phi_i} U\}_{i \in I}$ からなる集合 $\mathrm{cov}(T)$ から成り立ち，以下の条件を満たすものである．

(1) $\mathrm{cov}(T)$ の元 $\{U_i \to U\}_{i \in I}$ と $\mathrm{cat}(T)$ の射 $V \to U$ に対して，ファイバー積 $U_i \times_U V$ はすべて存在し，$\{U_i \times_U V \to V\}_{i \in I}$ は $\mathrm{cov}(T)$ の元である．
(2) $\mathrm{cov}(T)$ の元 $\{U_i \xrightarrow{\phi_i} U\}_{i \in I}$ と各 $i \in I$ についての $\mathrm{cov}(T)$ の元 $\{V_{ij} \xrightarrow{\phi_{ij}} U_i\}_{j \in I_i}$ があるとき，$\{V_{ij} \xrightarrow{\phi_{ij} \circ \phi_i} U\}_{i \in I, j \in I_i}$ は $\mathrm{cov}(T)$ の元である．
(3) $\phi: U' \to U$ が同型射であるとき，$\{U' \xrightarrow{\phi} U\}$ は $\mathrm{cov}(T)$ の元である．

位相空間 X の開集合からなる圏 $\mathrm{top}(X)$ とその普通の意味の開被覆は典型的なサイトである．そのほかに，エタール射を考えてできるエタールサイト等がある．

サイトからの反変関手が前層である．すなわち，

定義 3.3. $\mathcal{C}$ を直積をもつ圏とし，サイト T 上の $\mathcal{C}$ に値をもつ前層であるとは反変関手 $\mathrm{cat}(T) \to \mathcal{C}$ のことであり，それが層であるとは，任意の被覆 $\{U_i \xrightarrow{\phi_i} U\}_{i \in I}$ に対して，

$$F(U) \to \prod_i F(U_i) \rightrightarrows \prod_{i,j} F(U_i \times_U U_i)$$

が完全であることである．$\mathcal{C}$ が集合またはアーベル群の圏である場合，上の列の完全性は次を意味する．

(1) $s, t \in F(U)$ に対して，$F(\phi_i)(s) = F(\phi_i)(t)$ がすべての $i \in I$ で成り立つなら $s = t$ である．

(2) $s_i \in F(U_i)$ $(i \in I)$ に対して，$F(p_{ij})(s_i) = F(q_{ij})(s_j)$ がすべての $i, j \in I$ で成り立つなら，ある $s \in F(U)$ が存在して，$s_i = F(\phi_i)(s)$ となる．ここで，$p_{ij} : U_i \times_U U_j \to U_i, q_{ij} : U_i \times_U U_j \to U_j$ は自然な射影である．

$\mathrm{cat}(T)$ の射 $\phi : V \to U$ に対して，$F(\phi)(x)$ を単に，$x|_V$ と略記することもある．さらに，上の (1) のみが成立する前層は分離的であるという．また，前層 F と G の間の射とは自然変換のことである．

さて，F をサイト T 上の集合に値をもつ前層とする．被覆 $\{U_i \to U\}_{i \in I}$ に対して，

$$H^0(\{U_i \to U\}, F) = \left\{ (s_i) \in \prod_{i \in I} F(U_i) \,\middle|\, s_i|_{U_i \times_U U_j} = s_j|_{U_i \times_U U_j} \right\}$$

とおく．$\{V_j \to U\}_{j \in J}$ が $\{U_i \to U\}_{i \in I}$ の細分であるとは，写像 $\sigma : J \to I$ が存在して，各 $j \in J$ について射 $V_j \to U_{\sigma(j)}$ が存在するときにいう．このとき，自然な射

$$H^0(\{U_i \to U\}, F) \to H^0(\{V_j \to U\}, F)$$

が導かれる．そこで，細分に関する帰納的極限を考えて，

$$H^0(U, F) = \varinjlim_{\{U_i \to U\}} H^0(\{U_i \to U\}, F)$$

と定めると，対応 $U \mapsto H^0(U, F)$ により前層になる．この前層を $F^\dagger$ で表す．これについては以下が成立する．

(1) 自然な射 $F \to F^\dagger$ が存在し，任意の層 G と射 $F \to G$ があるとき，一意的に $F^\dagger \to G$ が存在し，合成 $F \to F^\dagger \to G$ は与えられた $F \to G$ に一致する．

(2) F が層のとき，上の自然な射 $F \to F^\dagger$ は同型である．

(3) $F^\dagger$ は分離的である．

(4) F が分離的なとき，$F^\dagger$ は層になる．

このことから，$F^\# = (F^\dagger)^\dagger$ とおくと，$F^\#$ は層になり，次の普遍性を満たす．自然な射 $F \to F^\#$ が存在し，任意の層 G と射 $F \to G$ があるとき，一意的に $F^\# \to G$

が存在し，合成 $F \to F^\# \to G$ は与えられた $F \to G$ に一致する．つまり，$F^\#$ は F の層化である．

参考文献

[1] Cartan and Eilenberg, Homological algebra (Princeton 1956).

[2] R. Godement, Topologie algébrique et théorie des faisceaux (Hermann, Paris 1964).

[3] A. Grothendieck, Eléments de Géométrie Algébrique I (Springer 1971).

[4] A. Grothendieck, Sur quelques points d'algebre homologique (Tôhoku Math Journal 1957).

[5] H. Matsumura, Commutative algebra (Benjamin 1970).

[6] D. G. Northcott, An introduction to homological algebra (Cambridge 1966).

本講義録以降に出版された本も多いので，ここに参考書を簡単に挙げておく．
可換環論については，松村 [**5**] の他に，次のような教科書がある．

M. F. Atiyah and I. G. Macdonald, Introduction to Commutative Algebra, Addison-Wesley, 1969.

松村英之, 可換環論, 共立出版, 1980.

D. Eisenbud, Commutative Algebra, with a View Toward Algebraic Geometry, GTM 150, Springer-Verlag, 1995.

層についての本は，Godement [**2**] の他に，

M. Kashiwara and P. Schapira, Sheaves on Manifolds, Springer-Verlag, 1990.

がある．

スキームやコホモロジー理論など代数幾何の基礎については，まず第一に

A. Grothendieck, Élements de Géométrie Algébrique, Inst. Hautes Études Sci. Publ. Math. No. 4, 8, 11, 17, 24, 28, 32, 1960–1967.

が挙げられる．Grothendieck [**3**] は，その最初の部分の改訂版である．これらは略して EGA と呼ばれる．さらに SGA と呼ばれるより専門的なものもある．代数多様体とスキーム理論の入門書としては，マンフォードが 1960 年代中頃にハーバード大学で行った講義をまとめた

D. Mumford, The Red Book of Varieties and Schemes, Lecture Notes in Math., 1358, Springer-Verlag, 1988.

が有名である．(1999 年出版の TeX で印刷された拡大版には誤植が散見される．) また，

R. Hartshorne, Algebraic Geometry, GTM 52, Springer-Verlag, 1977.

はスキームやコホモロジー理論などの標準的教科書である．より幾何的な観点からの代数幾何の入門書に，

D. Mumford, Algebraic Geometry, I, Complex Projective Varieties, Springer-Verlag, 1976.

や，

I. R. Shafarevich, Basic Algebraic Geometry, Springer-Verlag, 1977.

がある．複素代数幾何の本については，

    P. Griffiths and J. Harris, Principles of Algebraic Geometry, John Wiley & Sons, 1978.

がある．代数幾何の参考書は他にもいろいろあるが，進んだ内容の本として，

    J. Kollár, 森重文, 双有理幾何学, 現代数学の展開 16, 岩波書店, 1998.

を最後に挙げたい．

索引

3×3-補題, 91

A-加群, 146
A-加群の準同型, 147
A-代数, 149

i 次のコホモロジー群, 86

n 変数多項式環, 143

アーベル圏, 124
亜群, 164

一次独立 (linearly independent), 8
一次独立な点, 16
一般の位置の点, 17
イデアル, 21, 143
移入的 (injective), 104
移入的分解 (injective resolution), 105

S についてコホモジー的に自明 (S-cohomologically trivial), 126

$\mathcal{O}_X$-加群 ($\mathcal{O}_X$-module), 113

ガウス (Gauss) の補題, 41
可換環, 139
加法的関手 (additive functor), 125
カルタンの補題, 133
カルタンの補題 (Cartan's lemma), 113
関手, 165
環準同型が整, 45
環つき空間 (ringed space), 98
環の反準同型, 15

完備代数多様体, 65

基底 (basis), 8
既約 (irreduible), 36
既約元, 39
共変な加法的関手 (additive functor), 125
局所環つき空間 (local-ringed space), 98
極大イデアル, 150

群作用, 9

圏, 163
原始多項式, 41
圏同型, 166
圏同値, 166

構成的部分集合 (constructible subset), 55
コホモロジー, 120
根基 (radical), 31
根の連続性 (the continuity of roots), 63

サイト, 167
サイト上の前層, 168
サイト上の層, 168
ザリスキ位相, 29

自然変換, 166
射影空間 (projective space), 10
射影空間の線型部分空間 (linear subspace of a projective space), 10
射影空間の代数的集合 (algebraic set of the projective set), 66

射影空間のヒルベルトの零点定理 (Hilbert's Nullstellensaz in the projective space), 69
射影線形群, 16
射影的 (projective), 103
ジャコブソン根基, 151
自由 A-加群, 148
十分多くの移入的対象, 105
シュバレーの補題 (Chevallay's lemma), 56
準コンパクト (quasi-compact), 30
準素イデアル (primary ideal), 31
準連接 (quasi-coherent), 114
商亜群, 165
商環, 152

スキーム (scheme), 99
スペクトル系列 (spectral sequence), 120

整 (integral), 45
整域, 150
整拡大 (integral extension), 45
斉次イデアル (homogeneous ideal), 66
斉次座標 (homogeneous coordinate system), 11
斉次多項式, 11
積閉集合, 152
接錐, 75
線形射影群 (projective linear group), 16
線形写像, 14
線型部分空間, 10
前層 (presheaf), 77

素イデアル, 150
素イデアル (prime ideal), 31
層 (sheaf), 78
層化, 169
層化 (sheafification), 82
層係数のコホモロジー, 85
双線型写像, 158
層の完全列, 83
像の順像, 131
層の直和 (direct sum), 113

素元, 40
素元分解環, 40
素元分解環 (unique factorization domain), 39

体, 142
代数的集合 (algebraic set), 22
代数的錐, 69
代数的（閉）集合, 66
多項式関数, 20
多項式関数の一致の定理, 27
多項式写像, 44
単元, 142
単元 (unit), 39

チェックコホモロジー (Čech cohomology), 108
チェック分解 (Čech resolution), 110
チャウの補題, 66

点が張る線型部分空間, 19
テンソル積, 159

等式条件, 79
同値関係, 144

中山の補題, 151
軟弱 (flabby), 87

2重複体 (double complex), 119

ネター環 (noetherian ring), 25
ネターの正規化定理 (Noether's normalization theorem), 50

貼りあわせ条件, 79
半素イデアル, 52

左完全, 125
標準分解 (canonical resolution), 85
ヒルベルト (Hilbert) の基底定理, 24
ヒルベルトの零点定理, 69
ヒルベルトの零点定理 (Hilbert Nullstellensaz), 51

ファイバー積, 167

フィルター付け (filtration), 120
複体のコホモロジー, 120
複比 (cross ratio), 20
付随素イデアル (associated prime), 31
部分 A-加群, 147
普遍的閉写像 (universally closed map), 56
不連続層 (discontinuous sheaf), 80
分裂完全列, 126

閉集合の既約性, 36
平坦, 161
ベクトル空間 (vector space), 7
ベクトル空間の基底, 8
ベクトル空間の次元 (demension of a vector space), 8
ベクトルの一次独立, 8
蛇の補題 (Snake lemma), 94

ホモトピー的 (homotopic), 106

埋没成分, 32

有理関数 (rational function), 38
有理写像 (rational map), 38
有理関数の一致の定理, 38

Lying-over theorem, 48
ラスカー・ネターの定理 (Lasker–Noether's Theorem), 32

零因子, 150
連接 (coherent), 114

廣中平祐（ひろなか　へいすけ）
　京都大学名誉教授，理学博士．
　京都大学大学院理学研究科修士課程修了．
　1970 年，フィールズ賞受賞．
　主著『解析空間入門』朝倉書店，1981 年．

森　重文（もり　しげふみ）
　京都大学数理解析研究所教授，理学博士．
　京都大学大学院理学研究科修士課程修了．
　1990 年，フィールズ賞受賞．
　主著『双有理幾何学』(岩波講座・現代数学の展開), 1998 年．

丸山正樹（まるやま　まさき）
　京都大学大学院理学研究科教授，理学博士．

森脇　淳（もりわき　あつし）
　京都大学大学院理学研究科教授，理学博士．

川口　周（かわぐち　しゅう）
　京都大学大学院理学研究科助手，博士（理学）．

＊所属はすべて二刷当時

代数幾何学

2004 年 11 月 10 日　初版第一刷発行
2004 年 12 月 15 日　初版第二刷発行
2023 年 2 月 15 日　オンデマンド版発行

講　義	廣中平祐	
記　録	森　重文	
編　者	丸山正樹	
	森脇　淳	
	川口　周	
発行者	足立芳宏	
発行所	京都大学学術出版会	

京都市左京区吉田近衛町69番地
京都大学吉田南構内 (606-8315)
電　話　075-761-6182
Ｆ Ａ Ｘ　075-761-6190
振　替　01000-8-64677

© H. Hironaka, S. Mori, M. Maruyama, A. Moriwaki & S. Kawaguchi 2004
Printed in Japan　　印刷・製本　株式会社デジタル・オンデマンド出版センター
ISBN 978-4-87698-637-8　　定価はカバーに表示してあります

本書のコピー，スキャン，デジタル化等の無断複製は著作権法上での例外を除き禁じられています．本書を代行業者等の第三者に依頼してスキャンやデジタル化することは，たとえ個人や家庭内での利用でも著作権法違反です．